固定消防设施

徐方　主编

天津大学出版社
TIANJIN UNIVERSITY PRESS

图书在版编目（CIP）数据

固定消防设施 / 徐方主编. -- 天津 : 天津大学出
版社，2024. 8. -- ISBN 978-7-5618-7811-8

Ⅰ．TU998.13

中国国家版本馆CIP数据核字第2024HX0212号

出版发行	天津大学出版社	
地　　址	天津市卫津路92号天津大学内（邮编：300072）	
电　　话	发行部：022-27403647	
网　　址	www.tjupress.com.cn	
印　　刷	北京虎彩文化传播有限公司	
经　　销	全国各地新华书店	
开　　本	787mm×1092mm　1/16	
印　　张	17.75	
字　　数	420千	
版　　次	2024年8月第1版	
印　　次	2024年8月第1次	
定　　价	65.00元	

目　　录

绪　　论

一、火灾与固定消防设施

火灾是指在时间或空间上失去控制的燃烧所造成的灾害。从某种程度来讲,火灾的发生是不可避免的,采用有针对性的防火、控火和灭火技术,可以有效降低火灾造成的财产损失和人员伤亡。火灾的发展遵循一定的规律,如室内火灾,其内部可燃物多为固体,在不加控制的情况下可分为三个阶段,即火灾初期增长阶段、火灾全面发展阶段和火灾衰减阶段。火灾发生后,初期室内温度的上升相对较平缓,待热量累积到一定程度后,室内温度会在极短时间内急剧上升,即发生轰燃;而后室内所有可燃物全部起火,火灾进入全面发展阶段;随着可燃物逐步燃尽,室内温度逐渐下降,直至火焰熄灭。

从控制火灾的角度,一般可以将火灾划分为火灾初起阶段、发展蔓延阶段(或初、中期阶段)和猛烈燃烧阶段。火灾初起阶段现场刚刚起火,一般火势较小,仅是起火点附近很小范围内的局部燃烧,火场的平均温度还比较低,在该阶段实施相应的灭火措施比较容易灭火。发展蔓延阶段一般火势有所增大,燃烧面积和火场温度都进一步增加,但并未形成全面燃烧,消防员可进入建筑内部展开内攻。火灾发展到猛烈燃烧阶段,一般消防员已很难进入火场进行内攻,多从外部射水控制火势。

固定消防设施是建筑物、构筑物中设置的用于火灾报警、灭火、人员疏散、防火分隔、灭火救援行动等设施的总称,主要包括火灾自动报警系统、防火分隔设施、安全疏散系统、防排烟系统和各类灭火系统等。典型民用建筑中常见消防设施的设置情况如图1所示,这些消防设施在火灾发生和发展的不同阶段发挥各自的功能,从而形成一套完整的保护建筑物消防安全的体系。

二、固定消防设施的作用

(一)火灾初起阶段起效的消防设施

火灾发生后,首先起效的固定消防设施是火灾自动报警系统,该系统可通过火灾探测器探测火灾的发生,并向报警控制器发出报警信号,引发声光报警装置发出相应的警报,以向现场人员报警。同时,火灾报警信号还是各类自动消防设施启动的依据,但为了保证报警信号的可靠性,避免不必要的误动作,由火灾自动报警系统联动启动的消防设施均需在报警控制器接收到两个火警信号后才能自动启动。此阶段,火灾现场人员可利用灭火器、消防软管卷盘、轻便消防水龙等实施灭火。此阶段若能成功灭火,可大大降低火灾损失,避免人员伤亡,而且还可节省其他消防系统启动的耗费。

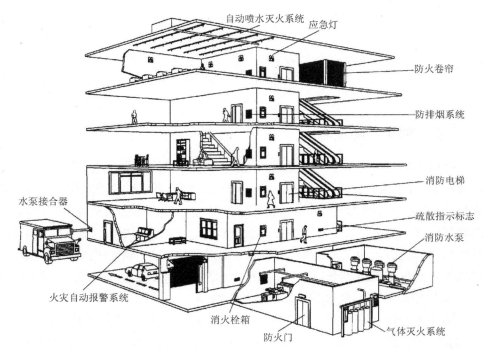

图 0-1　典型民用建筑中常见消防设施的设置情况

（二）火灾发展蔓延阶段起效的消防设施

如火灾现场人员未能及时发现和扑灭火灾，随着火势的增大，火灾现场很快会产生第二个火灾探测器的报警信号或现场人员利用手动报警按钮发出的报警信号。随后，防火卷帘等防火分隔设施、安全疏散系统、防排烟系统会依据火灾报警系统的两个报警信号自动启动。防火分隔设施可保证防火分区的完整性，在失火的条件下抑制火势的传播与蔓延。防排烟系统可有效控制建筑物内火灾烟气的流动与蔓延，建立满足人员安全疏散需要的环境条件。安全疏散系统和应急广播系统能够在火灾发生时，给建筑物内人员的疏散提供清晰、明确的指导。此外，各类自动灭火系统也可自动启动，释放灭火剂进行控火和灭火。此阶段，自动灭火系统如能正常工作，其灭火成功率很高。此外，若自动灭火系统未能将火灾扑灭，消防员到达火灾现场后，可使用室内和室外消火栓系统扑救火灾。

（三）火灾猛烈燃烧阶段起效的消防设施

火灾发展至猛烈燃烧阶段，有可能造成建筑构件坍塌，防火分隔设施损坏，防排烟系统因高温停止工作，自动灭火系统部分或全部失去作用。在这种情况下，消防员可利用室外消火栓和其他室外消防水源为消防车或其他移动消防装备提供消防用水，从建筑外部射水逐步控制火势。

三、固定消防设施的标准规范体系

固定消防设施的设置、设计、检测、维护等工作都要依据相关的法律、行政法规、国家标准和行业标准等开展。而且,由于固定消防设施的新技术、新工艺和新产品不断出现,消防的标准规范会不断调整修订。目前,消防设施相关工作所依据的主要标准规范如下。

(一)消防设施的设置依据

在各类场所中是否需要设置消防设施和设置何种消防设施的主要依据是我国国家标准《建筑防火通用规范》(GB 55037—2022),该规范于2023年6月1日起正式实施。

《建筑防火通用规范》实施之前,消防设施的设置主要依据《建筑设计防火规范(2018年版)》(GB 50016—2014)中的相关规定实施。此外,我国针对一些特殊场所也制定了专门的防火标准和规范,其中也对这些场所中消防设施的设置有明确规定。这类特殊场所防火标准和规范主要有:《农村防火规范》(GB 50039—2010)、《人民防空工程设计防火规范》(GB 50098—2009)、《汽车库、修车库、停车场设计防火规范》(GB 50067—2014)、《飞机库设计防火规范》(GB 50284—2008)、《石油库设计规范》(GB 50074—2014)、《石油天然气工程设计防火规范》(GB 50183—2015)、《石油化工企业设计防火规范(2018年版)》(GB 50160—2008)、《酒厂设计防火规范》(GB 50694—2011)、《水电工程设计防火规范》(GB 50812—2014)、《纺织工程设计防火规范》(GB 50565—2010)、《钢铁冶金企业设计防火规范》(GB 50414—2007)、《地铁设计防火标准》(GB 51298—2018)、《民用机场航站楼设计防火规范》(GB 51236—2017)、《火力发电厂与变电站设计防火规范》(GB 50229—2006)、《精细化工企业工程设计防火标准》(GB 51283—2020)、《核电厂防火设计规范》(GB/T 22158—2021)等。再者,还有一些地方性标准和行业标准规定了相关场所消防设施的设置,如《文物建筑消防设施设置规范》(DB 11/791—2011)、《铁路工程设计防火规范》(TB 10063—2016)、《风电场设计防火规范》(NB 31089—2016)和《贵州省坡地民用建筑设计防火规范》(DBJ52—062—2013)等。

目前,对《建筑防火通用规范》中没有明确说明的,仍可参照以上的标准和规范设置消防设施。

(二)消防设施的设计依据

消防设施设计的主要依据是《消防设施通用规范(GB 55036—2022)》,该规范于2023年3月1日起正式实施。此外,我国还制定了各类消防设施的专门性标准和规范。这些规范一般分为两种类型,第一类规定了消防系统的设计、施工、验收和维护管理的全部内容,称为"技术规范"或"技术标准";第二类只规定了消防系统设计的相关要求,称为"设计规范"。消防设施设计依据的国家标准主要有:《火灾自动报警系统设计规范》(GB 50116—2013)、《消防应急照明和疏散指示系统技术标准》(GB 51309—2018)、《建筑防烟排烟系统技术标准》(GB 51251—2017)、《消防给水及消火栓系统技术规范》(GB 50974—2014)、《细水雾灭火系统技术规范》(GB 50898—2013)、《水喷雾灭火系统技术规范》(GB 50219—2014)、《自动喷水灭火系统设计规范》(GB 50084—2017)、《泡沫灭火系统设计规范》(GB 50151—2010)、《二氧化碳灭火系统设计规范(2010年版)》(GB/T 50193—1993)、《气体灭火系统设计规范》(GB 50370—2005)、《固定消防炮灭火系统设计规范》(GB

50338—2003)和《建筑灭火器配置设计规范》(GB 50140—2005)等。

此外,在上文提到的特殊场所的防火标准和规范中,也会对其场所中消防设施的设计提出一些特殊的要求。

对于某些国家标准中未做明确规定的消防设施,中国工程建设协会、中国工程建设标准化协会等也制定了相关标准,如《玻璃防火分隔系统技术规程》(T/CECS 682—2020)、《大空间智能型主动喷水灭火系统技术规程》(CECS 263—2009)、《旋转型喷头自动喷水灭火系统技术规程》(CECS 213—2006)和《档案馆高压细水雾灭火系统技术规范》(DA/T 45—2021)等。

（三）消防设施的施工、验收和维护管理依据

消防设施的施工、验收和维护管理主要依据各类消防设施的技术规范和施工验收规范进行。除上文提到的技术规范外,消防设施的施工、验收和维护管理依据的国家标准主要还有:《火灾自动报警系统施工及验收规范》(GB 50166—2007)、《防火卷帘、防火门、防火窗施工及验收规范》(GB 50877—2014)、《自动喷水灭火系统施工及验收规范》(GB 50261—2017)、《泡沫灭火系统施工及验收规范》(GB 50281—2016)、《气体灭火系统施工及验收规范》(GB 50263—2007)、《固定消防炮灭火系统施工与验收规范》(GB 50498—2009)、《建筑灭火器配置验收及检查规范》(GB 50444—2008)等。

除各类消防设施的专门性标准外,还有一些国家标准和行业标准对消防设施的检测、验收和维护管理的内容和方法进行了规定,主要有:国家标准《建筑消防设施的维护管理》(GB 25201—2010)和行业标准《消防产品现场检查判定规则》(XF 588—2012)、《建筑消防设施检测技术规程》(XF 503—2004)、《建设工程消防验收评定规则》(XF 836—2016)等。

（四）消防产品标准

针对各类消防系统的组件、小型消防设备及灭火剂,我国制定了相关的产品标准对其分类、要求、试验方法、检测规则等进行规范。这类消防产品的国家标准数量很多,如《防火卷帘》(GB 14102—2005)、《点型感烟火灾探测器》(GB 4715—2005)、《消火栓箱》(GB/T 14561—2019)、《柜式气体灭火装置》(GB 16670—2006)、《干粉灭火剂》(GB 4066—2017)等。

此外,作为国家标准的补充,还有大量的消防产品行业标准,如《挡烟垂壁》(XF 533—2012)、《悬挂式气体灭火装置》(XF 13—2006)、《细水雾灭火装置》(XF 1149—2014)等。

第一章　灭火救援设施

第一节　消防车道

消防车道是供消防车灭火时通行的道路。设置消防车道的目的在于,一旦发生火灾,确保消防车畅通无阻,迅速到达火场,为及时扑灭火灾创造条件。消防车道可以利用交通道路,但在通行的净高度、净宽度、地面承载力、转弯半径等方面应满足消防车通行与停靠的需求,并保证畅通。消防车道的设置应根据当地消防部门使用的消防车辆的外形尺寸、载重、转弯半径等技术参数,以及建筑物的体量、周围通行条件等因素确定。工业与民用建筑周围、工厂厂区内、仓库库区内、城市轨道交通的车辆基地内、其他地下工程的地面出入口附近,均应设置可通行消防车,并与外部公路或街道连通的道路。

一、消防车道设置要求

(1)下列建筑应至少沿建筑的两条长边设置消防车道:

①高层厂房,占地面积大于 3 000 m² 的单、多层甲、乙、丙类厂房;

②占地面积大于 1 500 m² 的乙、丙类仓库;

③飞机库。

(2)除受环境地理条件限制只能设置 1 条消防车道的公共建筑外,其他高层公共建筑和占地面积大于 3 000 m² 的其他单、多层公共建筑应至少沿建筑的两条长边设置消防车道。

(3)住宅建筑应至少沿建筑的一条长边设置消防车道。当建筑仅设置 1 条消防车道时,该消防车道应位于建筑的消防车登高操作场地一侧。

(4)消防车道或兼作消防车道的道路应符合下列规定:

①道路的净宽度和净空高度应满足消防车安全、快速通行的要求;

②道路的转弯半径应满足消防车转弯的要求;

③道路的路面及其下面的建筑结构、管道、管沟等,应满足承受消防车满载时压力的要求;

④道路的坡度应满足消防车满载时正常通行的要求,且不应大于 10%,兼作消防救援场地的消防车道,坡度尚应满足消防车停靠和消防救援作业的要求;

⑤消防车道与建筑外墙的水平距离应满足消防车安全通行的要求,位于建筑消防扑救面一侧兼作消防救援场地的消防车道应满足消防救援作业的要求;

⑥长度大于 40 m 的尽头式消防车道应设置满足消防车回转要求的场地或道路;

⑦消防车道与建筑消防扑救面之间不应有妨碍消防车操作的障碍物,不应有影响消防

车安全作业的架空高压电线。

二、消防车道技术要求

（一）消防车道的净宽和净高

消防车道一般按单行线考虑，为便于消防车顺利通过，消防车道的净宽度和净空高度一般均不应小于 4 m。消防车道靠建筑外墙一侧的边缘距离建筑外墙不宜小于 5 m。

（二）消防车道的荷载

轻、中系列消防车最大总质量一般不超过 11 t，重系列消防车最大总质量一般为 15~50 t。作为车道，不管是市政道路还是小区道路，一般都应能满足大型消防车的通行。消防车道的路面、救援操作场地及消防车道和救援操作场地下面的管道和暗沟等，应能承受重型消防车的压力，且应考虑建筑物的高度、规模及当地消防车的实际参数。

（三）消防车道的最小转弯半径

车道转弯处应考虑消防车的最小转弯半径，以便于消防车顺利通行。消防车的最小转弯半径是指消防车回转时消防车的前轮外侧循圆曲线行走轨迹的半径。目前，我国消防车的转弯半径：普通消防车为 9 m，登高车为 12 m，一些特种车辆为 16~20 m。因此，弯道外侧需要保留一定的空间，保证消防车紧急通行。停车场或其他设施不能侵占消防车道的宽度，以免影响火灾扑救工作。

（四）消防车道的回车场

尽头式车道应根据消防车辆的回转需要设置回车道或回车场。回车场的尺寸一般不应小于 12 m×12 m；对于高层建筑，回车场的尺寸一般不宜小于 15 m×15 m；供重型消防车使用时，回车场的尺寸一般不宜小于 18 m×18 m。

第二节　消防车登高操作场地和消防救援口

一、消防车登高操作场地

登高消防车能够靠近高层主体建筑，便于消防车作业和消防员进入高层建筑进行人员抢救和火灾扑救的建筑立面称为该建筑的消防车登高面，也称为建筑的消防扑救面。在高层建筑的消防车登高面一侧，地面必须设置消防车道和供消防车停靠并进行灭火救援的作业场地，该场地称为消防救援场地或消防车登高操作场地。

高层建筑应至少沿其一条长边设置消防车登高操作场地。未连续布置的消防车登高操作场地，应保证消防车的救援作业范围能覆盖该建筑的全部消防扑救面。

消防车登高操作场地应符合下列规定：

（1）场地与建筑之间不应有进深大于 4 m 的裙房及其他妨碍消防车操作的障碍物或影

响消防车作业的架空高压电线；

（2）场地及其下面的建筑结构、管道、管沟等应满足承受消防车满载时压力的要求；

（3）场地的坡度应满足消防车安全停靠和消防救援作业的要求；

（4）建筑与消防车登高操作场地相对应的范围内，应设置直通室外的楼梯或直通楼梯间的入口。

（一）最小面积

消防车登高操作场地应结合消防车道设置。考虑到登高车的支腿横向跨距不超过 6 m，以及普通车（宽度为 2.5 m）的交会和消防员携带灭火器具的通行，一般以 10 m 为宜。根据登高车的车长（15 m）以及车道的宽度，最小操作场地的尺寸（长度 × 宽度）一般不宜小于 15 m×10 m。对于建筑高度大于 50 m 的建筑，操作场地的尺寸（长度 × 宽度）一般不小于 20 m×10 m，且场地的坡度不宜大于 3%。

（二）场地与建筑的距离

根据火场经验和登高车的操作，登高场地一般距建筑 5 m，最大距离可由建筑高度、登高车的额定工作高度确定。一般如果扑救高度在 50 m 以上的建筑火灾，在 5~13 m 内登高车可达其额定高度。因此，为方便布置，登高场地距建筑外墙一般不宜小于 5 m，且不应大于 10 m。

（三）操作场地荷载

作为消防车登高操作场地，由于需承受 30~50 t 登高车的重量，对中后桥的荷载也需 26 t，故从结构上考虑应做局部处理。虽然地下管道、暗沟、水池、化粪池等对承受消防车荷载影响不会很大，但为安全起见，不宜把上述地下设施布置在消防车登高操作场地内。在地下建筑上布置消防车登高操作场地时，地下建筑的楼板荷载应按承载大型重系列消防车计算。

（四）操作空间的控制

应根据高层建筑的实际高度，合理控制消防车登高操作场地的操作空间，场地与建筑之间不应设置妨碍消防车操作的电线、树木、车库出入口等障碍，同时要避开地下建筑内设置的危险场所等的泄爆口，如图 1-1 所示。

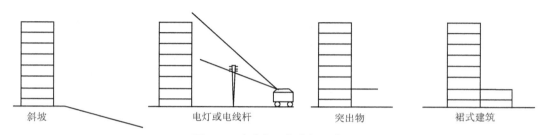

图 1-1　消防车工作空间示意图

二、消防救援口

在灭火时,只有将灭火剂直接作用于火源或燃烧的可燃物,才能有效灭火。除少数建筑外,大部分建筑的火灾在专业消防救援力量到达时均已发展到比较大的规模,从楼梯间进入有时难以直接接近火源,因此除有特殊要求的建筑和甲类厂房可不设置消防救援口外,在建筑的外墙上均应设置便于消防员出入的消防救援口,并应符合下列规定:

(1)沿外墙的每个防火分区在对应消防救援操作面范围内设置的消防救援口不应少于2个;

(2)无外窗的建筑应每层设置消防救援口,有外窗的建筑应自第三层起每层设置消防救援口;

(3)消防救援口的净高度和净宽度均不应小于1.0 m,当利用门时,净宽度不应小于0.8 m;

(4)消防救援口应易于从室内和室外打开或破拆,采用玻璃窗时,应选用安全玻璃;

(5)消防救援口应设置可在室内和室外识别的永久性明显标志。

第三节　消防电梯

消防电梯又称消防员电梯,是指设置在建筑的耐火封闭结构内,具有前室、备用电源以及其他防火保护、控制和信号等功能,在正常情况下可被普通乘客使用,在建筑发生火灾时能专供消防员使用的电梯。消防电梯是高层建筑和地下建筑发生火灾后,供消防员实施火灾扑救、疏散重要物资和抢救被困人员的专用消防设备。对于高层建筑,设置消防电梯能节省消防员的体力,使消防员能快速接近着火区域,并提高战斗力和灭火救援效果。根据在正常情况下对消防员的测试结果,消防员从楼梯攀登的高度一般不大于23 m,否则对其体力消耗很大。对于地下建筑,由于排烟、通风条件很差,消防员通过楼梯进入地下的困难较大,设置消防电梯有利于满足灭火作战和火场救援的需要。

一、消防电梯的设置范围

除城市综合管廊、交通隧道和室内无车道且无人员停留的机械式汽车库可不设置消防电梯外,下列建筑均应设置消防电梯,且每个防火分区可供使用的消防电梯不应少于1部:

(1)建筑高度大于33 m 的住宅建筑;

(2)5层及以上且建筑面积大于3 000 m²(包括设置在其他建筑内第五层及以上楼层)的老年人照料设施;

(3)一类高层公共建筑,建筑高度大于32 m 的二类高层公共建筑;

(4)建筑高度大于32 m 的丙类高层厂房;

(5)建筑高度大于32 m 的封闭或半封闭汽车库;

(6)除轨道交通工程外,埋深大于10 m 且总建筑面积大于3 000 m² 的地下或半地下建筑(室)。

二、消防电梯的工作原理

消防电梯由电梯井、轿厢、专用电话、消防员专用操作按钮等组成。消防电梯设有备用电源,当切断生活和生产用电时仍可以正常运行。消防电梯的动力与控制电缆、电线、控制面板均采取相关防火措施。消防电梯前室内均设有机械防烟或自然排烟设施,发生火灾时可阻止烟气进入或将产生的大量烟雾在前室附近排掉。在首层的消防电梯入口处均设置供消防员使用的操作按钮,便于在建筑发生火灾时控制消防电梯的运行。

消防电梯在设置时常与客用、货用电梯合用,当发生火灾时,受消防控制中心联动指令或首层消防员专用操作按钮控制进入消防状态。消防员到达首层的消防电梯前室(或合用前室)后,首先用随身携带的手斧或其他硬物将保护消防电梯开关的玻璃片击碎,然后将消防电梯开关置于接通位置。消防电梯进入消防状态后,如果电梯在运行中,就会自动降到首层,并自动将门打开;如果电梯原来已经停在首层,则自动打开,消防员进入消防电梯轿厢内后,选择相应楼层到达。

三、消防电梯的设置要求

(1)消防电梯应分别设置在不同防火分区内,且每个防火分区不应少于 1 部。

(2)消防电梯应具有防火、防烟、防水功能。

(3)消防电梯应设置前室或与防烟楼梯间合用的前室。设置在仓库连廊、冷库穿堂或谷物筒仓工作塔内的消防电梯,可不设置前室。消防电梯前室应符合以下要求。

①前室在首层应直通室外或经专用通道通向室外,该通道与相邻区域之间应采取防火分隔措施。

②前室的使用面积不应小于 6.0 m²,与消防电梯间前室合用的前室的使用面积,公共建筑、高层厂房、高层仓库、平时使用的人民防空工程及其他地下工程,不应小于 10.0 m²;住宅建筑,不应小于 6.0 m²。前室的短边不应小于 2.4 m。

③前室或合用前室应采用防火门和耐火极限不低于 2.00 h 的防火隔墙与其他部位分隔。除兼作消防电梯的货梯前室无法设置防火门的开口可采用防火卷帘分隔外,其他均不应采用防火卷帘或防火玻璃墙等方式替代防火隔墙。

(4)在扑救建筑火灾过程中,建筑内有大量消防废水流散,电梯井内外要考虑设置排水和挡水设施,并设置可靠的电源和供电线路,以保证消防电梯可靠运行。因此,在消防电梯的井底应设置排水设施,排水井的容量不应小于 2 m³,排水泵的排水量不应小于 10 L/s,且消防电梯间前室的门口宜设置挡水设施。

(5)为了满足消防扑救的需要,消防电梯应选用较大的载重量,一般不应小于 800 kg,且轿厢尺寸不宜小于 1.5 m×2 m。这样,发生火灾时消防电梯可以将一个战斗班(8 人左右)的消防员及随身携带的装备运到火场,同时可以满足用担架运送伤员的需要。对于医院建筑等类似建筑,消防电梯轿厢内的净面积尚需考虑病人、残障人士等的救援需要。消防电梯要层层停靠,包括地下室各层。为了赢得宝贵的时间,消防电梯从首层至顶层的运行时间不宜大于 60 s。

（6）消防电梯的供电应为消防电源并设有备用电源,在最末级配电箱自动切换,动力与控制电缆、电线、控制面板应采取防水措施;在首层的消防电梯入口处应设置供消防员专用的操作按钮,使之能快速回到首层或到达指定楼层;消防电梯轿厢内部应设置专用消防对讲电话和视频监控系统的终端设备。

（7）消防电梯的动力和控制电缆与控制面板的连接处、控制面板的外壳等防水性能等级不应低于 IPX5。

（8）消防电梯轿厢内部装修材料的燃烧性能应为 A 级。

四、消防电梯的使用

（一）迫降电梯

将保护消防电梯按钮的玻璃片击碎,按下按钮进入消防状态,电梯会自动迫降到首层。迫降电梯后,各层叫梯按钮失去作用,电梯自动关闭返回首层,并自动打开。也可由消防控制室远程迫降电梯,即在消防控制室的联动控制柜上的总线按钮找到对应的电梯按钮并按下,"启动"指示灯处于闪烁状态,表明指令已发出,反馈灯处于常亮时,电梯开始迫降。

（二）启动电梯

进入电梯,按下所需到达楼层,长按关门按钮直至厢门关闭,运行到所需楼层,厢门保持关闭,长按开门按钮直至厢门打开。

第四节　直升机停机坪

对于超高层建筑,当建筑某楼层发生火灾导致人员难以向下疏散时,往往需到达上一避难层或屋面等待救援。仅靠消防员利用云梯车或地面登高施救条件有限,而利用直升机营救被困于屋顶的避难者就比较快捷。因此,建筑高度大于 250 m 的工业与民用建筑,应在屋顶设置直升机停机坪。

一、直升机停机坪的设置要求

（1）屋顶直升机停机坪的尺寸和面积应满足直升机安全起降和救援的要求,并应符合下列规定:

①停机坪与屋面上突出物的最小水平距离不应小于 5 m;

②建筑通向停机坪的出口不应少于 2 个;

③停机坪四周应设置航空障碍灯和应急照明装置,以保障夜间的起降;

④在停机坪的适当位置应设置消火栓,用于扑救避难者携带的火种以及直升机可能发生的火灾。

（2）供直升机救援使用的设施应避免火灾或高温烟气的直接作用,其结构承载力、设备与结构的连接应满足设计允许的人数停留和该地区最大风速作用的要求。

二、直升机停机坪的尺寸

（一）直升机尺寸参数

直升机主要尺寸示意图如图 1-2 所示,直升机全长（L）是指直升机旋翼转动时的最大长度;直升机机身长度（L_f）是指直升机机头至机尾（包括尾桨）末端的长度;直升机全宽（W）是指直升机旋翼转动时的最大宽度;直升机机身宽度（W_f）是指直升机机身（不含旋翼、短翼、起落架、水平安定面及尾桨）的宽度;直升机全尺寸（D）是指直升机全长和全宽中的较大值。

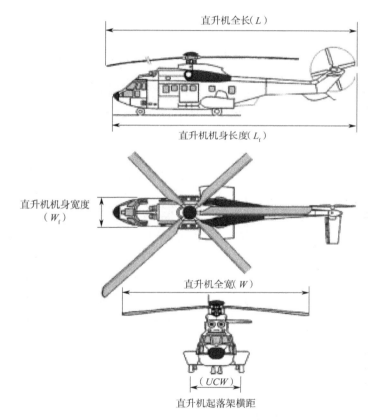

图 1-2　直升机主要尺寸示意图

（二）最终进近和起飞区（FATO）的尺寸

直升机停机坪应至少设置一个最终进近和起飞区（FATO）,FATO 可不必为实体。FATO 的尺寸和形状应满足在进近最终阶段和开始起飞时完全容纳直升机,其最小尺寸应符合下列要求,其中 D 和 W 应采用预计使用该直升机停机坪的直升机中的最大值:供以 1

级性能运行的直升机使用时，FATO 的长度应为直升机飞行手册规定所需起飞程序的中断起飞距离或 1.5D，取较大值，FATO 的宽度应为直升机飞行手册规定所需起飞程序的宽度或 1.5D，取较大值；供以 2 级或 3 级性能运行的直升机使用时，FATO 的尺寸应能包含一个直径为 1.5D 的圆。当存在进近和接地方向限制时，其宽度应不小于 1.5W。

三、安全网架要求

当高架直升机停机坪表面较周围环境高出 0.75 m 以上且人员行动存在安全风险时，应安装安全网或安全架。安全网或安全架的宽度应不小于 1.5 m，除自身及附加设施的荷载外，安全网或安全架的任何部位宜具有额外承受 125 kg 荷载的承载能力。安全网或安全架的设置应确保落入的人或物不致被弹出安全网或安全架区域。安全网或安全架的设置示意图如图 1-3 所示。

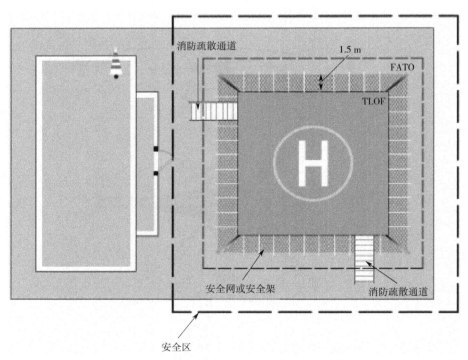

图 1-3　直升机停机坪安全网或安全架的设置示意图

四、直升机停机坪识别标志

直升机停机坪识别标志应采用白色字母"H"表示。直升机停机坪识别标志"H"的横划应与主要最终进近方向相垂直。医院直升机停机坪的识别标志应采用白色"＋"符号及加在其中央的红色字母"H"表示。夜间使用的直升机停机坪，"H"标志宜涂刷反光漆。

第二章　安全疏散与避难设施

第一节　防火分隔设施

对建筑物进行防火分区的划分是通过防火分隔构件实现的。能阻止火势蔓延,并把整个建筑空间划分成若干较小防火空间的建筑构件称为防火分隔构件。防火分隔构件可分为固定式和可开启关闭式两种。其中,固定式包括普通砖墙、楼板、混凝土墙等,可开启关闭式包括防火门、防火窗、防火卷帘、防火分隔水幕、防火阀、排烟防火阀等。

一、防火墙

防火墙是防止火灾蔓延至相邻区域且耐火极限不低于 3.00 h 的不燃性墙体。甲、乙类厂房和甲、乙、丙类仓库内的防火墙,耐火极限不应低于 4.00 h。

防火墙是分隔水平防火分区或防止建筑间火灾蔓延的重要分隔构件,对于减少火灾损失具有重要作用。防火墙能在火灾初期和灭火过程中,将火灾有效地限制在一定空间内,阻断火灾的蔓延。防火墙在设置时应满足下列要求。

(1)防火墙应直接设置在建筑的基础或具有相应耐火性能的框架、梁等承重结构上,并应从楼地面基层隔断至结构梁、楼板或屋面板的底面。防火墙与建筑外墙、屋顶相交处,防火墙上的门、窗等开口,应采取防止火灾蔓延至防火墙另一侧的措施。

(2)建筑外墙为难燃性或可燃性墙体时,防火墙一般应凸出墙的外表面 0.4 m 以上,且防火墙两侧的外墙设置宽度不小于 2 m 的不燃性墙体,其耐火极限不应低于外墙的耐火极限。

(3)防火墙上一般不应开口。除相关规范明确不允许开口的防火墙外,其他防火墙为满足建筑功能要求必须设置的开口应采取能阻止火势和烟气蔓延的措施,如设置甲级防火窗、甲级防火门、防火卷帘、防火阀、防火分隔水幕等。

(4)防火墙一般为自承重墙体,符合要求的承重墙也可以用作防火墙。防火墙的厚度、高度、内部构造以及与周围结构之间的连接,应能保证其在任意一侧受到侧向压力或水平拉力作用时,均不会发生破坏或垮塌。防火墙任一侧的建筑结构或构件以及物体受火灾作用发生破坏或倒塌并作用到防火墙时,防火墙应仍能阻止火灾蔓延至防火墙的另一侧。

二、防火隔墙与防火玻璃墙

防火隔墙是建筑内防止火灾蔓延至相邻区域且耐火极限不低于规定要求的不燃性墙体。防火玻璃墙可用于替代防火隔墙。防火隔墙与防火玻璃墙在设置时应满足下列要求。

(1)防火隔墙应从楼地面基层隔断至梁、楼板或屋面板的底面基层,防火隔墙上的门、窗等开口应采取防止火灾蔓延至防火隔墙另一侧的措施。

（2）住宅分户墙、住宅单元之间的墙体、防火隔墙与建筑外墙、楼板、屋顶相交处，应采取防止火灾蔓延至另一侧的防火封堵措施。

（3）用于防火分隔的防火玻璃墙，其耐火性能不应低于所在防火分隔部位的耐火性能要求。

三、防火卷帘

防火卷帘是建筑内一种可活动的防火分隔设施，一般设置在建筑中常开楼梯和自动扶梯周围，中庭与楼层走道、过厅相通的开口部位，生产车间中大面积工艺洞口以及设置防火墙有困难的部位等。防火卷帘平时卷放在转轴箱内，当所在防火分区发生火灾时下降至地面，从而有效地阻止火势蔓延和扩大，达到防火分隔的目的。

（一）结构与类型

防火卷帘的主要组件有帘面、导轨、座板、卷轴等，每樘防火卷帘配套的电气设备有防火卷帘控制器、手动按钮、卷门机等装置，如图 2-1 所示。一般情况下，防火卷帘安装在固定的导轨内并卷起，以上方卷轴为中心由卷门机带动上下转动。卷门机与防火卷帘控制器和手动按钮配套使用，使防火卷帘完成开启、定位、关闭功能。

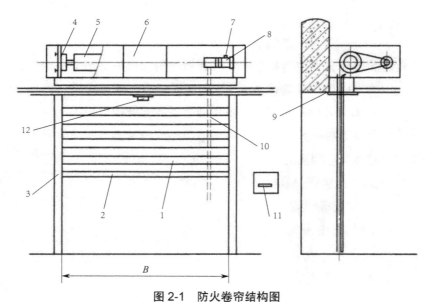

图 2-1　防火卷帘结构图

1—帘面；2—座板；3—导轨；4—支座；5—卷轴；6—箱体；7—限位器；8—卷门机；
9—门楣；10—手动拉链；11—防火卷帘控制器和手动按钮；12—火灾探测器

按材质不同，防火卷帘可分为钢质防火卷帘和无机纤维复合防火卷帘。钢质防火卷帘是用钢质材料制作帘板、导轨、座板、门楣、箱体等，并配以卷门机和控制箱组成。无机纤维复合防火卷帘是用无机纤维材料制作帘面（内配不锈钢丝或不锈钢丝绳），用钢质材料制作夹板、导轨、座板、门楣、箱体等，并配以卷门机和控制箱组成。

（二）设置要求

用于防火分隔的防火卷帘应符合下列规定：

（1）具有在火灾时不需要依靠电源等外部动力源而依靠自重自行关闭的功能；

（2）耐火性能不低于防火分隔部位的耐火性能要求；

（3）在关闭后具有烟密闭的性能；

（4）在同一防火分隔区域的界限处采用多樘防火卷帘分隔时，具有同步降落封闭开口的功能。

（三）控制与操作

防火卷帘控制操作方式包括机械操作、现场手动操作、远程手动操作、温控释放、联动控制等。

1. 机械操作

通常机械操作的工具是一条圆环式铁锁链，锁链一般都设在卷帘轴一侧或放置在一个储藏箱内，如图2-2（a）所示。具体操作时，先开启箱门拿出锁链，如向下拉面向帘面一侧的锁链，卷帘缓慢下降；如向下拉另一侧的锁链，卷帘缓慢卷起。以确保在火灾探测器、联动装置或消防电源发生故障时，防火卷帘仍能释放。

（a） （b） （c）

图2-2 防火卷帘的控制装置示例

（a）手动锁链 （b）手动按钮 （c）温控释放装置

2. 现场手动操作

通常手动按钮设置在卷帘两侧的墙体上（图2-2（b）），可分别在里侧和外侧操作，也可直接对防火卷帘控制器面板上的手动控制按钮进行操作。具体操作时，按上升键，卷帘即上卷；按下降键，卷帘即下降；按停止键，卷帘即停止运行。

3. 远程手动操作

远程手动操作是由消防控制室值班人员在中控室直接操作控制卷帘下降的一种方式。在火灾报警控制器手动控制盘找到待控防火卷帘的控制键，按下并查看启动控制信号发出，现场防火卷帘下降，并接收到动作反馈信号。

4. 温控释放

防火卷帘还具有温控释放装置（图2-2（c）），可实现在无电、无人的情况下，当环境温度升高到（73±0.5）℃时，温控元件（易熔金属或闭式玻璃球）熔化或爆裂，帘体失去限位控制而靠自重释放至关闭，从而实现防火分隔的目的。

5. 联动控制

疏散通道上的防火卷帘所在防火分区内任意两个独立的感烟火灾探测器或一个专用于联动防火卷帘的感烟火灾探测器的报警信号触发联动模块，由防火卷帘控制器联动控制防火卷帘下降至距地（楼）面 1.8 m 处停止；再触发一个专用于联动防火卷帘的感温火灾探测器联动控制防火卷帘下降到底。非疏散通道上的防火卷帘所在防火分区内任意两个独立的火灾探测器的报警信号作为系统的联动触发信号，联动控制防火卷帘直接下降到底。火灾报警控制器应显示防火卷帘的动作反馈信号。

四、防火门

防火门是指具有一定耐火极限，且在发生火灾时能自行关闭的门。建筑中设置的防火门，应保证门的防火和防烟性能符合国家标准《防火门》（GB 12955—2008）的有关规定，并经国家消防装备质量检验检测中心检测试验认证才能使用。

防火门由门框、门扇及五金配件等组成。门组件还包括门框上面的亮窗、门扇中的视窗以及各种防火密封件等辅助材料。防火门设置在防火分区间、疏散楼梯间、垂直竖井等部位。建筑物发生火灾时，防火门能有效地把火势控制在一定范围内，同时为人员安全疏散、火灾扑救提供有利条件。

（一）分类

1. 按耐火性能分类

防火门的耐火性能包括耐火隔热性和耐火完整性，不同耐火性能的防火门代号见表2-1。其中，耐火隔热性和耐火完整性均大于或等于 1.50 h 的为甲级防火门，均大于或等于 1.00 h 的为乙级防火门，均大于或等于 0.50 h 的为丙级防火门。

表 2-1　防火门按耐火性能分类

名称	耐火性能	代号
隔热防火门（A 类）	耐火隔热性≥ 0.50 h 耐火完整性≥ 0.50 h	A0.50（丙级）
	耐火隔热性≥ 1.00 h 耐火完整性≥ 1.00 h	A1.00（乙级）
	耐火隔热性≥ 1.50 h 耐火完整性≥ 1.50 h	A1.50（甲级）
	耐火隔热性≥ 2.00 h 耐火完整性≥ 2.00 h	A2.00
	耐火隔热性≥ 3.00 h 耐火完整性≥ 3.00 h	A3.00

续表

名称	耐火性能		代号
部分隔热防火门（B 类）	耐火隔热性 ≥ 0.50 h	耐火完整性 ≥ 1.00 h	B1.00
		耐火完整性 ≥ 1.50 h	B1.50
		耐火完整性 ≥ 2.00 h	B2.00
		耐火完整性 ≥ 3.00 h	B3.00
非隔热防火门（C 类）	耐火完整性 ≥ 1.00 h		C1.00
	耐火完整性 ≥ 1.50 h		C1.50
	耐火完整性 ≥ 2.00 h		C2.00
	耐火完整性 ≥ 3.00 h		C3.00

2. 按制造材料分类

防火门按制造材料可分为木质防火门、钢质防火门、钢木质防火门和其他材质防火门。木质防火门是指用难燃木材或难燃木材制品制作门框、门扇骨架和门扇面板，门扇内若填充材料，则填充对人体无毒无害的防火隔热材料，并配以防火五金配件所组成的具有一定耐火性能的门，如图 2-3 所示。钢质防火门是指用钢质材料制作门框、门扇骨架和门扇面板，门扇内若填充材料，则填充对人体无毒无害的防火隔热材料，并配以防火五金配件所组成的具有一定耐火性能的门，如图 2-4 所示。钢木质防火门是指用钢质和难燃木质材料或难燃木材制品制作门框、门扇骨架和门扇面板，门扇内若填充材料，则填充对人体无毒无害的防火隔热材料，并配以防火五金配件所组成的具有一定耐火性能的门。

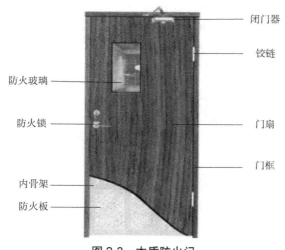

防火玻璃　防火锁　内骨架　防火板　闭门器　铰链　门扇　门框

图 2-3　木质防火门

图 2-4　钢质防火门

3. 按开闭形式分类

防火门按开闭形式可分为常闭式防火门和常开式防火门。常闭式防火门是最常见的防火门，门扇顶部设有闭门器，依靠闭门器的力量可保持常闭状态。常开式防火门由防火门、闭门器和防火门释放装置三部分组成，或由防火门、防火门联动闭门器两部分组成，平时处于开启状态,火灾发生时可自动关闭。

4. 按门扇结构分类

防火门按门扇结构可分为无上亮和有上亮的防火门,如图 2-5 所示;或者单扇、双扇、多扇的防火门,如图 2-6 所示。

图 2-5　无上亮与有上亮的防火门

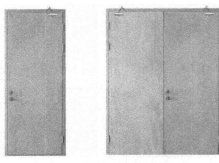

图 2-6　单扇与双扇的防火门

(二)设置要求

(1)疏散通道上的防火门应向疏散方向开启,并在关闭后应能从任一侧手动开启。建筑内设置的防火门既要能保持建筑防火分隔的完整性,又要能方便人员疏散和开启。因此,防火门的开启方式、开启方向等均要保证在紧急情况下人员能快捷开启,不会导致阻塞。

(2)除管井检修门和住宅的户门外,防火门应能自动关闭;双扇防火门应具有按顺序关闭的功能。

(3)除允许设置常开防火门的位置外,其他位置的防火门均应采用常闭防火门。常闭防火门应在门扇的明显位置设置"保持防火门关闭"等提示标志。为方便平时经常有人通行而需要保持常开的防火门,在发生火灾时应具有自动关闭和信号反馈功能,如设置与报警系统联动的控制装置和闭门器等。

(4)为保证防火分区间的相互独立,设在变形缝附近的防火门应设在楼层较多的一侧,并保证防火门开启时门扇不跨越变形缝,防止烟火通过变形缝蔓延。

(5)防火门关闭后应具有防烟性能。

(6)下列部位的门应为甲级防火门:

①设置在防火墙上的门、疏散走道在防火分区处设置的门;

②设置在耐火极限要求不低于 3.00 h 的防火隔墙上的门;

③电梯间、疏散楼梯间与汽车库连通的门;

④室内开向避难走道前室的门、避难间的疏散门;

⑤多层乙类仓库和地下、半地下及多、高层丙类仓库中从库房通向疏散走道或疏散楼梯间的门。

(7)除建筑直通室外和屋面的门可采用普通门外,下列部位的门的耐火性能不应低于乙级防火门的要求,且其中建筑高度大于 100 m 的建筑相应部位的门应为甲级防火门:

　①甲、乙类厂房,多层丙类厂房,人员密集的公共建筑和其他高层工业与民用建筑中封闭楼梯间的门;

　②防烟楼梯间及其前室的门;

　③消防电梯前室或合用前室的门;

　④前室开向避难走道的门;

　⑤地下、半地下及多、高层丁类仓库中从库房通向疏散走道或疏散楼梯的门;

　⑥歌舞娱乐放映游艺场所中的房间疏散门;

　⑦从室内通向室外疏散楼梯的疏散门;

　⑧设置在耐火极限要求不低于 2.00 h 的防火隔墙上的门。

（8）电气竖井、管道井、排烟道、排气道、垃圾道等竖井井壁上的检查门,应符合下列规定:

　①对于埋深大于 10 m 的地下建筑或地下工程,应为甲级防火门;

　②对于建筑高度大于 100 m 的建筑,应为甲级防火门;

　③对于层间无防火分隔的竖井和住宅建筑的合用前室,门的耐火性能不应低于乙级防火门的要求;

　④对于其他建筑,门的耐火性能不应低于丙级防火门的要求,当竖井在楼层处无水平防火分隔时,门的耐火性能不应低于乙级防火门的要求。

（三）控制与操作

1. 手动控制操作

可直接在火灾报警控制器、防火门监控器上通过总线手动控制防火门的关闭,控制器应显示防火门动作反馈信号;也可在常开防火门所在部位手动操作释放器关闭防火门。

2. 联动控制

分别触发常开防火门所在防火分区内两个独立的火灾探测器或一个火灾探测器与一个手动火灾报警按钮,火灾报警控制器或防火门监控器发出自动关闭防火门的触发信号,并将防火门关闭的动作信号反馈至监控设备上。

3. 防火门的复位操作

需现场人工拉动防火门进行复位,复位后防火门的状态信息将同时反馈至火灾报警控制器或防火门监控器。

五、防火窗

防火窗是采用钢窗框、钢窗扇及防火玻璃制成的,能起到隔离和阻止火势蔓延的窗,一般设置在防火间距不足部位的建筑外墙上的开口或天窗,建筑内的防火墙或防火隔墙上需要观察的部位,以及需要防止火灾竖向蔓延的外墙开口部位。

（一）分类

1. 按安装形式分类

防火窗按安装形式可分为固定式和活动式两种。固定式防火窗指无可开启窗扇的防火窗，不能开启，平时可以采光、遮挡风雨，发生火灾时可以阻止火势蔓延；活动式防火窗指有可开启窗扇且装配有窗扇启闭控制装置的防火窗，能够开启和关闭，发生火灾时可以自动关闭，阻止火势蔓延，开启后可以排除烟气，平时还可以采光和通风。为了使防火窗的窗扇能够开启和关闭，需要安装自动和手动开关装置。

2. 按耐火性能分类

不同耐火性能的防火窗代号见表 2-2。其中，耐火隔热性和耐火完整性均大于或等于 1.50 h 的为甲级防火窗，均大于或等于 1.00 h 的为乙级防火窗，均大于或等于 0.50 h 的为丙级防火窗。

表 2-2 防火窗的耐火性能分类与耐火等级代号

耐火性能分类	耐火等级代号	耐火性能
隔热防火窗（A 类）	A0.50（丙级）	耐火隔热性≥0.50 h，且耐火完整性≥0.50 h
	A1.00（乙级）	耐火隔热性≥1.00 h，且耐火完整性≥1.00 h
	A1.50（甲级）	耐火隔热性≥1.50 h，且耐火完整性≥1.50 h
	A2.00	耐火隔热性≥2.00 h，且耐火完整性≥2.00 h
	A3.00	耐火隔热性≥3.00 h，且耐火完整性≥3.00 h
非隔热防火窗（C 类）	C0.50	耐火完整性≥0.50 h
	C1.00	耐火完整性≥1.00 h
	C1.50	耐火完整性≥1.50 h
	C2.00	耐火完整性≥2.00 h
	C3.00	耐火完整性≥3.00 h

（二）设置要求

（1）设置在防火墙、防火隔墙上的防火窗，应采用不可开启的窗扇或具有火灾时能自行关闭的功能。

（2）设置在防火墙和要求耐火极限不低于 3.00 h 的防火隔墙上的防火窗应为甲级防火窗。

（3）下列部位的防火窗的耐火性能不应低于乙级防火窗的要求：

①歌舞娱乐放映游艺场所中房间开向走道的窗；

②设置在避难间或避难层中避难区对应外墙上的窗；

③其他要求耐火极限不低于 2.00 h 的防火隔墙上的窗。

六、防火分隔水幕

防火分隔水幕可以起到防火墙的作用,在某些需要设置防火墙或其他防火分隔物而无法设置的情况下,可采用防火分隔水幕进行分隔。

防火分隔水幕宜采用雨淋式水幕喷头,水幕喷头的排列不少于 3 排,水幕宽度不宜小于6 m,供水强度不应小于 2 L/(s·m)。

七、防火阀

防火阀由阀体、叶片、执行机构和温感器等部件组成,通常安装在通风、空气调节系统的送、回风管道上,平时呈开启状态,发生火灾,当管道内烟气温度达到 70 ℃时,易熔合金片熔断导致防火阀自动关闭。防火阀能在一定时间内满足漏烟量和耐火完整性要求,从而起到隔烟阻火作用。防火阀按阀门控制方式不同,可分为温感器控制自动关闭型防火阀、手动控制关闭或开启型防火阀和电动控制关闭或开启型防火阀三种类型。

（一）设置部位

（1）通风、空气调节系统的风管在下列部位应设置公称动作温度为 70 ℃的防火阀:穿越防火分区处;穿越通风、空调机房的房间隔墙和楼板处;穿越重要或火灾危险性大的房间隔墙和楼板处;穿越防火分区的变形缝两侧;竖向风管与每层水平风管交接处的水平管段上。但当建筑内每个防火分区的通风、空气调节系统均独立设置时,水平风管与竖向总管的交接处可不设置防火阀。

（2）公共建筑的浴室、卫生间和厨房的竖向排风管,应采取防止回流的措施,并宜在支管上设置公称动作温度为 70 ℃的防火阀。

（3）公共建筑内厨房的排油烟管道宜按防火分区设置,且应在与竖向排风管连接的支管处设置公称动作温度为 150 ℃的防火阀。

（二）设置要求

（1）防火阀宜靠近防火分隔处设置。

（2）防火阀暗装时,应在安装部位设置方便维护的检修口。

（3）在防火阀两侧各 2.0 m 范围内的风管及其绝热材料应采用不燃材料。

（4）防火阀应符合现行国家标准《建筑通风和排烟系统用防火阀门》(GB 15930—2007)的规定。

八、排烟防火阀

排烟防火阀由阀体、叶片、执行机构和温感器等部件组成,通常安装在机械排烟系统的管道上,平时呈开启状态,发生火灾,当排烟管道内的烟气温度达到 280 ℃时关闭。排烟防火阀在一定时间内能满足耐火稳定性和耐火完整性的要求,并起到隔烟、阻火作用。

排烟防火阀设置场所:排烟管在进入排风机房处;穿越防火分区的排烟管道上;排烟系

统的支管上。排烟防火阀的开启具有手动和自动功能。

第二节　疏散楼梯与逃生设施

当建筑物发生火灾时,普通电梯没有采取有效的防火防烟措施,且供电中断,一般会停止运行,上部楼层的人员只有通过楼梯才能疏散到建筑物的外边,因此楼梯成为最主要的垂直疏散设施。当电梯与楼梯均无法使用时,被困人员可利用逃生设施进行避难。

一、疏散楼梯

(一)一般要求

(1)疏散楼梯间内不应设置烧水间、可燃材料储藏室、垃圾道及其他影响人员疏散的凸出物或障碍物。

(2)疏散楼梯间内不应设置或穿过甲、乙、丙类液体管道。

(3)在住宅建筑的疏散楼梯间内设置可燃气体管道和可燃气体计量表时,应采用敞开楼梯间,并应采取防止燃气泄漏的防护措施;其他建筑的疏散楼梯间及其前室内不应设置可燃或助燃气体管道。

(4)疏散楼梯间及其前室与其他部位的防火分隔不应使用卷帘。

(5)除疏散楼梯间及其前室的出入口、外窗和送风口,住宅建筑疏散楼梯间前室或合用前室内的管道井检查门外,疏散楼梯间及其前室或合用前室内的墙上不应设置其他门、窗等开口。

(二)形式

1. 敞开楼梯间

敞开楼梯间是低、多层建筑常用的基本形式,也称为普通楼梯间,如图 2-7(a)所示。该楼梯的典型特征是楼梯与走廊或大厅都是敞开在建筑物内,在发生火灾时不能阻挡烟气进入,而且可能成为向其他楼层蔓延的主要通道。敞开楼梯间安全可靠程度不大,但使用方便、经济,适用于低、多层的居住建筑和公共建筑。

2. 封闭楼梯间

封闭楼梯间指设有能阻挡烟气蔓延的双向弹簧门或乙级防火门的楼梯间,如图 2-7(b)所示。封闭楼梯间有墙和门与走道分隔,比敞开楼梯间安全。但因其只设有一道门,在火灾情况下人员进行疏散时难以保证不使烟气进入楼梯间,所以对封闭楼梯间的使用范围应加以限制。

下列公共建筑中与敞开式外廊不直接连通的室内疏散楼梯均应为封闭楼梯间:

(1)建筑高度不大于 32 m 的二类高层公共建筑;

(2)多层医疗建筑、旅馆建筑、老年人照料设施及类似使用功能的建筑;

(3)设置歌舞娱乐放映游艺场所的多层建筑;

（4）多层商店建筑、图书馆、展览建筑、会议中心及类似使用功能的建筑；

（5）6层及6层以上的其他多层公共建筑。

住宅建筑的室内疏散楼梯应符合下列规定：

（1）建筑高度不大于21 m的住宅建筑，当户门的耐火完整性低于1.00 h时，与电梯井相邻布置的疏散楼梯应为封闭楼梯间；

（2）建筑高度大于21 m、不大于33 m的住宅建筑，当户门的耐火完整性低于1.00 h时，疏散楼梯应为封闭楼梯间。

除住宅建筑套内的自用楼梯外，建筑的地下或半地下室、平时使用的人民防空工程、其他地下工程的疏散楼梯间应符合下列规定：

（1）当埋深不大于10 m或层数不大于2层时，应为封闭楼梯间；

（2）高层厂房和甲、乙、丙类多层厂房的疏散楼梯应为封闭楼梯间或室外楼梯。

3. 防烟楼梯间

防烟楼梯间指在楼梯间入口处设有前室或阳台、凹廊，通向前室、阳台、凹廊和楼梯间的门均为防火门，以防止火灾产生的烟和热进入的楼梯间，如图2-7（c）所示。防烟楼梯间设有两道防火门和防排烟设施，发生火灾时能作为安全疏散通道，是高层建筑中常用的楼梯间形式。

发生火灾时，防烟楼梯间能够保障所在楼层人员安全疏散，是高层和地下建筑中常用的楼梯间形式。在下列情况下应设置防烟楼梯间：

（1）一类高层公共建筑和建筑高度大于32 m的二类高层公共建筑；

（2）建筑高度大于33 m的住宅建筑，疏散楼梯应为防烟楼梯间，开向防烟楼梯间前室或合用前室的户门应为耐火性能不低于乙级的防火门；

（3）除住宅建筑套内的自用楼梯外，建筑的地下或半地下室、平时使用的人民防空工程、其他地下工程的疏散楼梯间当埋深大于10 m或层数不小于3层时，应为防烟楼梯间；

（4）建筑高度大于32 m且任一层使用人数大于10人的厂房，疏散楼梯应为防烟楼梯间或室外楼梯。

图2-7　楼梯间形式

（a）敞开楼梯间　（b）封闭楼梯间　（c）防烟楼梯间

二、逃生器材

建筑火灾逃生器材是在发生火灾的情况下,被困人员逃离火场时使用的辅助逃生设备,是对建筑物内部应急疏散通道的必要补充。常见的建筑火灾逃生避难器材有逃生缓降器、逃生梯、应急逃生器、逃生绳、过滤式自救呼吸器等。

(一)建筑火灾逃生避难器材的分类

建筑火灾逃生避难器材按器材结构可分为绳索类、滑道类、梯类和呼吸器类,按器材工作方式可分为单人逃生类和多人逃生类,见表2-3。

表2-3　常见建筑火灾逃生避难器材的分类

分类方式	类型	名称
按器材结构分类	绳索类	逃生缓降器、应急逃生器、逃生绳
	滑道类	逃生滑道
	梯类	固定式逃生梯、悬挂式逃生梯
	呼吸器类	过滤式消防自救呼吸器、化学氧消防自救呼吸器
按器材工作方式分类	单人逃生类	逃生缓降器、应急逃生器、逃生绳、悬挂式逃生梯、过滤式消防自救呼吸器、化学氧消防自救呼吸器
	多人逃生类	逃生滑道、固定式逃生梯

(二)逃生避难器材适用场所和适用楼层

1. 逃生避难器材适用场所

绳索类、滑道类或梯类等逃生避难器材适用于人员密集的公共建筑的2层及2层以上楼层。呼吸器类逃生避难器材适用于人员密集的公共建筑的2层及2层以上楼层和地下公共建筑。

2. 逃生避难器材适用楼层(高度)

逃生滑道、固定式逃生梯应配备在不高于60 m的楼层内,逃生缓降器应配备在不高于30 m的楼层内,悬挂式逃生梯、应急逃生器应配备在不高于15 m的楼层内,逃生绳应配备在不高于6 m的楼层内。地上建筑可配备过滤式消防自救呼吸器或化学氧消防自救呼吸器,高于30 m的楼层内应配备防护时间不少于20 min的自救呼吸器。地下建筑应配备化学氧消防自救呼吸器。

(三)逃生避难器材设置场所及部位

依据国家标准《建筑火灾逃生避难器材》(GB 21976)的规定,逃生避难器材的设置应符合下列要求:

(1)逃生缓降器、逃生梯、逃生滑道、应急逃生器、逃生绳应安装在建筑物袋形逃生走道尽头或室内的窗边、阳台、凹廊以及公共走道、屋顶平台等处,室外安装应有防雨、防晒措施;

(2)逃生缓降器、逃生梯、应急逃生器、逃生绳供人员逃生的开口高度应在1.5 m以上,宽度应在 0.5 m 以上，开口下沿距所在楼层地面高度应在 1 m 以上；

（3）自救呼吸器应放置在室内显眼且便于取用的位置。

（四）逃生避难器材的组成及工作原理

1. 逃生缓降器

逃生缓降器是由挂钩（或吊环）、吊带、绳索及速度控制器等组成，依靠使用者自重从一定的高度，以一定的速度安全降至地面，并能往复使用的安全救生装置，如图 2-8 所示。逃生缓降器可以用安装器具固定在建筑物的窗口、阳台、屋顶外沿等处使用。

2. 逃生绳

逃生绳是一种可供火场受困人员紧急滑降逃生的绳索工具，如图 2-9 所示。依据我国现行标准《建筑火灾逃生避难器材 第 6 部分：逃生绳》（GB 21976.6—2012）的要求，逃生绳应为绳芯外紧裹绳皮的包芯绳结构，绳索的一端应为绳环结构并连有安全钩，安全钩应由金属材料制成并设有防止误开启的保险装置，另一端可选配安全带。逃生绳直径不得小于8 mm，最小破断强度应不小于 10 kN。如果受到火势直接威胁必须立即脱离时，可以利用绳子拴在室内的牢固连接点且可以承重的地方，将人吊下或慢慢自行滑下，下落时可佩戴手套，如无手套，应该用衣服、毛巾等代替，以防绳索将手勒伤。

图 2-8　逃生缓降器

图 2-9　逃生绳

3. 逃生滑道

逃生滑道是一种使用者依靠自重以一定的速度下滑逃生的柔性滑道，如图 2-10 所示。逃生滑道由入口金属框架、金属连接件、滑道主体等构成。滑道主体应由外层防护层、中间阻尼层和内层导滑层三层材料组合制成，也可由外层防护层、内层阻尼导滑复合层两层材料组合制成。滑道出口端通常设置保护垫或其他缓冲装置。逃生滑道采用滑道内壁的特殊材料对人体进行摩擦限速从而实现缓降目的，常见的限速方式有橡胶圈全程限速、橡胶环分段限速和高分子弹性纤维包裹全程限速。逃生滑道使用简单，逃生者可通过调整自身躯体姿势来控制下滑速度，从而实现安全下落，并脱离险境。

4. 悬挂式逃生梯

悬挂式逃生梯主要由钢质梯钩、边索、踏板和撑脚等组成，是一种可悬挂在建筑物外墙上供使用者自行攀爬逃生的软梯,如图 2-11 所示。其中,梯钩是使悬挂梯紧固在建筑物上的金属构件;边索由钢丝绳、钢质链条或阻燃型纤维编织带等制成;踏板是具有防滑功能条纹的圆管或方管;撑脚的作用是使悬挂式逃生梯能与墙体保持一定距离。悬挂式逃生梯平时可卷藏在包装袋内,当发生火灾需要逃生时,可手动将其展开悬挂在建筑墙壁、窗口等部位供逃生者使用。

图 2-10　弹性布料式柔性滑道

图 2-11　悬挂式逃生梯

5. 呼吸器类

呼吸器类逃生器材可分为过滤式消防自救呼吸器和化学氧消防自救呼吸器两类。过滤式消防自救呼吸器是一种依赖于环境大气,通过过滤、吸收等手段净化吸入人体的火场环境气体以保护佩戴者,供发生火灾时逃生用的呼吸器;化学氧消防自救呼吸器是一种使人的呼吸器官与大气环境隔绝,利用化学生氧剂产生氧气,供火灾缺氧情况下逃生用的呼吸器。

第三节　避难层(间)

避难层是建筑中用于人员临时躲避火灾及其烟气危害的楼层。如果作为避难使用的只有几个房间,则这几个房间称为避难间。

一、避难层

(一)类型

根据开敞程度,避难层可分为敞开式避难层、半敞开式避难层、封闭式避难层三类。

1. 敞开式避难层

敞开式避难层无围护结构,为全敞开式,一般设置在建筑的顶层或屋顶上。其避难区采用自然通风排烟方式,结构处理比较简单,但不能保证不受烟气侵害,也不能阻挡雨、雪、风的侵袭,适用于我国华南等气候温暖的地区。

2. 半敞开式避难层

半敞开式避难层四周设置外墙,墙体高度不低于 1.2 m,上部设置可开启的封闭窗,窗口多用金属百叶窗封闭。其避难区可以采用自然通风排烟方式,能较好地防止烟火的侵入,比较适用于我国华南、华东和西南等气候较温暖的地区。

3. 封闭式避难层

封闭式避难层周围设置耐火的围护结构,在避难区内设置独立的防烟设施,门、窗为防火门、窗,可以很好地防止烟火侵入,适用于各种气候条件的地区。为便于救援和应急时的排烟、通风,避难区应设置可开启的外窗,且外窗要尽量设置在不同朝向的外墙上。

(二)设置要求

1. 设置条件

建筑高度大于 100 m 的工业与民用建筑应设置避难层。

2. 设置数量

根据目前我国主要配备的 50 m 高云梯车的操作要求,第一个避难层的楼面至消防车登高操作场地地面的高度不应大于 50 m,以便于发生火灾时可将停留在避难层的人员由云梯救援下来。结合各种机电设备及管道等所在设备层的布置需要和使用管理,以及普通人爬楼梯的体力消耗情况,两个避难层之间的高度应不大于 50 m。

3. 面积

避难区的净面积应满足该避难层与上一避难层之间所有楼层的全部使用人数避难的要求。正常情况下,每人平均占用面积应不小于 0.25 m²。

4. 防火构造要求

(1)为保证避难层具有较长时间抵抗火烧的能力,避难层的楼板宜采用现浇钢筋混凝土楼板,其耐火极限不应低于 2.00 h。

(2)为保证避难层下部楼层起火时不致使避难层地面温度过高,在楼板上宜设隔热层。

(3)避难层四周的墙体及避难层内的隔墙的耐火极限不应低于 3.00 h,隔墙上的门应采用甲级防火门。

(4)除可布置设备用房外,避难层不应用于其他用途。设置在避难层内的可燃液体管道、可燃或助燃气体管道应集中布置,设备管道区应采用耐火极限不低于 3.00 h 的防火隔墙与避难区及其他公共区分隔。管道井和设备间应采用耐火极限不低于 2.00 h 的防火隔墙与避难区及其他公共区分隔。设备管道区、管道井和设备间与避难区或疏散走道连通时,应设置防火隔间,防火隔间的门应为甲级防火门。

5. 安全疏散与救援

为保证避难层在建筑物起火时能正常发挥作用,避难层应至少两个不同的疏散方向可供疏散。通向避难层的疏散楼梯应在避难层分隔、同层错位或上下层断开,这样楼梯间里的人都要经过避难层才能上楼或下楼,为疏散人员提供了继续疏散还是停留避难的选择机会。同时,使上、下层楼梯间不能相互贯通,减弱了楼梯间的"烟囱"效应。楼梯间的门宜向避难层开启,在避难层进入楼梯间的入口处应设置明显的指示标志。

避难区应至少有一边水平投影位于同一侧的消防车登高操作场地范围内。

6.防排烟设施

避难区应采取防止火灾、烟气进入或在避难层积聚的措施。对于敞开式避难层和半敞开式避难层,不需要采取单独的防烟措施;对于封闭式避难层,避难区可以设置可开启外窗自然排烟,也可以设置独立的机械加压送风系统。

7.消防设施

避难层应设置消防电梯出口、消火栓、消防软管卷盘、灭火器、消防专线电话和应急广播。在避难层进入楼梯间的入口处和疏散楼梯通向避难层的出口处,均应在明显位置设置标示避难层和楼层位置的灯光指示标识。

二、避难间

避难间是发生火灾时供建筑内的人员临时躲避火灾及烟气的房间。

(一)一般要求

避难间的设置应符合下列规定:

(1)净面积应满足避难间所在区域设计避难人数避难的要求;

(2)避难间兼作其他用途时,应采取保证人员安全避难的措施;

(3)避难间应靠近疏散楼梯间,不应在可燃物库房、锅炉房、发电机房、变配电站等火灾危险性大的场所的正下方、正上方或贴邻;

(4)避难间应采用耐火极限不低于 2.00 h 的防火隔墙和甲级防火门与其他部位分隔;

(5)避难间应采取防止火灾烟气进入或积聚的措施,并应设置可开启外窗,除外窗和疏散门外,避难间不应设置其他开口;

(6)避难间内不应敷设或穿过输送可燃液体、可燃或助燃气体的管道;

(7)避难间内应设置消防软管卷盘、灭火器、消防专线电话和应急广播;

(8)在避难间入口处的明显位置应设置标示避难间的灯光指示标识。

(二)医疗建筑避难间设置要求

医疗建筑的避难间设置应符合下列规定:

(1)高层病房楼应在二层及以上的病房楼层和洁净手术部设置避难间;

(2)楼地面距室外设计地面高度大于 24 m 的洁净手术部及重症监护区,每个防火分区应至少设置 1 间避难间;

(3)每间避难间服务的护理单元不应大于 2 个,每个护理单元的避难区净面积不应小于 25.0 m²。

第四节　消防应急照明和疏散指示系统

消防应急照明和疏散指示系统是指在发生火灾时,为人员疏散、逃生、消防作业提供指示或照明的消防设施,其可在火灾等紧急情况下,为人员的安全疏散和灭火救援行动提供必要的照度条件及正确的疏散指示信息。正确地利用消防应急灯具和疏散指示标志,科学地发挥消防应急灯具和疏散指示标志的性能,保证其在发生火灾时能有效地指导被困人员的疏散和消防员的消防作业,具有十分重要的作用和意义。

一、消防应急灯具

消防应急灯具是为人员疏散、消防作业提供照明和标志的各类灯具,有多种类型。

（一）按用途分类

消防应急灯具按用途可分为消防应急照明灯具和消防应急标志灯具。消防应急照明灯具是指为人员疏散和发生火灾时仍需工作的场所提供照明的灯具;消防应急标志灯具是指用图形、文字指示疏散方向、安全出口、楼层、避难层(间)、残疾人通道的灯具。

（二）按电源电压等级分类

消防应急灯具按电源电压等级可分为 A 型消防应急灯具和 B 型消防应急灯具。A 型消防应急灯具的主电源或蓄电池电源额定工作电压均不大于 DC36 V, B 型消防应急灯具的主电源或蓄电池电源额定工作电压大于 DC36 V 或 AC36 V。

（三）按供电方式分类

消防应急灯具按供电方式可分为自带电源型消防应急灯具和集中电源型消防应急灯具。自带电源型消防应急灯具使用蓄电池电源,由灯具自带蓄电池供电;集中电源型消防应急灯具使用主电源和蓄电池电源,均由应急照明集中电源供电。

（四）按适用系统类型分类

消防应急灯具按适用系统类型可分为集中控制型消防应急灯具和非集中控制型消防应急灯具。集中控制型消防应急灯具为组成集中控制型系统的主要部件,由应急照明控制器集中控制并显示其工作状态;非集中控制型消防应急灯具为组成非集中控制型系统的主要部件,由应急照明集中电源或应急照明配电箱控制其应急启动。

（五）按工作方式分类

消防应急灯具按工作方式可分为持续型消防应急灯具和非持续型消防应急灯具。持续型消防应急灯具在正常工作状态下光源处于节电点亮模式,在火灾或其他紧急状态下控制光源转入应急点亮模式;非持续型消防应急灯具在正常工作状态下光源处于熄灭模式,在火灾或其他紧急状态下控制光源转入紧急点亮模式。

二、系统类型与组成

消防应急照明和疏散指示系统按灯具控制方式不同，可分为集中控制型系统和非集中控制型系统两类。

（一）集中控制型系统

集中控制型系统设置应急照明控制器，集中控制并显示应急照明集中电源或应急照明配电箱及其配接的消防应急灯具的工作状态。根据蓄电池电源供电方式的不同，集中控制型系统可分为灯具采用集中电源供电方式的集中控制型系统和灯具采用自带蓄电池供电方式的集中控制型系统两类。

灯具的蓄电池电源采用应急照明集中电源供电方式的集中控制型系统，由应急照明控制器、应急照明集中电源、集中电源集中控制型消防应急灯具及相关附件组成。灯具的蓄电池电源采用自带蓄电池供电方式的集中控制型系统，由应急照明控制器、应急照明配电箱、自带电源集中控制型消防应急灯具及相关附件组成。

（二）非集中控制型系统

非集中控制型系统未设置应急照明控制器，由应急照明集中电源或应急照明配电箱分别控制其配接消防应急灯具的工作状态。根据蓄电池电源供电方式的不同，非集中控制型系统可分为灯具采用集中电源供电方式的非集中控制型系统和灯具采用自带蓄电池供电方式的非集中控制型系统两类。

灯具的蓄电池电源采用应急照明集中电源供电方式的非集中控制型系统，由应急照明集中电源、集中电源非集中控制型消防应急灯具及相关附件组成。灯具的蓄电池电源采用自带蓄电池供电方式的非集中控制型系统，由应急照明配电箱、自带电源非集中控制型消防应急灯具及相关附件组成。

三、系统工作原理

集中控制型系统和非集中控制型系统对灯具应急启动的控制方式不同，因此在工作原理上存在一定的差异。

（一）集中控制型系统

集中控制型系统中设置应急照明控制器，应急照明控制器采用通信总线与其配接的集中电源或应急照明配电箱连接，并进行数据通信；集中电源或应急照明配电箱通过配电回路和通信回路与其配接的灯具连接，为灯具供配电，并与灯具进行数据通信。应急照明控制器通过集中电源或应急照明配电箱控制灯具的工作状态，集中电源或应急照明配电箱也可直接连锁控制灯具的工作状态。应急照明控制器能够采用自动和手动方式控制集中电源或应急照明配电箱及其配接灯具的应急启动，接收并显示工作状态。

（二）非集中控制型系统

非集中控制型系统中未设置应急照明控制器,应急照明集中电源或应急照明配电箱通过配电回路与其配接的灯具连接,为灯具供配电。非集中控制型系统中,应急照明集中电源或应急照明配电箱直接控制其配接灯具的工作状态,可采用自动和手动方式控制应急照明集中电源或应急照明配电箱及其配接灯具的应急启动。

四、系统的性能

（一）应急启动功能

在火灾等紧急状态下,应能采用自动和手动方式控制消防应急照明和疏散指示系统的应急启动,即控制系统的灯具和相关设备转入应急工作状态,发挥其疏散照明和疏散指示的作用。

（二）集中控制型系统的应急状态保持功能

系统应急启动后,除指示状态可变的标志灯具外,集中控制型系统设备应保持应急工作状态直至系统复位。

第三章 消防给水基础设施

第一节 概述

一、消防给水系统组成

消防给水系统是指以水为基本灭火介质,为消防用途的用水设备供水的管网和设施组成的系统。由于水是无嗅无味无毒的液体,且取用方便、分布广泛,用其灭火时除具有显著的冷却效果外,还具有窒息、稀释、分离、乳化等多种灭火作用,因此迄今为止水仍是最常用、最主要的灭火剂,而消防给水系统也是目前应用最广泛的灭火系统。不同类型的消防给水系统可提供射流水、分散水、雾状水等用多种形态的灭火用水,满足不同场所、不同类型、不同发展阶段火灾的灭火和控火需要。

消防给水系统由消防水源、消防供水设施、消防给水管网及管网附件、消防用水设备、控制装置等共同组成。虽然不同的系统有不同的消防用水设备和控制装置,但消防水源、消防供水设施、消防给水管网及管网附件是各消防给水系统的基本构成。室外消防给水系统组成示意图如图 3-1 所示。

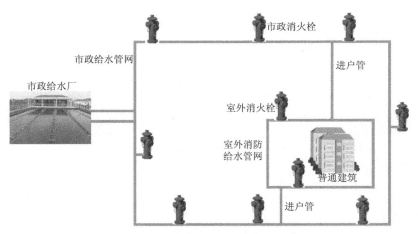

图 3-1 室外消防给水系统组成示意图

二、消防给水系统类型

（一）按设置位置分类

1. 室外消防给水系统

室外消防给水系统设置于建（构）筑物外部，主要包括室外消火栓系统、室外消防水炮系统、固定冷却水系统等。室外消火栓系统的功能主要是为消防车等设备提供消防用水，设置在高压和临时高压管网上的室外消火栓也可直接出水灭火。室外消防水炮系统操作控制灵活、射流强度大、保护范围广，主要设置在火灾危险性较高的厂区、罐区等场所。固定冷却水系统主要设置在甲、乙、丙类可燃液体储罐及液化烃储罐上，当这些储罐起火时向罐壁喷水，对着火罐及其邻近罐进行冷却。

2. 室内消防给水系统

室内消防给水系统设置于建（构）筑物内部，主要包括室内消火栓系统、自动喷水灭火系统、室内消防水炮灭火系统、水幕系统、水喷雾灭火系统和细水雾灭火系统等。室内消火栓系统，尤其是高层建筑中的消火栓系统，是消防员到达火场后应用的主要灭火设施。特别是当自动灭火系统难以控制火势，甚至部分或全部失去作用的情况下，设置在建筑物内的消火栓系统将成为灭火的主体。除室内消火栓系统外的其他室内消防给水系统多为自动灭火系统，能够在火灾发生时自动启动，正常工作的情况下能有效地扑灭和控制建筑物初、中期火灾，大大降低火灾造成的人员伤亡和财产损失。

（二）按压力要求分类

1. 高压消防给水系统

高压消防给水系统是能始终保持满足水灭火设施所需工作压力和流量，发生火灾时无须消防水泵加压的供水系统。在有可能利用地势设置高地水池时，或设置集中高压消防水泵房时，室外消防给水系统可设置为高压消防给水系统。无论有无火警，高压消防给水系统内一直保持足够的水压和水量，火场上不需使用消防车或其他移动式消防水泵加压，直接从系统的室外消火栓接出水带、水枪即可实施灭火。利用市政给水管网直接供水的单、多层建筑或建筑下部的部分供水分区，以及设置高位消防水池的超高层建筑，可设置室内高压消防给水系统。

2. 临时高压消防给水系统

临时高压消防给水系统是平时不能满足水灭火设施所需工作压力和流量，发生火灾时需启动消防水泵满足所需压力和流量的供水系统。一般在石油化工厂或甲、乙、丙类液体以及可燃气体储罐区内的室外消防给水系统多采用这种系统。该系统内平时水压不高，发生火灾时，临时启动泵站内的消防水泵，使系统内的供水压力达到高压消防给水系统的供水压力要求。大部分建筑的室内消防给水系统为临时高压消防给水系统。

3. 低压消防给水系统

低压消防给水系统是能满足消防车或移动消防泵等取水所需压力和流量的供水系统。

低压消防给水系统只能是室外消防给水系统,城镇和居住区的室外消防给水系统均为低压消防给水系统。该系统内水压较低,只负担提供消防用水量,火场上水枪所需的压力由消防车或其他移动式消防水泵加压产生。低压消防给水系统的系统工作压力应大于或等于0.60 MPa。

(三)按用途分类

1. 生产、生活、消防合用给水系统

生产、生活、消防合用给水系统是生产用水、生活用水及消防用水统一由一个给水系统来提供的供水系统。通常城镇的市政给水系统均为这种形式,其不仅向居民提供生活用水、向工厂企业提供生产用水,而且在城镇发生火灾时提供灭火所需的消防用水。该系统应满足在生产、生活用水量达到最大时,仍能供应全部的消防用水量。采用生产、生活、消防合用给水系统可以节省投资,且系统利用率高,特别是生活、生产用水量大而消防用水量相对较小时,这种系统更为适宜。

2. 生产、消防合用给水系统

生产、消防合用给水系统是生产用水和消防用水统一由一个给水系统来提供的供水系统。在某些工厂企业内,可设置这种形式的给水系统,但要保证当生产用水量达到最大小时流量时,仍能保证全部的消防用水量,并且还应确保消防用水时不致引起生产事故,生产设备检修时不致引起消防用水的中断。

由于生产用水与消防用水的水压要求往往相差很大,因此在工程中较少设置生产、消防合用给水系统。在工厂企业内多采用生活用水和消防用水合并的给水系统,并辅以独立的生产给水系统。

若工厂企业内的低压给水系统在消防时不致引起生产事故,则可在生产给水管网上设置必要的消火栓,作为消防备用水源;或将生产给水管网与消防给水管网相连接,并设置转换阀门,作为消防的第二水源。

3. 生活、消防合用给水系统

生活、消防合用给水系统是生活用水和消防用水统一由一个给水系统来提供的供水系统。城镇和企事业单位内广泛采用这种给水系统,既可以保证管网内的水经常处于流动状态,水质不易变坏,而且在投资上也比较经济,并便于日常检查和保养,消防给水较安全可靠。生活用水和消防用水合并的给水系统,在生活用水达到最大小时流量时,仍应保证全部消防用水量。

4. 独立的消防给水系统

工厂企业内生产和生活用水量较小而消防用水量较大时,或生产用水可能被易燃、可燃液体污染时,以及易燃液体和可燃气体储罐区,常采用独立的室外消防给水系统。无论设置于室内还是室外,高压或临时高压消防给水系均为独立的消防给水系统。

第二节　消防水源

消防水源是重要的消防给水基础设施,其功能是在灭火过程中为消防用水设备持续提供足够的消防用水,这是成功灭火的基本保障。市政给水、消防水池、天然水源等可作为消防水源,并宜采用市政给水。雨水清水池、中水清水池、水景和游泳池可作为备用消防水源。

一、市政给水

市政给水是最主要的消防水源。设置市政给水系统的城镇,市政给水管网遍布各个街区,且一般情况下,在城乡规划区域范围内,消防给水与市政给水管网同步规划、设计和实施,供水安全可靠,能保证长时间消防用水的需要。

(一)市政给水系统的组成

市政给水系统的基本任务是从水源取水,经过净化后供给城镇居民、工矿企业、交通运输等部门的生活、生产、消防等用水,满足其对水质、水量、水压等方面的要求。一般市政给水系统采用生活、生产、消防共用的统一给水系统,由水源、取水构筑物、净水构筑物、泵站、输水管(渠)、配水管网及调节构筑物等组成,如图3-2所示。

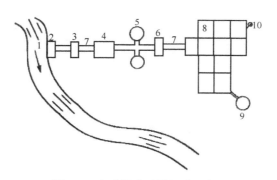

图3-2　市政给水系统组成示意图

1—水源;2—取水构筑物;3—一级泵站;4—净水构筑物;5—清水池;

6—二级泵站;7—输水管;8—市政给水管网;9—水塔;10—室外消火栓

由水源抽取的原水,一般通过一级(取水)泵站加压后,通过输水管(渠)输送到水厂进行净水处理。地下水源(潜水、承压水和泉水等)一般受污染少,水质比较清洁,因此以地下水为水源时,净水过程比较简单,大多经过消毒即可达到生活饮用水的卫生标准。地表水源(江河、湖泊、水库和海洋等)易受到污染,且含杂质多,一般需要经过混凝、沉淀、过滤和消毒等净化处理,以使水质符合卫生标准。经净化处理的水会储存在水厂的清水池,并由二级(供水)泵站加压,通过输水管线输送至市政给水管网,以供应用户需要。

市政给水管网是市政给水系统的主要组成部分,也是提供消防用水的主体,其可分为枝状和环状两种基本形式。枝状给水管网中,从水厂泵站到用户的管线布置成树枝状,管线短,系统单向供水,供水的安全可靠性差,且由于管网末端的水量小,管道中水流缓慢甚至停滞,水质易变坏,故一般适用于较小工程或用水量要求不高的工程。环状给水管网中,管线连接成环状,管路长,管网中所用的阀门比较多,因此投资大,但其是双向供水,可靠性高,且管网末端的水质不易变坏,故一般适用大城市或用水质量要求高的重要工程。

(二)市政消防给水设计流量

为保证在发生火灾时供应足够的消防用水,水厂清水池的储水容积、二级泵站的供水能力和市政给水管网的管径等都需要考虑市政消防给水设计流量的大小。城镇市政消防给水设计流量,应按同一时间内的火灾起数和一起火灾灭火设计流量经计算确定。同一时间内的火灾起数和一起火灾灭火设计流量由城镇人口数决定,不应小于表3-1的规定。

表3-1 城镇同一时间内的火灾起数和一起火灾灭火设计流量

人数 N(万人)	同一时间内的火灾起数(起)	一起火灾灭火设施流量(L/s)
$N \leqslant 1.0$	1	15
$1.0 < N \leqslant 2.5$		20
$2.5 < N \leqslant 5.0$	2	30
$5.0 < N \leqslant 10.0$		35
$10.0 < N \leqslant 20.0$		45
$20.0 < N \leqslant 30.0$		60
$30.0 < N \leqslant 40.0$		75
$40.0 < N \leqslant 50.0$		75
$50.0 < N \leqslant 70.0$	3	90
$N > 70.0$		100

工业园区、商务区、居住区等市政消防给水设计流量,宜根据其规划区域的规模和同一时间的火灾起数,以及规划中的各类建筑室内外同时作用的水灭火系统设计流量之和经计算分析确定。

(三)市政给水的供水方式

作为消防水源,市政给水为消防用水设施供水的方式主要有以下两种。

1.通过市政消火栓向消防车供水

市政消火栓是市政给水管道向消防车供水的接口。市政给水管道通常沿道路布置在绿地或人行道下面,市政消火栓通过连接管与其连接。市政消火栓一般设置在道路一侧,且靠近十字路口,布置间距不大于120 m。当市政道路宽度超过60 m时,市政消火栓在道路的两侧交叉错落设置。此外,市政桥桥头和城市交通隧道出入口等市政公用设施处,也会设置市政消火栓。

为保证消防车取水的可靠性,当市政给水管网设有市政消火栓时,应符合下列规定。

(1)设有市政消火栓的市政给水管网宜为环状给水管网,但当城镇人口少于2.5万人时,可为枝状给水管网。

(2)接市政消火栓的环状给水管网的管径不应小于DN150,枝状给水管网的管径不宜小于 DN200。当城镇人口少于 2.5 万人时,接市政消火栓的给水管网的管径可适当减小,环状给水管网时不应少于 DN100,枝状给水管网时不宜小于 DN150。

（3）工业园区、商务区和居住区等区域采用两路消防供水,当其中一条引入管发生故障时,其余引入管在保证满足 70% 生产、生活给水的最大小时设计流量条件下,应仍能满足相关规范规定的消防给水设计流量。

2. 通过入户引入管向消防给水系统供水

市政给水管网可通过与其连接的入户引入管向消防给水系统供应消防用水,如图 3-3 所示。为保证供水的安全性,宜采用两路消防供水,即应符合下列要求:市政给水厂应至少有两条输水干管向市政给水管网输水;市政给水管网应为环状给水管网;应至少有两条不同的市政给水干管上有不少于两条引入管向消防给水系统供水。

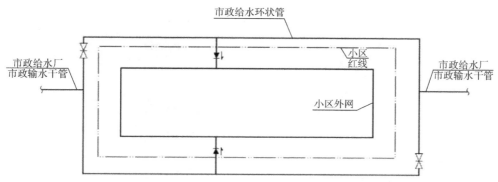

图 3-3　市政给水管网向消防给水系统供水示意图

（1）当市政给水管网连续供水,且供水的水量和水压满足消防给水系统的要求时,市政给水管网可通过入户引入管向消防给水系统直接供水。

（2）当市政给水管网的供水能力不能满足建筑消防所需的水量和水压,或向建筑消防给水系统供水不够安全时,可通过入户引入管向消防给水系统的消防水池供水。

（3）当有两路消防供水且允许消防水泵直接吸水时,可通过入户引入管供消防水泵直接吸水,并符合下列规定:

①每一路消防供水应满足消防给水设计流量和发生火灾时必须保证的其他用水;

②发生火灾时室外给水管网的压力从地面算起不应小于 0.10 MPa;

③消防水泵扬程应按室外消防给水管网的最低水压计算,并应以室外给水的最高水压校核消防水泵的工作工况。

二、消防水池

消防水池是人工建造的储存消防用水的构筑物,是市政给水的有效补充。

（一）消防水池的设置

当市政给水为间歇供水或供水能力不足时,宜建设市政消防水池;城市避难场所宜设置独立的城市消防水池,且每座消防水池容量不宜小于 200 m³。具有下列情况之一者应设置消防水池：

（1）当生产、生活用水量达到最大时，市政给水管网或入户引入管不能满足室内、室外消防给水设计流量；

（2）当采用一路消防供水或只有一条入户引入管，且室外消火栓设计流量大于 20 L/s 或建筑高度大于 50 m 时；

（3）市政消防给水设计流量小于建筑室内外消防给水设计流量。

（二）消防水池的结构与要求

消防水池多为钢筋混凝土结构，也有钢板等其他材料建造的消防水池。消防水池上设置有进水管、出水管、溢流管、排水管、通气管、检修孔和水位显示与报警装置等，如图 3-4 所示。

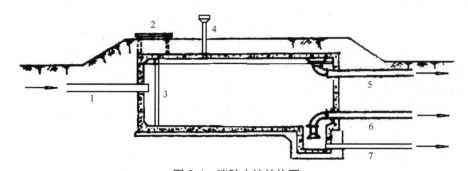

图 3-4　消防水池结构图
1—进水管；2—检修孔；3—爬梯；4—通气孔；5—溢流管；6—出水管；7—排水管

1. 进水管

消防水池的进水管一般不少于两根，其出口处设置浮球阀，如图 3-5 所示。当消防水池中的水位低于最高有效水位时，浮球阀自动开启向消防水池中加水，水位恢复到设定位置时，自动停止进水。消防水池的进水管管径应根据其有效容积和补水时间计算确定，且不应小于 DN100。一般要求消防水池的补水时间不宜大于 48 h，但当消防水池有效总容积大于 2 000 m³ 时，补水时间不应大于 96 h。

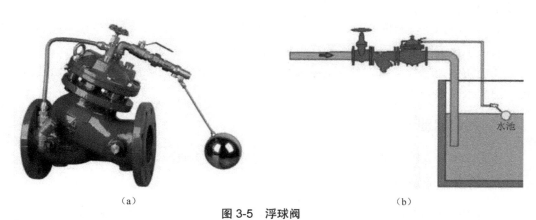

（a）　　　　　　　　　　　　　　　　　　　（b）
图 3-5　浮球阀
（a）实物图　（b）安装示意图

2. 出水管

消防水池的出水管应保证消防水池有效容积内的水能被全部利用。一般消防水池的出水管即为消防水泵的吸水管,其吸水口安装在水池底部的吸水井中,以有效利用消防水池的容积并确保消防水泵吸水口有足够的淹没深度,满足消防水泵在最低水位运行安全和实现设计出水量的要求。设置于超高层建筑顶部的高位消防水池没有吸水井,出水管设置于水池底部。

3. 溢流管

消防水池的溢流管用于进水管浮球阀损坏导致消防水池水位超出最高有效水位时溢流,溢流水位一般高于最高有效水位 50~100 mm。溢流管管径一般不小于进水管管径的 2 倍,且不小于 DN100。溢流管进口处设置竖直朝上的喇叭口,喇叭口直径不小于溢流管管径的 1.5~2.5 倍。溢流管上不设阀门,出水采用间接排水。

4. 排水管

消防水池的排水管也称放空管、泄水管或排污管,设置在消防水池最底部,用于水池的检修放空。排水管的管径一般比进水管缩小一级,但不小于 DN50。排水管上设置有常闭的排水阀,并采用间接排水。

5. 通气管

大部分消防水池是封闭的,需在顶部设置通气管或呼吸管,以保持水池内部通风换气,保证水质不易腐败变质。通气管应采取防止虫鼠等进入消防水池的技术措施。

6. 连通管

为使消防水池检修、清洗时仍能保证消防用水的供给,当消防水池的总蓄水有效容积大于 500 m³ 时,宜设两格能独立使用的消防水池;当大于 1 000 m³ 时,应设置能独立使用的两座消防水池。高层民用建筑高压消防给水系统的高位消防水池总有效容积大于 200 m³ 时,宜设置蓄水有效容积相等且可独立使用的两格;当建筑高度大于 100 m 时,应设置独立的两座消防水池。每格(或座)消防水池应设置独立的出水管,并应设置满足最低有效水位的连通管,且其管径应能满足消防给水设计流量的要求。

7. 检修孔

消防水池的检修孔(也称人孔)和爬梯可供水池检修、冲洗时人员出入水池使用。

8. 水位显示与报警装置

消防水池应设置两类水位显示装置:一类是就地水位显示装置,一般为玻璃管液位计,竖直安装在消防水池池壁上,上下两端设置角阀,开启角阀后能与水池形成连通器,可现场观测消防水池水位;另一类是电子液位计,能够向消防控制中心或值班室等地点传送消防水池的水位,并且实现在消防水池水位达到或超过最高和最低报警水位时发出报警信号。一般最高报警水位高于最高有效水位 50~100 mm,可与溢流水位相同,也可低于溢流水位;最低报警水位低于最高有效水位 50~100 mm。消防水池的水位设置如图 3-6 所示。

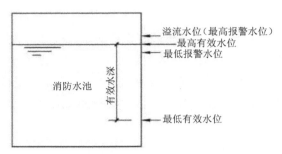

图 3-6　消防水池水位示意图

9. 消防用水量不作他用的技术措施

当条件允许时,消防用水可与生活、生产用水合用水池,既可降低造价,又有利于保持水质。但消防用水与其他用水共用的水池,应采取保证水池中的消防用水量不作他用的技术措施。

(三)消防水池的有效容积

当市政给水管网能保证室外消防给水设计流量时,消防水池的有效容积应满足在火灾延续时间内室内消防用水量的要求;当市政给水管网不能保证室外消防给水设计流量时,消防水池的有效容积应满足在火灾延续时间内室内消防用水量和室外消防用水量不足部分之和的要求;当消防水池采用两路消防供水且在火灾情况下连续补水能满足消防要求时,其有效容积可减去相应的补充水量。

消防水池的有效容积应按计算确定,且不应小于 100 m³,当仅设有消火栓系统时不应小于 50 m³;当高层民用建筑采用高位消防水池供水的高压消防给水系统时,高位消防水池储存室内消防用水量确有困难,但发生火灾时补水可靠,其总有效容积不应小于室内消防用水量的 50%。

消防水池的有效容积可按下式计算:

$$V = 3.6 \left(\sum_{i=1}^{n} q_i t_i - q_b t_{ij} \right) \tag{3-1}$$

式中　V——消防水池的有效容积,m³;

　　　q_i——第 i 种消防设施的设计流量,L/s;

　　　t_i——第 i 种消防设施的火灾延续时间,h;

　　　n——同时开启的水灭火设施数量;

　　　q_b——火灾延续时间内连续补水流量,L/s;

　　　t_{ij}——t_i 中的最大者,h。

当消防水池采用两路消防给水时,可认为消防水池在火灾延续时间内有连续补水。其火灾延续时间内连续补水流量可按下式计算:

$$q_b = 10^3 Av \tag{3-2}$$

式中　A——消防水池最不利进水管断面面积,m²;

v——消防水池最不利进水管管道内水的平均流速,不宜大于 1.5 m/s。

火灾延续时间是指扑灭火灾所需的最短时间间隔,可根据火灾统计资料、经济发展水平、消防队力量等情况确定。不同场所消火栓系统和固定冷却水系统的火灾延续时间不应小于表 3-2 的规定。

表 3-2　不同场所消火栓系统和固定冷却水系统的火灾延续时间

建筑			场所与火灾危险性	火灾延续时间(h)
建筑物	工业建筑	仓库	甲、乙、丙类仓库	3.0
			丁、戊类仓库	2.0
		厂房	甲、乙、丙类厂房	3.0
			丁、戊类厂房	2.0
	民用建筑	公共建筑	高层建筑中的商业楼、展览楼、综合楼,建筑高度大于 50 m 的财贸金融楼、图书馆、书库,重要的档案楼、科研楼和高级宾馆等	3.0
			其他公共建筑	2.0
		住宅		
	人防工程		建筑面积小于 3 000 m²	1.0
			建筑面积大于或等于 3 000 m²	2.0
	地下建筑、地铁车站			
构筑物	甲、乙、丙类可燃液体储罐		煤、天然气、石油及其产品的工艺装置	3.0
			直径大于 20 m 的固定顶罐和直径大于 20 m 浮盘用易熔材料制作的内浮顶罐	6.0
			其他储罐	4.0
			覆土油罐	
			液化烃储罐、沸点低于 45 ℃甲类液体、液氨储罐	6.0
			空分站,可燃液体、液化烃的火车和汽车装卸栈台	3.0
			变电站	2.0
	装卸油品码头		甲、乙类可燃液体油品一级码头	6.0
			甲、乙类可燃液体油品二、三级码头,丙类可燃液体油品码头	4.0
			海港油品码头	6.0
			河港油品码头	4.0
			码头装卸区	2.0
	装卸液化石油气船码头			6.0
	液化石油气加气站		地上储气罐加气站	3.0
			埋地储气罐加气站	1.0
			加油和液化石油气加气合建站	

建筑		场所与火灾危险性	火灾延续时间（h）
构筑物	易燃、可燃材料露天、半露天堆场，可燃气体罐区	粮食土圆囤、席穴囤	6.0
		棉、麻、毛、化纤百货	
		稻草、麦秸、芦苇等	
		木材等	
		露天或半露天堆放煤和焦炭	3.0
		可燃气体储罐	

建筑内自动喷水灭火系统、泡沫灭火系统、水喷雾灭火系统、固定消防炮灭火系统、自动跟踪定位射流灭火系统等水灭火系统的火灾延续时间，应分别按现行国家标准中的有关规定执行。

建筑内用于防火分隔的防火分隔水幕和防护冷却水幕的火灾延续时间，不应小于防火分隔水幕或防护冷却火幕设置部位墙体的耐火极限。

（四）消防水池的供水方式

1. 供消防车取水

储存室外消防用水的消防水池可设置专用的取水井、取水口或室外消火栓供消防车取水，如图3-7所示，并应符合下列规定：

（1）消防水池应设置取水口（井），且吸水高度不应大于6.0 m；

（2）取水口（井）与建筑物（水泵房除外）的距离不宜小于15.0 m；

（3）取水口（井）与甲、乙、丙类液体储罐等构筑物的距离不宜小于40.0 m；

（4）取水口（井）与液化石油气储罐的距离不宜小于60.0 m，当采取防止辐射热保护措施时可为40.0 m。

2. 向消防给水系统供水

工厂、储罐区等场所的消防水池有地上、地下和半地下等几种形式，建筑中的消防水池一般设置在地下，这些水池中的水需通过消防水泵加压后才能输送到各用水设备处。有些超高层建筑会设置高位消防水池，即将消防水池设置在建筑顶部，在储存消防用水的同时还可利用重力自流的方式直接向消防给水系统供水。设置高位消防水池时，其最低有效水位应能满足其所服务的水灭火设施所需的工作压力和流量。

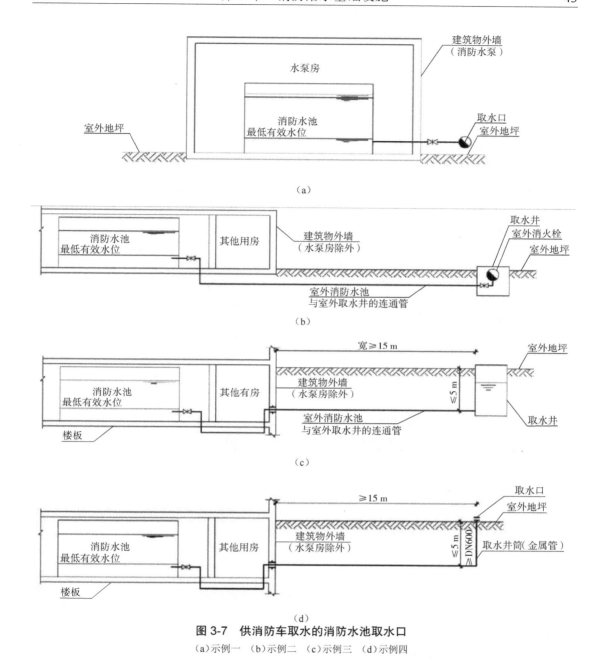

图 3-7　供消防车取水的消防水池取水口

（a）示例一　（b）示例二　（c）示例三　（d）示例四

三、天然水源

满足一定要求的江、河、湖、海和水库等地表水源和井水等地下水源都可作为消防水源，它们都属于天然水源。

（一）地表水源

地表水源主要用于消防车、移动消防水泵等取水，与室外消火栓的功能类似。由于天然水源有水位的变化,有些水源岸边的情况也较为复杂,因此应进行相应的建设,修建可靠的取水设施,以确保枯水位时也能顺利取水,并保证当消防车取水时,最大吸水高度不应超过 6.0 m。

1. 修建消防码头

当江、河、湖的水面较低或水位变化较大,在低水位超过消防车水泵的吸水高度或水源离岸较远,超过吸水管的长度,消防车不能直接从水源吸水时,应修建消防码头,以便于消防车向火场供水。常用的消防码头有两种:坡路码头和过水码头。坡路码头即消防道路紧靠江、河、湖的岸边,在消防安全重点单位附近或消防队责任区内适当地点,在消防道路靠水体的一边,修建数个贯通坡道,使消防车接近水面吸水,如图 3-8 所示。消防坡路码头适用于常年水位变化不大的天然水源地。过水码头即在水位变化较大的江、河、湖、海的岸边,修建斜坡道通向水体,消防车根据水位的变化,停靠在斜坡道上吸水,如图 3-9 所示。

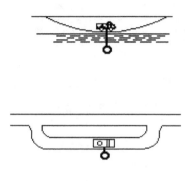 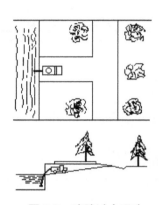

图 3-8　消防坡路码头　　　　　　　　　　图 3-9　消防过水码头

2. 修建消防自流井

天然水源比较丰富,常年水位变化较小的地区,消防车直接靠近河岸、湖边取水有困难,或天然水源距城镇、消防安全重点单位较远时,可修建消防自流井,如图 3-10 所示。即将河、湖水通过管道引至便于消防车停靠的地点或城镇、重点单位,在管道的不同部位,根据火场用水需要,设置一定数量的吸水井,供消防车吸水。

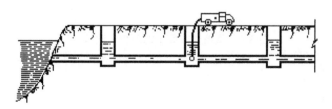

图 3-10　消防自流井

3. 设置消防吸水管

可在天然水源附近设置消防吸水管,一端伸入天然水源中,另一端为可供消防车吸水管连接的接口,如图 3-11 所示。为保证消防车的吸水需要,吸水管伸入天然水源中的一端应设置底阀。

图 3-11 消防吸水管

4. 设置过滤设施

一般地表天然水源水中杂质较多,应采取防止冰凌、漂浮物、悬浮物等物质堵塞消防水泵的技术措施。可在取水头部设置格栅,格栅条间距不宜小于 50 mm,也可采用过滤管。

(二)地下水源

有条件时,井水可直接作为消防给水系统的水源,通过深井泵向消防给水系统供水。井水作为消防水源向消防给水系统直接供水时,其最不利水位应满足水泵吸水要求,其最小出流量和水泵扬程应满足消防要求,且当需要两路消防供水时,水井不应少于两眼,每眼井的深井泵的供电均应采用一级供电负荷。为检测水位,保证消防供水的可靠性,利用井水作为消防水源时应设置探测水井水位的水位测试装置。

第三节 消防供水设施

消防供水设施指能够从消防水源取水,向消防用水设备提供有压水的设施,主要包括消防水泵、高位消防水箱、稳压泵和消防水泵接合器等。

一、消防水泵

消防水泵是通过叶轮旋转等方式将能量传递给水,使其动能和压能增加,并将其输送到用水设备处,以满足各种用水设备的水量和水压要求的供水设备。

(一)工作原理与性能

1. 工作原理

在消防给水系统中主要采用离心式水泵,其结构如图 3-12 所示。此类水泵依靠离心力工作,具体的工作原理如下:在启动前,需先用水灌满泵壳和吸水管;启动时,驱动器通过泵轴带动叶轮旋转,叶轮上凸起的叶片会使水随之一起旋转;水在离心力的作用下,被甩出叶轮并抛入出水管中,同时使吸水管内形成真空;外部的水在大气压的作用下,经吸水管进入水泵,这样水就会源源不断地经水泵加压输送出去。

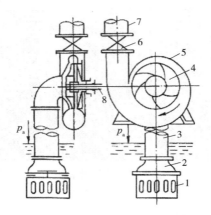

图 3-12　离心式水泵构造示意图
1—滤网;2—底阀;3—吸水管;4—叶轮;5—泵壳;6—调节阀;7—出水管;8—泵轴

离心泵的工作过程实际上是一个能量的传递和转换过程,它把驱动器高速旋转的机械能转化为被抽升水的动能和势能。在这个能量的传递和转化过程中,伴随着许多能量的损失,这种能量损失越大,离心泵的性能就越差,工作效率就越低。

2. 性能参数

离心泵的基本性能通常可由 6 个性能参数来表示。

(1)流量:水泵单位时间内所输送液体的体积,用符号 Q 表示,常用的单位是 m³/h 或 L/s。

(2)扬程:水泵对单位质量液体所做的功,也即单位质量液体通过水泵后其能量的增值,用符号 H 表示,常用的单位是 m,工程中也常用 kg/cm² 或 Pa。

(3)轴功率:水泵泵轴来自原动机所传递的功率,用符号 N 表示,常用的单位是 kW。

(4)效率:水泵的有效功率与轴功率的比值,用符号 η 表示。有效功率是单位时间内通过水泵的液体从水泵得到的能量,用符号 N_e 表示。由于水泵不可能将原动机输入的功率完全传递给液体,在水泵内部有损失,这个损失通常就以效率来衡量。

(5)转速:水泵叶轮的转动速度,通常以每分钟转动的次数表示,用符号 n 表示,常用的单位是 r/min。各种水泵都是按一定的转速来设计的,当实际转速发生改变时,水泵的其他性能参数(如 Q、H、N 等)也将按一定的规律变化。

(6)允许吸上真空高度:水泵在标准状态下(即水温为 20 ℃,表面压力为一个标准大气压)运转时,水泵所允许的最大真空度,用符号 H_s 表示,单位是 m。该值反映了水泵的吸水效能,决定着水泵的安装高度。

在实际使用中,常把水泵的扬程、轴功率、效率、允许吸上真空高度与流量之间的关系用曲线来表示,称为水泵性能曲线,如图 3-13 所示。另外,为了方便用户了解水泵的性能,每台水泵的泵壳上都钉有一块铭牌,铭牌上简明列出了该水泵的型号及该水泵在设计转速下运转时效率最高时的性能参数。

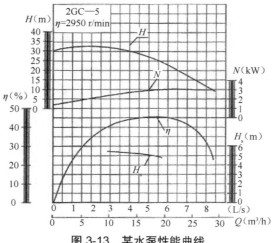

图 3-13　某水泵性能曲线

3. 水泵的工况点

水泵本身的性能曲线只反映了水泵的潜在工作能力,而水泵要发挥这种能力还必须与管路系统结合起来考虑。水泵与管路系统连接后的实际工作状态就是水泵工况点,即水泵装置在某瞬时的实际出水流量、扬程、轴功率、效率以及允许吸上真空高度等。

1)管路系统特性曲线

管路系统输送水的流量(Q)与所需要的能量(H)可按下式计算:

$$H = H_{ST} + SQ^2 \qquad\qquad (3-3)$$

式中　SQ^2——通过管路系统时的水头损失;H_{ST}——管路系统中的水所需的提升高度,也就是水泵的静扬程。

按此方程绘图,就可得到管道系统特性曲线,如图 3-14 所示。其中,h_k 表示管路系统输送流量 Q_k 并将水提升高度为 H_{ST} 时,管道中每单位质量液体需消耗的能量值。

2)水泵工况点的确定

水泵工况点是水泵实际工作点,此时水泵所提供的能量与管路系统所消耗的能量相等,因此水泵工况点就是水泵性能曲线和管路系统特性曲线的交点,在工程上多用图解法来求解。具体方法如下:首先画出水泵的 Q-H 曲线,然后按照公式 $H=H_{ST}+SQ^2$ 画出管路系统特性曲线,两条曲线的交点 M 即为水泵的工况点,如图 3-15 所示。

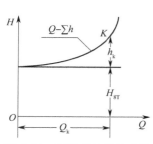

图 3-14　管道系统特性曲线

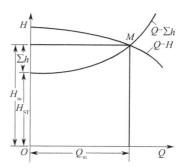

图 3-15　水泵工况点的确定

3）工况点的改变

水泵在工作过程中,工况点可以自动变化以保持平衡,如果水泵特性和管路系统特性都不发生变化,水泵出水流量和扬程等也不改变。但有时消防给水系统需要提供不同的流量和压力,这就需要人为地改变水泵工况点。改变水泵转速可使其工况点发生变化。水泵转速增加,则水泵的 Q-H 曲线向上平移,工况点随之改变,水泵的流量和扬程都有所增大;反之,水泵转速降低,水泵的流量和扬程都随之减小。改变管路系统特性曲线也可使水泵工况点发生变化,如管路系统中开启的用水设备数量增加,则水泵的流量增大,扬程随之减小。

4. 水泵的联合工作

由于水泵性能不同,有时单台水泵无法满足实际需求,就需要多台水泵联合工作,由此就形成水泵的并联或串联。

1）水泵并联

水泵并联是两台及两台以上水泵共同使用公共输水管路工作的供水形式。同型号、同水位、管道对称布置的两台水泵并联运行情况如图 3-16 所示。水泵并联是同一扬程下流量的叠加,图 3-16 中的 M 点是并联工作点,N 点是并联工作时每台水泵的工作点,S 点是一台水泵单独工作时的工作点。水泵并联工作时,扬程相等,总流量为各水泵在协调工作中输水量之和($Q_m=2Q_n$);总流量大于任何一台水泵单独工作时的输水量($Q_m>Q_s$);每台水泵在并联工作时的输水量均小于其单独工作时的输水量($Q_n<Q_s$)。

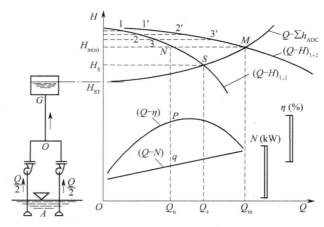

图 3-16　同型号水泵并联运行情况

2）水泵串联

水泵串联是前泵出水管直接与后泵吸水管连接,两台水泵同时运转的联合供水形式。两台同型号水泵串联运行情况如图 3-17 所示。水泵串联是在同一流量下扬程的叠加,图 3-17 中的 2 点是水泵串联的工况点,1 点是一台水泵单独工作时的工况点。两台同型号水泵串联后,扬程比任一台水泵单独使用时增高($H_{1+2}>H_{1,2}$),但并不是增大一倍($H_{1+2}\neq2H_1$)。串联后水泵在管路中的工况点由原来单独使用时的点 1 移至点 2,此 2 点所对应的流量较每台水泵单独工作时有所增加($Q_{1+2}>Q_1$)。

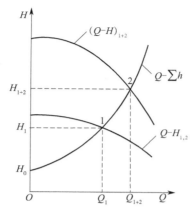

图 3-17　同型号水泵串联运行情况

5. 消防水泵的选择

消防水泵是为消防给水系统服务的,其性能应满足消防给水系统的用水要求。为消防给水系统选择消防水泵时,应首先确定消防给水系统所需的流量和压力。

1）消防水泵的设计流量

消防水泵的设计流量为其所服务的消防给水系统的设计流量。当一个消防给水系统同时保护多个保护对象时,其设计流量按最大的保护对象确定。

2）消防水泵的设计扬程

消防水泵所需要的设计扬程可按下式计算:

$$P = k\left(\sum P_f + \sum P_p\right) + 0.01\Delta H + P_0 \tag{3-4}$$

式中　H——消防水泵所需要的设计扬程,MPa;

　　　k——安全系数,可取 1.20~1.40,宜根据管道的复杂程度和不可预见发生的管道变更所带来的不确定性确定;

　　　h_f——最不利管路的沿程水头损失,MPa;

　　　h_p——最不利管路的局部水头损失,MPa;

　　　ΔH——当消防水泵从消防水池吸水时, ΔH 为最低有效水位至最不利点水灭火设施的几何高差,当消防水泵从市政给水管网直接吸水时, ΔH 为发生火灾时市政给水管网在消防水泵入口处的设计压力值的高程至最不利水点灭火设施的几何高差,m;

　　　P_0——最不利点水灭火设施所需的设计压力,MPa。

3）消防水泵选择的基本要求

（1）应满足消防给水系统所需流量和压力的要求。

（2）所配电动机的功率应满足所选水泵流量 - 扬程性能曲线上任何一点运行所需功率的要求。

（3）当采用电动机驱动消防水泵时,应选择电动机干式安装的消防水泵。

（4）流量 - 扬程性能曲线应为无驼峰、无拐点的光滑曲线,零流量时的压力不应超过设计工作压力的 140%,且宜大于设计工作压力的 120%。

（5）当出口流量为设计流量的 150% 时,其出口压力不应低于设计工作压力的 65%。

（6）泵轴的密封方式和材料应满足消防水泵在低流量时运转的要求。

（7）消防给水系统同一泵组的消防水泵型号宜一致,且工作泵不宜超过 3 台。

（8）多台消防水泵并联时,应校核流量叠加对消防水泵出口压力的影响。

6. 消防水泵的吸水

根据离心泵的特性,启动时水泵叶轮必须浸没在水中,因此消防水泵吸水应符合下列规定:

（1）消防水泵应采取自灌式吸水;

（2）消防水泵从市政给水管网直接抽水时,应在消防水泵出水管上设置有空气隔断的倒流防止器;

（3）当吸水口处无吸水井时,吸水口处应设置旋流防止器。

（二）消防泵组

消防水泵由驱动器驱动运行,水泵控制柜控制启停,同时设置备用泵以保证供水安全,这些设备共同组成消防泵组,如图 3-18 所示。

图 3-18　消防泵组

1. 驱动器

消防水泵的驱动器应保证能随时启动,并在消防水泵供水期间持续工作。驱动器一般为电动机,要求有两个独立电源供电,如图 3-19 所示。当供电不能满足要求时,消防水泵驱动器也可采用柴油机,并应采用压缩式点火型柴油机,如图 3-20 所示。

图 3-19　电动机消防泵

图 3-20　柴油机消防泵

2. 备用泵

为确保火灾发生时,消防水泵能正常启动,除建筑高度小于 54 m 的住宅和室外消防给水设计流量小于或等于 25 L/s 的建筑以及室内消防给水设计流量小于或等于 10 L/s 的建筑外,都要设置备用泵。备用泵与工作泵性能一致,一般为同型号的水泵,两者互为备用。工程上多为一用一备和两用一备的情况。

3. 吸水管

消防水泵吸水管上一般设置有吸水喇叭口(或旋流防止器)、检修用阀门、过滤器、真空表、压力表(或真空压力表)和柔性接头。

消防水泵吸水管应符合以下要求:

(1)一组消防水泵应设不应少于两条吸水管,当其中一条损坏或检修时,其余吸水管应仍能通过全部消防给水设计流量;

(2)消防水泵吸水管布置应避免形成气囊;

(3)消防水泵吸水口的淹没深度应满足消防水泵在最低水位运行安全的要求,吸水管喇叭口在消防水池最低有效水位下的淹没深度应根据吸水管喇叭口的水流速度和水力条件确定,但不应小于 600 mm,当采用旋流防止器时,淹没深度不应小于 200 mm;

(4)消防水泵的吸水管上应设置明杆闸阀或带自锁装置的蝶阀,但当设置暗杆阀门时应设有开启刻度和标志,当管径超过 DN300 时宜设置电动阀门,如图 3-21 所示;

(5)消防水泵的吸水管宜设置真空表、压力表或真空压力表,压力表的最大量程应根据工程具体情况确定,但不应低于 0.70 MPa,真空表的最大量程宜为 0.10 MPa;

(6)消防水泵吸水管的直径小于 DN250 时流速宜为 1.0~1.2 m/s,直径大于 DN250 时流速宜为 1.2~1.6 m/s;

(7)消防水泵的吸水管穿越外墙时应采用防水套管,当穿越墙体和楼板时应加设套管,套管长度不应小于墙体厚度,或应高出楼面或地面 50 mm,套管与管道的间隙应采用不燃材料填塞,管道的接口不应位于套管内;

(8)消防水泵的吸水管穿越消防水池时应采用柔性套管,采用刚性防水套管时应在消防水泵吸水管上设置柔性接头,且管径不应大于 DN150。

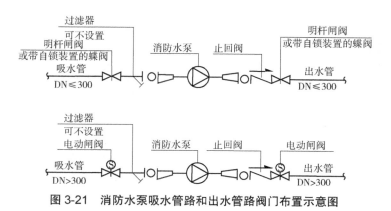

图 3-21　消防水泵吸水管路和出水管路阀门布置示意图

4. 出水管

每组消防水泵应有不少于两条出水管,出水管上一般设置单向阀、压力表、试水管路和试水阀、流量测试装置、检修用阀门等,如图 3-22 所示。

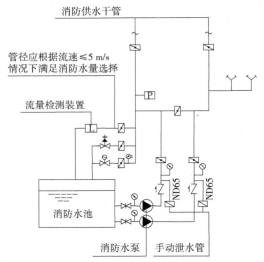

消防供水干管

管径应根据流速 ≤ 5 m/s
情况下满足消防水量选择

流量检测装置

消防水池

消防水泵　　手动泄水管

图 3-22　消防水泵出水管设置示意图

消防水泵出水管应符合以下要求:

(1)一组消防水泵应设不少于两条输水干管与消防给水环状管网连接,当其中一条输水管检修时,其余输水管应仍能供应全部消防给水设计流量;

(2)消防水泵的出水管上应设止回阀、明杆闸阀,当采用蝶阀时应带有自锁装置,当管径大于 DN300 时宜设置电动阀门;

(3)消防水泵出水管压力表的最大量程不应低于其设计工作压力的 2 倍,且不应低于1.60 MPa;

(4)单台消防水泵的流量不大于 20 L/s、设计工作压力不大于 0.50 MPa 时,泵组应预留测量用流量计和压力计接口,其他泵组宜设置泵组流量和压力测试装置;

(5)每台消防水泵出水管上应设置 DN65 的试水管,并应采取排水措施;

(6)消防水泵出水管的直径小于 DN250 时流速宜为 1.5~2.0 m/s,直径大于 DN250 时流速宜为 2.0~2.5 m/s;

(7)消防水泵的出水管穿越外墙时应采用防水套管,当穿越墙体和楼板时应加设套管,套管长度不应小于墙体厚度,或应高出楼面或地面 50 mm,套管与管道的间隙应采用不燃材料填塞,管道的接口不应位于套管内。

5. 水泵控制柜

水泵控制柜设置在消防水泵房或专用消防水泵控制室内,能够显示本组消防水泵的工作状态,控制消防水泵的启停,实现消防水泵的互投,即工作泵故障时能自动切换备用泵工作,如图 3-23 所示。

消防水泵控制柜有自动和手动两种控制状态,当其处于手动状态时,可通过控制柜上的启泵和停泵按钮启停消防水泵;当其处于自动控制状态时,消防水泵控制柜可接收远程启泵信号,自动启动消防水泵,但应不具备自动停泵功能。一般情况下,消防水泵控制柜应设置在自动控制状态,保证消防水泵随时能够自动启动。当自动喷水灭火系统为开式系统,且设置自动启动确有困难时,经论证后消防水泵可设置在手动启动状态,并应确保24 h有人工值班。

(三)消防水泵的启动控制

1.自动启动

消防水泵应由水泵出水干管上设置的低压开关、高位消防水箱出水管上的流量开关或报警阀压力开关等的信号直接自动启动。消防水泵应确保从接收到启泵信号到水泵正常运转的自动启动时间不应大于2 min。

2.现场手动启动

将水泵控制柜设置为手动控制状态时,可实现消防水泵的现场手动启停,如图3-24所示。

3.远程手动启动

设置于消防控制室的消防控制柜或控制盘应设置专用线路连接的手动直接启泵按钮,可实现远程手动启动消防水泵。

4.机械应急启动

消防水泵控制柜应设置机械应急启泵功能,并应保证在控制柜内的控制线路发生故障时由有管理权限的人员在紧急时启动消防水泵,如图3-25所示。采用机械应急启动时,应确保消防水泵在报警5.0 min内正常工作。

图3-23　消防水泵控制柜　　图3-24　手自转换装置　　图3-25　机械应急启动装置

(四)消防水泵房

消防水泵房是安装消防水泵的场所,其内一般包括消防泵组、动力设备、照明设备、通信设备、排水设备、采暖通风设备和起重设备等。

消防水泵房可独立建造,也可附设在其他建筑物内,并应符合下列规定:

(1)独立建造的消防水泵房耐火等级不应低于二级;

(2)附设在建筑物内的消防水泵房应采用耐火极限不低于2.00 h的隔墙和1.50 h的楼板与其他部位隔开,其疏散门应直通安全出口,且开向疏散走道的门应采用甲级防火门;

（3）附设在建筑物内的消防水泵房,不应设置在地下三层及以下,或室内地面与室外出入口地坪高差大于 10 m 的地下楼层;

（4）采用柴油机消防水泵时,宜设置独立消防水泵房,并应满足柴油机运行的通风、排烟和阻火设施要求;

（5）消防水泵房应采取防水淹没的技术措施;

（6）消防水泵和控制柜应采取安全保护措施。

二、高位消防水箱

高位消防水箱一般设置于建筑屋顶,在需要分区供水的高层建筑中,向下区供水的高位消防水箱也会设置在设备层中。高位消防水箱的作用是平时使消防给水系统的管网充满水,并保持一定的压力;发生火灾时,在消防水泵启动前的一段时间里,为系统提供灭火用水,保证室内消火栓和洒水喷头等灭火设备能在开启后立即出水。

（一）设置原则

高层民用建筑、3 层及以上单体总建筑面积大于 10 000 m² 的其他公共建筑,当室内采用临时高压消防给水系统时,应设置高位消防水箱。其他建筑,有条件时也可设置高位消防水箱。

（二）结构及要求

高位消防水箱可采用热浸镀锌钢板、钢筋混凝土、不锈钢板等建造,其结构与消防水池相似,如图 3-26 所示。

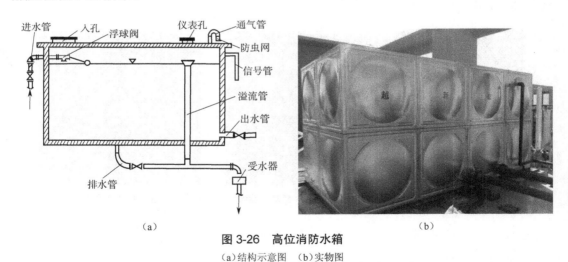

图 3-26　高位消防水箱
（a）结构示意图　（b）实物图

高位消防水箱的进水管设置在水箱上部,从溢流水位以上接入。进水管出水口处一般设置液位阀或浮球阀,在水位下降时自动向水箱中加水。进水管上设置带有指示启闭装置的阀门,并在平时保持开启状态。进水管的管径应满足消防水箱 8 h 充满水的要求,且不应小于 DN32。进水管口的最低点高出溢流水位的高度应等于进水管管径,但不应小于 100 mm,最大不应大于 150 mm。

高位消防水箱的出水管位于最低水位以下,设置有防止消防用水进入高位消防水箱的止回阀和带有指示启闭装置的检修用阀门。出水管的管径应满足消防给水设计流量的出水要求,且不应小于DN100。

高位消防水箱的溢流管、排水管、通气管和水位显示装置的设置要求与消防水池相同。

(三)有效容积

高位消防水箱主要用于保证建筑发生火灾后初期灭火的消防用水量,其有效容积应满足表3-3的要求。

表3-3　高位消防水箱有效容积要求

序号	建筑性质		建筑高度(m)	有效容积(m³)
1	一类高层公共建筑		—	≥36
			>100	≥50
			>150	≥100
2	多层公共建筑、二类高层公共建筑、一类高层住宅		—	≥18
			>100	≥36
3	二类高层住宅		—	≥12
4	多层住宅		>21	≥6
5	工业建筑(室内消防给水设计流量≤25 L/s)		—	≥12
	工业建筑(室内消防给水设计流量>25 L/s)		—	≥18
6	商店建筑(总建筑面积>10 000 m² 且<30 000 m²)		—	≥36
	商店建筑(总建筑面积>30 000 m²)		—	≥50

注:1. 当第6项规定与第1项一致时应取其较大值。

2. 高位消防水箱指屋顶水箱,不含转输水箱兼高位水箱。

(四)设置高度

高位消防水箱的位置应满足在灭火初期消防水泵尚未启动时的出水压力和流量要求。因此,高位消防水箱的设置位置应高于其所服务的水灭火设施,且最低有效水位应满足水灭火设施最不利点处的静水压力,具体要求见表3-4。

表3-4　高位消防水箱设置高度要求

序号	建筑性质		最不利点静水压力
1	一类高层公共建筑	建筑高度≤100 m	≥0.10 MPa
2		建筑高度>100 m	≥0.15 MPa
3	高层住宅、二类高层公共建筑、多层公共建筑		≥0.07 MPa
4	多层住宅		宜≥0.07 MPa

序号	建筑性质		最不利点静水压力
5	工业建筑	建筑体积 <20 000 m³	宜≥ 0.07 MPa
6		建筑体积≥ 20 000 m³	≥ 0.10 MPa
7	自动喷水灭火系统等		≥ 0.10 MPa

（五）消防水箱间

严寒、寒冷等冬季冰冻地区的消防水箱应设置在消防水箱间内，其他地区宜设置在室内，当必须在屋顶露天设置时，应采取防冻隔热等安全措施。

高位消防水箱间应通风良好、不结冰，当必须设置在严寒、寒冷等冬季结冰地区的非采暖房间时，应采取防冻措施，环境温度或水温不应低于 5 ℃。

（六）减压水箱和转输水箱

在消防给水系统中，有时还设置减压水箱和转输水箱，这两类水箱也可兼作高位消防水箱。

1. 减压水箱

减压水箱设置在高层建筑的设备层中，其作用是为低区的消防给水系统减压，同时也可兼作低区的高位消防水箱。当高层建筑的消防给水系统采用减压水箱分区供水方式时，系统中会设置减压水箱，其有效容积不应小于 18 m³。

2. 转输水箱

转输水箱设置在高层建筑的设备层中，其作用是供转输泵吸水，以便将水输送至高区的消防用水设备或高位消防水池，同时也可兼作低区的高位消防水箱。当高层建筑的消防给水系统采用串联供水方式时，系统中会设置转输水箱，其有效容积不应小于 60 m³。

三、稳压泵

当高位消防水箱不能满足消防给水系统最不利点处的静压要求时，系统中应设置稳压泵。稳压泵是一种小流量水泵，一般为离心泵，其作用是补充消防给水系统泄漏的水量，维持系统准工作状态时的压力，使其满足相关要求，如图 3-27 所示。

（一）启动控制

稳压泵的启停与系统压力相关，可由电接点压力表（图 3-28）或压力开关（图 3-29）控制。当系统压力降低到设定的稳压泵启动压力时，稳压泵自动启动，并向系统补水加压；当系统压力升高到自动停泵压力时，稳压泵自动停泵。在消防给水系统准工作状态下，稳压泵会不断重复这一启停过程。

为防止稳压泵频繁启停，降低电机损坏的风险，一般采用气压罐与稳压泵联合工作。利用气压罐的调节水容积，降低稳压泵的启动频率。这样，当管网漏水时，首先由气压罐进行补水加压，直至气压罐中的调节水量用完，稳压泵才启动向管网和气压罐内补水。

图 3-27　稳压泵组

图 3-28　电接点压力表

图 3-29　压力开关

（二）设置方式

室内消火栓给水系统或自动喷水灭火系统等,可各自单独设置稳压泵,也可合用一套稳压泵组。按设置方式不同,稳压泵有上置式和下置式两种形式。

1. 上置式

上置式即将消防稳压泵设置在高位消防水箱间,如图 3-30（a）所示。其优点是所配用的稳压泵扬程低,气压罐的充气压力小、承压低,节省钢材和运行费用,但对隔振要求高。

2. 下置式

下置式即将消防稳压泵设置在底层消防水泵房,如图 3-30（b）所示。由于气压罐内的供水压力是借助罐内的压缩空气来维持的,因此其不仅能保证灭火设备所需的水压,而且罐体的安装高度还不受限制,可设置在建筑物的任何部位。当高位消防水箱间的面积有限时,可采用下置式。

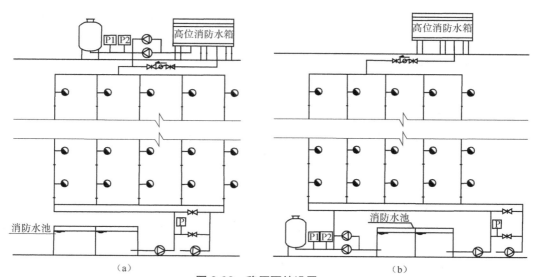

图 3-30　稳压泵的设置

（a）上置式　（b）下置式

（三）技术参数

1. 稳压泵设计流量

（1）稳压泵的设计流量不应小于消防给水系统管网的正常泄漏量，且应小于系统自动启动流量。

（2）消防给水系统管网的正常泄漏量应根据管道材质、接口形式等确定，当没有管网泄漏量数据时，稳压泵的设计流量宜按消防给水设计流量的 1%~3% 计算，且不宜小于 1 L/s。

（3）消防给水系统所采用报警阀压力开关等自动启动流量应根据产品确定。

2. 稳压泵设计压力

（1）稳压泵的设计压力应满足系统自动启动和管网充满水的要求。

（2）稳压泵的设计压力应保持系统自动启泵压力设置点处的压力，在准工作状态时大于系统设置的自动启泵压力值，且增加值宜为 0.07~0.10 MPa。

（3）稳压泵的设计压力应保持系统最不利点处水灭火设施在准工作状态时的静水压力大于 0.15 MPa。

3. 气压罐调节水容积

气压罐调节水容积应根据稳压泵启泵次数不大于 15 次 /h 计算确定，但有效储水容积不宜小于 150 L。

四、消防水泵接合器

消防水泵接合器是供消防车向建筑物内消防给水管网输送消防用水的预留接口。设置消防水泵接合器的主要原因是考虑到当建筑物发生火灾，室内消防水泵因检修、停电或出现其他故障停止运转期间，或建筑物发生较大火灾室内消防用水量显现不足时，利用消防车从室外消防水源抽水，通过消防水泵接合器向室内消防给水管网提供或补充消防用水。

（一）设置原则

下列建筑应设置与室内消火栓等水灭火系统供水管网直接连接的消防水泵接合器，且消防水泵接合器应位于室外便于消防车向室内消防给水管网安全供水的位置：

（1）设置自动喷水、水喷雾、泡沫或固定消防炮灭火系统的建筑；

（2）6 层及以上并设置室内消火栓系统的民用建筑；

（3）5 层及以上并设置室内消火栓系统的厂房；

（4）5 层及以上并设置室内消火栓系统的仓库；

（5）室内消火栓设计流量大于 10 L/s 且平时使用的人民防空工程；

（6）地铁工程中设置室内消火栓系统的建筑或场所；

（7）设置室内消火栓系统的交通隧道；

（8）设置室内消火栓系统的地下、半地下汽车库和 5 层及以上的汽车库；

（9）设置室内消火栓系统的建筑面积大于 10 000 m² 或 3 层及以上的其他地下、半地下建筑（室）。

（二）类型与结构

消防水泵接合器的类型有地上式等、地下式、墙壁式及多用式等,如图 3-31 所示。其中,地上式、地下式和墙壁式消防水泵接合器的区别在于接口形式和设置位置不同,除接口外其余组件均相同。

图 3-31　消防水泵接合器类型
（a）地上式　（b）地下式　（c）墙壁式　（d）多用式

消防水泵接合器由接口、本体、弯管、安全阀、控制阀、止回阀、泄水阀等组成,如图 3-32 所示。消防每个消防水泵接合器有两个公称直径 DN65 的内扣式接口,可连接消防水带。止回阀用于防止消防给水系统中的水由消防水泵接合器倒流。安全阀用于防止消防车供水压力过高,而损坏系统管网。控制阀用于设备检修,平时保持常开。泄水阀安装在弯管与止回阀之间,用于在消防水泵接合器使用之后排空本体中的余水。多用式消防水泵接合器在保证功能的基础上,对结构进行了简化,将多个控制阀集装在一起。

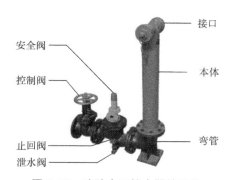

图 3-32　消防水泵接合器的结构

（三）设置数量

（1）消防水泵接合器的给水流量宜按每个 10~15 L/s 计算。每种水灭火系统的消防水泵接合器设置的数量应按系统设计流量经计算确定,但当计算数量超过 3 个时,消防车的停放可能存在困难,可根据供水可靠性适当减少。

（2）临时高压消防给水系统向多栋建筑供水时,消防水泵接合器宜在每栋单体附件就近设置,如图 3-33 所示。

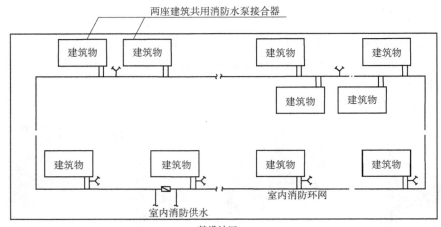

图 3-33 多栋建筑消防水泵接合器设置示意图

（3）消防水泵接合器的供水范围,应根据当地消防车的供水流量和压力确定。

（4）消防给水为竖向分区供水时,在消防车供水压力范围内的分区,应分别设置消防水泵接合器;当建筑高度超过消防车供水高度时,消防给水应在设备层等方便操作的地点设置手抬泵或移动泵接力供水的吸水和加压接口。

（四）设置要求

（1）消防水泵接合器应设在室外便于消防车使用的地点,且距室外消火栓或消防水池的距离不宜小于 15 m,且不宜大于 40 m。

（2）墙壁式消防水泵接合器的安装高度距地面宜为 0.7 m;与墙面上的门、窗、孔、洞的净距离不应小于 2.0 m,且不应安装在玻璃幕墙下方;地下消防水泵接合器的安装,应使进水口与井盖底面的距离不大于 0.4 m,且不应小于井盖的半径。

（3）消防水泵接合器处应设置永久性标志铭牌,并应标明供水系统、供水范围和额定压力。

（五）操作使用

（1）明确建筑内部需要供水的消防给水系统类型及所属分区,找到对应的消防水泵接合器。

（2）估算所需供水水量和水压,按照一个消防水泵接合器可供水 10~15 L/s 的标准确定需要使用的消防水泵接合器数量。

（3）使用消防扳手打开消防水泵接合器接口闷盖,利用水带将消防车泵与消防水泵接合器连接,按照估算水量与水压向建筑内的消防给水系统供水。

（4）在竖向分区供水的高层建筑中,如需要供水的部分处于超出消防车供水压力的分区,则无法通过消防水泵接合器直接供水,有以下几种情况:

①建筑中设置转输水箱,且从转输水箱中吸水向高区出水设备供水的消防水泵能正常工作,可通过消防水泵接合器向转输水箱供水;

②建筑中设置转输水箱,且从转输水箱中吸水向高区出水设备供水的消防水泵不能正常工作,则需携带手抬泵进入建筑内部相应设备层,找到预留接口,利用手抬泵从转输水箱吸水向高区供水,同时通过消防水泵接合器向转输水箱供水;

③建筑中没有转输水箱,需携带手抬泵进入建筑内部相应设备层,找到预留接口,利用手抬泵从低区管网吸水向高区供水,同时通过消防水泵接合器向低区管网供水。

第四节　消防给水管网

一、消防给水管网类型及选择

(一)消防给水管网类型

1. 环状管网

环状管网的管线首尾相接,形成若干闭合环,水流四通八达,对管网上的用水设备可实现双向供水,因此供水安全可靠。室外消防给水系统的环状管网一般指干线成环;室内消防给水系统的环状管网则要求水平干管与竖管互相连接,在水平面和立面上都形成环状管网。

2. 枝状管网

枝状管网的水流从水源地向用水对象单一方向流动,当某段管网检修或损坏时,其后方就无水,从而造成火场供水中断,因此应限制枝状管网在消防给水系统中的使用。

(二)管网类型选择

(1)设有市政消火栓的市政给水管网宜为环状管网,但当城镇人口数少于2.5万人时,可为枝状管网。

(2)下列消防给水应采用环状管网:

①向两栋或两座及以上建筑供水时;

②向两种及以上水灭火系统供水时;

③采用设有高位消防水箱的临时高压消防给水系统时;

④向两个及以上报警阀控制的自动喷水灭火系统供水时。

(3)室外消防给水采用两路消防供水时应采用环状管网,但当采用一路消防供水时可采用枝状管网。

(4)室内消火栓系统管网应布置成环状管网,当室外消火栓设计流量大于20 L/s,且室内消火栓数量超过10个时,可布置成枝状管网(满足第(2)条的情况除外)。

二、消防给水管材及管道连接

(一)消防给水管材

消防给水系统中常用的管材有钢管、铸铁管、不锈钢管等。随着技术的发展,涂覆钢管和氯化聚氯乙烯消防管道也逐渐应用到消防给水系统中。

消防给水系统的埋地管道一般采用球墨铸铁管,也可采用钢丝网骨架塑料复合管和加强防腐的钢管等。室内架空管道一般采用镀锌钢管,在自动喷水灭火系统中,当满足一定要求时也可采用氯化聚氯乙烯管,在压力要求很高的细水雾灭火系统中可采用不锈钢管。

(二)管道连接方式

管道的连接方式主要有螺纹连接、焊接、法兰连接、沟槽连接(卡箍连接)、承插连接和热熔连接等。

(1)螺纹连接是利用带螺纹的管件连接管道的连接方式,主要用于管径较小的钢管,且多为明装管道。

(2)焊接主要用于后期不需再进行拆改的金属管道。

(3)法兰连接是通过管段末端的法兰对接,并在法兰间加入密封垫片,再由紧固螺栓固定的连接方式。法兰连接一般用于管径较大的管道,适用于各类管材,多用于主干道连接阀门、止回阀、水表、水泵等处,以及需要经常拆卸、检修的管段上。

(4)沟槽连接(卡箍连接)是将管道接头部位加工成环形沟槽,用卡箍、橡胶密封圈和紧固螺栓进行连接的方式。这种连接方式施工简单、维修方便,可用于各类管道。

(5)承插连接是将管道或管件一端的插口插入欲接件的承口内,并在环隙内用填充材料密封的连接方式,主要用于铸铁管和非金属管。

(6)热熔连接是将非金属管道及管件之间经过加热升温至熔点(液态)后的一种连接方式。

三、管道的规格

(一)公称直径

为了实行管道和管路附件的标准化,对管道和管路附件规定一种标准直径,这种标准直径或公称通径称为公称直径,用 DN 表示。在进行消防给水系统水力计算时,采用的是管道的计算内径。在确定管道的计算内径时,直径小于 30 mm 的钢管及铸铁管,考虑锈蚀和沉垢的影响,其内径应减去 1 mm;对于直径大于或等于 300 mm 的管子则可不必考虑。钢管的管径见表 3-5。

(二)公称压力

管道的公称压力是指与管道元件的机械强度有关的设计给定压力,其仅针对金属管道元件而言。我国金属管道元件压力分级标准确定的公称压力分级在 0.05~335 MPa 范围内共有 30 个压力分级。公称压力用 PN 表示,在其后附加压力分级的数值,且数值单位是 MPa。

表 3-5　钢管管径表

水煤气钢管（mm）				中等管径钢管（mm）			
公称直径 DN	外径 D	内径 d	计算内径 d_j	公称直径 DN	外径 D	内径 d	计算内径 d_j
8	13.50	9.00	8.00	125	146	126	125
10	17.00	12.50	11.50	150	168	148	147
15	21.25	15.75	14.75	175	194	174	173
20	26.75	21.25	20.25	200	219	199	198
25	33.50	27.00	26.00	225	245	225	224
32	42.25	35.75	34.75	250	273	253	252
40	48.00	41.00	40.00	275	299	279	278
50	60.00	53.00	52.00	300	325	305	305
70	75.50	68.00	67.00	325	351	331	331
80	88.50	80.50	79.50	350	377	357	357
100	114.00	106.00	105.00				
125	140.00	131.00	130.00				
150	165.00	156.00	155.00				

四、附件

（一）阀门

在消防给水系统中起到接通或关断水流作用的阀门主要有闸阀、蝶阀和球阀。对系统中各部位设置的阀门，大多要求其能通过外部观察判断启闭状态。对于特别重要位置处的阀门还会要求采用信号阀，即在关闭后能向报警控制器发出报警信号的阀门。此外，对一些重要位置处设置的直径大、手动开启时间长的阀门或需远程控制的阀门会采用电动阀。

1. 闸阀

闸阀的启闭件是阀板，且阀板的运动方向与水流方向垂直。闸阀有明杆式和暗杆式之分。

明杆式闸阀也称为升降杆闸阀，其闸板能随阀杆一起做直线运动，如图 3-34 所示。明杆式闸阀的手轮大多固定，只能转动，不能上下位移，开阀时逆时针方向旋转手轮，阀杆伸出手轮上升，随伸出手轮部分逐渐增长，阀板逐渐开启。明杆式闸阀可通过露出阀杆的长度判断其启闭状态，手轮上部阀杆长度与阀通径约为 1∶1 时，阀门全开。还有一种明杆式闸阀，其手轮直接固定在阀杆顶端，手轮沿逆时针方向旋转时，手轮与阀杆均向上移动，当手轮下部的阀杆长度与阀通径约为 1∶1 时，阀门全开。

暗杆式闸阀也称为旋转杆闸阀，旋转手轮时，其阀杆不做直线运动，而是随手轮转动，只有阀板随之提升或下降，如图 3-35 所示。暗杆式闸阀不能通过外部观察直接判断启闭情况，但带有启闭标识的暗杆式闸阀，可通过启闭标识判断阀门的启闭状态，如图 3-36 所示。

其中,指针越靠近手轮,阀门的开启程度越大。

图 3-34　明杆式闸阀

图 3-35　暗杆式闸阀

图 3-36　暗杆式闸阀的启闭标识

2. 蝶阀

蝶阀又称为翻板阀,其启闭件是一个圆盘形的蝶板,在阀体内绕其自身的轴线旋转,从而达到启闭或调节的目的。手动开启的蝶阀有手柄蝶阀和涡轮蝶阀两种,如图 3-37 和图 3-38 所示。手柄蝶阀通过扳动手柄来操作蝶阀的启闭,当逆时针扳动手柄旋转到与阀体通道呈 90°角时,蝶阀处于全开状态;顺时针扳动手柄到与阀体通道呈 0°角时,蝶阀处于关闭状态。涡轮蝶阀是转动涡轮头上的手轮来控制蝶阀的启闭,逆时针方向转动为开,顺时针方向转动为关,可通过涡轮头上的指针判断其启闭程度。

图 3-37　手柄蝶阀

图 3-38　涡轮蝶阀

3. 球阀

球阀的启闭件是中通的球体,其可由阀杆带动并绕球阀轴线做旋转运动,如图 3-39 所示。当逆时针扳动手柄旋转到与阀体通道呈 90°角时,球阀处于全开状态;当顺时针扳动手柄到与阀体通道为 0°角时,球阀关闭。在消防给水系统中,一般管径较小的管道上才设置球阀。

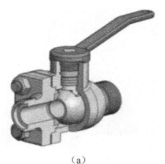

（a）　　　　　　　　　　　　　　　　　　　（b）

图 3-39　球阀结构图

（a）全开状态　（b）全闭状态

4. 电动阀

电动阀（图 3-40）可分为上下两部分，上半部分为电动执行器，下半部分为阀门，使用电能作为动力来接通电动执行机构并驱动阀门，实现阀门的开关和调节动作。电动阀按形式可分为电动球阀和电动蝶阀，按功能可分为开关型和调节型。开关型电动阀一般分可为常闭型和常开型两种，常闭型是指断电时阀门处于关闭状态，常开型是指断电时阀门处于开启状态。

5. 信号阀

信号阀（图 3-41）的作用是监视非全开的阀位，其在阀门的动作机构上加装了阀位监视装置和信号远传装置，能在阀门从全开到关闭的过程中从输出"通"信号转换为输出"断"信号。通常当阀门全开时，电接点断开，无信号输出；当阀门向关闭方向转动达到全行程的 1/5~1/4 时，信号开关触点闭合，发出"断"信号报警。一般信号阀可为蝶阀和明杆式闸阀。

图 3-40　电动阀

图 3-41　信号阀

（二）止回阀

止回阀也称为单向阀或逆止阀，其作用是防止管道中的水倒流，使水只能向一个方向流动，其有旋启式和升降式两类。

1. 旋启式止回阀

旋启式止回阀如图 3-42 所示，其阀瓣呈圆盘状，当水顺流时，水流推动阀瓣绕固定轴旋转抬起，阀打开；当水停流或逆流时，阀瓣绕固定轴旋转落下，阀关闭。旋启式止回阀安装位置不受限制,通常安装于水平管路,但也可以安装于垂直管路或倾斜管路上。如果旋启式止回阀是垂直安装,水应自下而上流动。

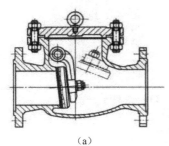 

(a) (b)

图 3-42　旋启式止回阀

(a)结构图　(b)实物图

2. 升降式止回阀

升降式止回阀的阀瓣是沿阀体垂直中心线移动的,当水顺流时,在水压的作用下阀瓣抬起,阀打开;当水停流或逆流时,阀瓣落下,阀关闭。常用的升降式止回阀有直通式和立式两种。

直通式升降式止回阀如图 3-43 所示,其水流进出口通道方向与阀座通道方向垂直;立式升降式止回阀如图 3-44 所示,其水流进出口通道方向与阀座通道方向相同,流动阻力较直通式小。直通式升降式止回阀应安装于水平管路上,立式升降式止回阀在水平管道和垂直管道上都可安装,但一般安装在垂直管路上,水自下而上流动。

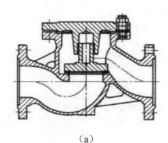 

(a) (b)

图 3-43　直通式升降式止回阀

(a)结构图　(b)实物图

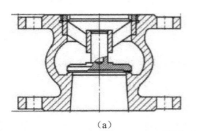 

(a) (b)

图 3-44　立式升降式止回阀

(a)结构图　(b)实物图

（三）排气阀

排气阀设置在消防给水系统管道的最高点，用于排出管道中的气体。如图3-45所示排气阀，其内部结构有一个不锈钢浮球，当管道内开始注水时，浮球会慢慢向上浮起，排气阀进行排气；当管道中的空气全部从排气嘴排出后，浮球在水压作用下紧顶住上部橡胶圈，这样管道中的水就不会由排气嘴泄漏。

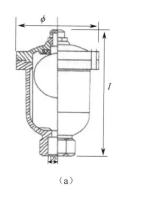

（a） 图 3-45 排气阀 （b）

（a）结构图 （b）实物图

（四）减压阀

减压阀是一种自动降低管路工作压力的专门装置，它可将阀前管路较高的水压降低至阀后某一需要的压力，并使阀后压力在一定误差范围内保持恒定。当高层建筑的消防给水系统采用上下分区供水时，可通过设置减压阀使系统压力均衡，以保证消火栓等设备在适当的压力下工作。

减压阀有多种类型，《消防给水及消火栓系统技术规范》（GB 50974-2014）中推荐了比例式减压阀（图3-46）和先导式减压阀（图3-47）。比例式减压阀利用阀体内部活塞两端不同截面面积产生的压力差，改变阀后的压力，达到减压的目的。先导式减压阀采用控制阀体内的启闭件的开度来调节流量、降低压力，同时借助阀后压力的作用调节启闭件的开度，使阀后压力保持在一定范围内，在进口压力不断变化的情况下，保持出口压力在设定的范围内。

（五）安全阀

安全阀（图3-48）主要用于防止管网或密闭用水设备压力过高而导致系统或设备损坏。通常安全阀竖直安装在水平管道上，当管道压力超过调定值时能自动开启，由排放口排水泄压，当管道压力下降到一定值时自动关闭，维持所保护设备和管网的压力不超过允许值。安全阀有弹簧式、杠杆式、先导式三种，在消防给水管道上应用最多的是弹簧式。

图 3-46 比例式减压阀

图 3-47 先导式减压阀

图 3-48 安全阀

（六）过滤器

过滤器是一种依靠流体动能作为驱动力，以滤网作为阻隔器件，用以隔离夹杂在流体中大于滤网孔几何尺寸的块状物的装置。根据不同的流道形状，过滤器可分为 Y 形和角式 T 形两种结构形式。

第五节 消防给水基础设施的检测

一、消防水源的检查

（一）消防给水阀门井的检查

引自市政给水管网的进户管上设有控制阀，并设置于阀门井中。

1. 外观检查

（1）控制阀应外观完好，无锈蚀、渗漏。打开阀门井井盖，查看控制阀外观，如有组件缺失、锈蚀和渗漏现象，应通知主管单位及时维修，情况严重的应进行更换。

（2）控制阀应处在开启状态。如检查发现控制阀关闭，应及时将其开启。

（3）阀门井内应没有积水和杂物。阀门井内如有积水和杂物，应通知主管单位及时清理。对于阀门井内积水的情况还应查明原因，判断是否是由阀门泄漏引起。

2. 功能测试

控制阀启闭功能应正常。旋转控制阀手轮，测试阀门启闭的灵活性，如发现异常需通知主管单位及时维修或更换。

（二）消防水池的检查

1. 外观检查

（1）消防水池组件应完好，组件状态应正确，且无锈蚀、漏水。进水管控制阀应开启，放空管控制阀应关闭，溢流管和放空管应间接排水，通气管和溢流管管口应有防止虫鼠等进入水池的技术措施。

（2）消防水池储水应满足要求。通过消防水池上设置的玻璃管液位计或电子液位计查看消防水池水位是否处于正常水位,判断其储水量是否满足要求。

（3）分为两格或两个的消防水池,应设有连通管,连通管上的阀门应常开。

（4）寒冷地区冬天消防水池不应结冰。

2.功能测试

（1）各管路控制阀启闭应灵活可靠。

（2）消防水池进水管的自动进水阀进水功能应正常。向下按压浮球,观察浮球阀是否开启并保持通畅;松开浮球,观察浮球阀是否关闭,并保持无水流出。

（三）天然水源的检查

1.外观检查

（1）取水口处防止冰凌、漂浮物、悬浮物等堵塞消防水泵的技术措施应完好。

（2）消防码头、吸水井、消防车道和回车场等取水设施应完好。

（3）井水的水位测试装置应完好。

2.功能测试

供消防车取水的天然水源,应保证消防车的取水高度不超过 6 m。

二、供水设施的检查

（一）消防水泵房的检查

1.外观检查

（1）消防水泵房应环境良好,无杂物堆放。

（2）排水措施和防水淹没措施（图3-49）应完好,且地面无积水。消防水泵房地面应设有排水沟,能将地面积水排入集水坑中,并由排污泵排出泵房,且消防水泵房入口处应有挡水设施。

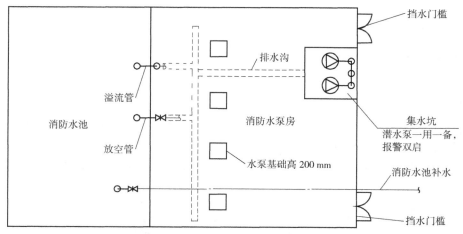

图3-49　消防水泵房防水淹没措施示意图

（3）通风、采暖设施应完好,室内温度不应低于 10 ℃,若无人值守不应低于 5 ℃。

（4）照明和应急照明设施应完好。

（5）消防通信装置应完好。消防水泵房应设置消防专用电话分机,应固定安装在明显且便于使用的部位,并应有区别于普通电话的标识。

（6）附设在建筑内的消防水泵房,其疏散门应直通安全出口,开向疏散走道的门应为甲级防火门。

2. 功能测试

（1）照明和应急照明的照度应符合要求。消防水泵房日常照明标准为地面处平均照度标准值为 100 lx,应急照明照度应不低于日常正常工作照明标准。可使用照度计（图 3-50）在消防水泵房地面处分别测量正常照明和应急照明的照度,低于 100 lx 应擦拭或更换照明灯具。

（2）消防电话应通信正常。拿起消防电话分机,测试能否接通消防控制室主机。

（3）排污泵应工作正常。启动排污泵,检查其能否将集水坑中的水排出。

图 3-50　照度计

（二）消防泵组的检查

1. 外观检查

（1）消防水泵控制柜柜体表面应整洁,无损伤和锈蚀,柜门启闭正常,无变形,所属系统及编号标识应完好清晰。

（2）消防水泵控制柜仪表、指示灯、开关、按钮状态应正常,且标识正确。电压表显示电压为 380 V;电流表在水泵准工作状态时为 0,工作状态时显示额定值,如图 3-51 所示。电源指示灯应常亮;运行指示灯在水泵运行时亮,准工作状态时暗;停止指示灯在水泵准工作状态时亮,运行时暗;故障指示灯在水泵故障时亮,其余时间暗;远程控制指示灯在水泵处于自动控制状态时亮,处于手动控制状态时暗;就地指示灯在水泵处于手动控制状态时亮,处于自动控制状态时暗。手动 / 自动转换装置应处于自动控制状态。

图 3-51　消防水泵控制柜电流和电压显示装置

（3）消防水泵控制柜内部应无积尘和蛛网,电气原理图完好,粘贴牢固。

（4）消防水泵控制柜电气部件应排线整齐,线路表面无老化、破损;连接牢固,无松动、脱落;接线处无打火、击穿和烧蚀;电气元器件外观完好,指示灯等指(显)示正常,接地正常。

（5）消防泵组应组件齐全,泵体和电动机外壳完好,无破损、锈蚀;设备铭牌及消防水泵所属系统与编号的标识清晰;润滑油充足,泵体、泵轴无渗水、砂眼。

（6）消防泵组应安装牢固,紧固螺栓无松动。

（7）电动机绝缘正常,接地良好,电缆无老化、破损和连接松动。

（8）各阀门、附件状态应正常,标志牌应正确。查看压力表显示是否压力正常,水泵吸水管和出水管控制阀是否处于全开状态,出水管上止回阀阀体箭头是否指向出水方向。

2. 功能测试

（1）消防水泵控制柜活动部件运转灵活、无卡滞。断开消防水泵控制柜总电源,检查各转换开关、按钮的动作是否灵活可靠;合上总电源,电源指示灯应亮起。

图 3-52　消防水泵控制柜手动／自动转换装置

（2）消防水泵自动启动、手动启停和手动／自动转换功能应正常,如图 3-52 所示。

关闭消防水泵出水管控制阀,打开消防水泵出水管上的试水阀,将手动／自动转换装置转至手动,按下启泵按钮,相应消防水泵应能启动;按下停泵按钮,消防水泵应停止工作。

将手动／自动转换装置转至自动,打开消防水泵出水管上的试水阀,对应的消防主泵应能自动启动。消防水泵不应具备自动停泵功能,需手动停止。通过消火栓按钮启泵的消火栓系统,应按下某个消火栓箱内的按钮,测试水泵的自动启动。

将消防水泵置于自动控制状态,通知在消防控制室的值班人员,将联动控制器置于手动控制状态,按下控制器上的启泵按钮,消防水泵应能自动启动。值班人员复位控制器启泵按钮,消防水泵应停止运行。

需要注意的是,在测试过程中,控制柜指示灯显示应正常。测试时如使消防水泵保持较长时间运行,则必须开启试水阀或屋顶试验用消火栓等,保证系统出流,以防超压破坏系统。

(3)消防水泵运转应正常,无异常振动或声响。通过手动或自动方式启动消防水泵后,水泵应平稳运行,按下停泵按钮后,水泵应平稳停止。

(4)消防水泵主/备泵切换功能应正常。将手动/自动转换装置转至自动,通过开启试水阀或通过消防控制室的联动控制器启动消防水泵,在消防主泵正常运行的情况下,模拟主泵故障(可打开消防水泵控制柜柜门,将主泵的空气开关拉脱,如图3-53所示),观察备用泵自投运行和相关信息显示情况。

图 3-53　消防水泵控制柜中的水泵空气开关

(5)消防水泵主/备电切换功能应正常。检查确认双电源转换开关处于自动运行模式,切断主电源,观察备用电源能否自投运行,测试后恢复主电源供电。

(6)消防水泵供水流量和压力应满足要求。测试水泵的启动运行时,可通过其出水管上的压力表检查水泵的供水压力,通过试水管上设置的流量测试装置或自带便携式的流量计测试供水流量,两者应满足系统设计要求。

(三)稳压泵与气压罐的检查

1. 外观检查

(1)稳压泵组件应齐全,泵体和电动机外壳应完好,无破损、锈蚀;设备铭牌标识清晰;润滑油充足,泵体、泵轴无渗水、砂眼;电动机绝缘正常,紧固螺栓无松动,电缆无老化、破损和连接松动。

(2)气压罐组件应齐全,固定牢靠;外观无损伤、锈蚀;法兰及管道连接处无渗漏,进出水阀门应在开启状态;压力表当前指示正常,稳压泵启停压力设定正确。

(3)稳压泵控制柜外观应完好,显示应正常,应置于自动控制状态。

2. 功能测试

(1)阀门的启闭应灵活可靠。

(2)稳压泵自动启停功能应正常。打开测试管路阀门泄压(或屋顶试验用消火栓、自动喷水灭火系统末端试水装置），模拟系统渗漏，观察电接点压力表，指针降低到稳压泵启泵压力位置时，稳压泵应能自动启动；关闭测试管路阀门（或屋顶试验用消火栓、自动喷水灭火系统末端试水装置），观察电接点压力表，指针升高到稳压泵停泵压力位置时，稳压泵应能自动停止。模拟发生火灾时系统出水，待稳压泵自动启动后，继续保持出水状态，压力降低至消防主泵启动压力，消防主泵应能自动启动，在主泵启动后，稳压泵应能自动停止。

（3）稳压泵运转正常，无异常振动或声响。

（4）主/备泵自动切换功能应正常。

（5）主/备电源自动切换功能应正常。

（四）消防水箱及水箱间的检查

1.外观检查

（1）消防水箱间应环境良好，无杂物堆放。

（2）消防水箱间应通风良好、不结冰，环境温度不低于 5 ℃。

（3）严寒、寒冷等冬季结冰地区，露天或在非采暖房间设置的消防水箱，保温防冻措施应完好有效。如短时间有冰冻危险，消防水箱和管道可做防冻保温；否则，应采用电伴热保温，电伴热带外的保温层厚度为 50 mm。

（4）消防水箱箱体和支架外观应完好，组件应齐全，无破损、泄漏。

（5）进水、出水和放空等管路阀门启闭状态应正确，无锈蚀。进水管、出水管的控制阀均应常开，出水管上应有止回阀，阀体箭头指向水箱出水方向，放空管控制阀应常闭。

（6）溢流管和通气管应有防止虫鼠等进入消防水箱的技术措施。

（7）水位传感器和就地水位显示装置外观应正常。

2.功能测试

（1）各管路控制阀启闭应灵活可靠。

（2）消防水箱储水量应满足要求。观测消防水池水位，核对储水量，如图 3-54 所示。

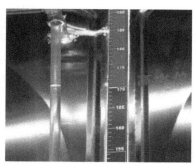

图 3-54 消防水箱液位计显示的水位

（3）进水管自动进水阀进水功能应正常。模拟消防水箱出水，查看自动进水阀进水情况。

（4）消防水箱供水能力应满足要求。可利用屋顶试验用消火栓压力表读数判断。

（5）液位检测装置报警功能应正常。

（五）消防水泵接合器的检查

1.外观检查

（1）消防水泵接合器的设置位置应便于使用,周围应无影响其使用的障碍物,地上式水泵接合器阀门井和地下式水泵接合器井内应无积水和杂物。

（2）消防水泵接合器的闷盖、接口等组件应完好,无锈蚀、漏水。

（3）消防水泵接合器各组件的安装顺序应正确,止回阀安装方向应正确,控制阀应开启。查看消防水泵接合器是否按照接口、本体、弯管、泄水阀、止回阀、安全阀、控制阀的顺序安装,且止回阀阀体箭头指向灭火用水方向,若不正确要及时通知管理单位整改。查看控制阀是否处于开启状态,若未全开须将其打开。

（4）消防水泵接合器应有永久性标识铭牌。同一建筑中的不同消防给水系统和不同供水分区,消防水泵接合器应分别设置。检查时应重点查看消防水泵接合器是否设置了标明供水范围的标识,如图 3-55 所示。

（5）寒冷地区消防水泵接合器应有保温措施。

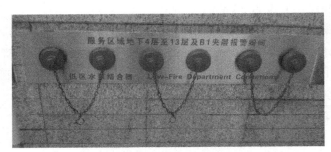

图 3-55　标识完整的消防水泵接合器

2.功能测试

消防水泵接合器供水能力应满足要求。利用消防车或机动泵连接消防水泵接合器进行供水试验,核实消防水泵接合器供水标识的供水范围是否正确,测试其供水能力是否满足要求。

三、管道及阀门的检查

（一）外观检查

（1）管道及附件外观应完好、无损伤,管道接头无渗漏、锈蚀。

（2）外表漆面或色环应正确,无脱落。

（3）系统和水流方向标识应清晰。

（4）支架、吊架应完好,无扭曲脱落。

（5）控制阀外观应完好,无渗漏,状态正确,标识清晰,铅封、锁链完好。

（6）减压阀外观应完好,安装方向正确,前后压力表显示正常。

（二）功能测试

（1）阀门启闭功能应正常。

（2）减压阀减压功能应正常。

第四章　消火栓系统

第一节　室外消火栓系统

市政和室外消火栓是设置在市政给水管网和建筑室外消防给水管网上的专用供水设施,供消防车(或其他移动灭火设备)从市政给水管网或室外消防给水管网取水或直接接出水带、水枪实施灭火的设施。市政消火栓和室外消火栓应采用湿式消火栓系统。严寒、寒冷等冬季结冰地区城市隧道及其他构筑物的消火栓系统,应采取防冻措施,并宜采用干式消火栓系统和干式室外消火栓。干式消火栓系统的充水时间不应大于 5 min。

一、市政和室外消火栓类型

市政和室外消火栓按安装场合可分为地上式、地下式和折叠式,地上式又可分为湿式和干式,湿式消火栓适用于气温较高的地区,干式和地下式消火栓适用于气温较寒冷的地区;按进水口可分为法兰式和承插式;按进水口公称通径可分为 100 mm 和 150 mm。

(一)地上式消火栓

地上式消火栓由本体、进水弯管、阀塞、出水口、排水口等组成,如图 4-1 所示。其阀体大部分露出地面,具有目标明显、易于寻找、出水操作方便等特点,适宜于在气候温暖地区安装使用。地上式消火栓有 SS100/65-1.0 和 SS150/80-1.6 两种型号,其中直径 100 mm 或 150 mm 接口为丝扣接口,供接消防车吸水胶管;两个直径 65 mm 的接口为内扣式接口,供接消防水带。

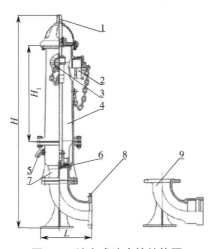

图 4-1　地上式消火栓结构图

1—阀杆;2—65 mm 出水口;3—100 mm 出水口;4—本体;5—排水阀;6—阀座;7—阀体;8—法兰弯座;9—承插弯座

（二）地下式消火栓

地下式消火栓（图 4-2），有 SA65/65-1.0 和 SA100/65-1.6 两种型号，其中直径 100 mm 的接口供接消防车吸水胶管，直径 65 mm 的接口供接消防水带。地下式消火栓一般设置在专用井内，具有防冻、不易遭到人为损坏、便利等优点，适用于气候寒冷地区。但该类消火栓目标不明显、操作不便，一般要求在附近地面上设有明显的固定标志，以便于寻找。

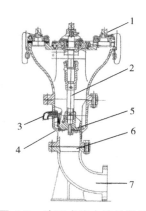

图 4-2　地下式消火栓结构图

1—接口；2—阀杆；3—排水阀；4—阀体；5—阀座；6—连接法兰；7—进口

二、市政和室外消火栓设置要求

（一）市政消火栓设置要求

（1）市政消火栓宜采用地上式室外消火栓，在严寒、寒冷等冬季结冰地区宜采用干式地上式室外消火栓，严寒地区宜设置消防水鹤。当采用地下式室外消火栓，且地下式室外消火栓的取水口在冰冻线以上时，应采取保温措施。

（2）市政消火栓宜采用公称直径 DN150 的室外消火栓，当采用地上式消火栓时应有一个直径为 150 mm 或 100 mm 和两个直径为 65 mm 的栓口；当采用地下式消火栓时应有直径为 100 mm 和 65 mm 的栓口各一个。

（3）市政消火栓宜在道路的一侧设置，并宜靠近十字路口，但当市政道路宽度超 60 m 时，应在道路的两侧交叉错落设置市政消火栓。

（4）市政桥桥头和隧道出入口等市政公用设施处，应设置市政消火栓。

（5）市政消火栓保护半径不应超过 150 m，且间距不应大于 120 m。

（6）市政消火栓应布置在消防车易于接近的人行道和绿地等地点，且不应妨碍交通。市政消火栓距路边不宜小于 0.5 m，且不应大于 2 m，距建筑外墙或外墙边缘不宜小于 5 m，且应避免设置在机械易撞击的地点，当确有困难时应采取防撞措施。

（7）设有市政消火栓的给水管网平时运行工作压力不应小于 0.14 MPa，消防时水力最不利消火栓的出水流量不应小于 15 L/s，且供水压力从地面算起不应小于 0.10 MPa。

（8）严寒地区在城市主要干道上设置消防水鹤的布置间距宜为 1 000 m，连接消防水鹤的市政给水管网的管径不宜小于 DN200。消防时消防水鹤的出水流量不宜低于 30 L/s，且供水压力从地面算起不应小于 0.10 MPa。

（9）地下式市政消火栓应有明显的永久性标志。

（二）建筑室外消火栓设置要求

建筑室外消火栓不仅要满足市政消火栓的设置要求，还应满足以下规定。

（1）建筑室外消火栓的数量应根据室外消火栓设计流量和保护半径经计算确定，保护半径不应大于 150 m，每个室外消火栓的出水流量宜按 10~15 L/s 计算。

（2）室外消火栓宜沿建筑周围均匀布置，且不宜集中布置在建筑一侧；建筑消防扑救面一侧的室外消火栓数量不宜少于 2 个。

（3）人防工程、地下工程等建筑应在出入口附近设置室外消火栓，且距出入口的距离不宜小于 5 m，并不宜大于 40 m。

（4）停车场的室外消火栓宜沿停车场周边设置，且与最近一排汽车的距离不宜小 7 m，距离加油站或油库不宜小于 15 m。

（5）当室外消火栓系统的室外消防给水引入管设置倒流防止器时，应在该倒流防止器前增设 1 个室外消火栓。

（6）市政消火栓或消防水池作为室外消火栓时，应符合下列规定：

①供消防车吸水的室外消防水池的每个取水口宜按一个室外消火栓计算，且其保护半径不应大于 150 m；

②建筑外缘 5~150 m 的市政消火栓可计入建筑室外消火栓的数量，但当为消防水泵接合器供水时，建筑外缘 5~40 m 的市政消火栓可计入建筑室外消火栓的数量；

③当市政给水管网为环状管网时，符合上述两条要求的室外消火栓出水流量宜计入建筑室外消火栓设计流量，但当市政给水管网为枝状管网时，计入建筑室外消火栓设计流量不宜超过一个市政消火栓的出水流量。

（三）工艺装置区室外消火栓设置要求

（1）甲、乙、丙类液体储罐区和液化烃罐罐区等构筑物的室外消火栓，应设在防火堤或防护墙外，数量应根据每个罐的设计流量经计算确定，但距罐壁 15 m 范围内的消火栓不应计算在该罐可使用的消火栓数量内。

（2）工艺装置区等采用高压或临时高压消防给水系统的场所，其周围应设置室外消火栓，数量应根据设计流量经计算确定，且间距不应大于 60 m。当工艺装置区宽度大于 120 m 时，宜在该装置区内的路边设置室外消火栓。

（3）当工艺装置区、储罐区、可燃气体和液体码头等构筑物的面积较大或高度较高，室外消火栓的充实水柱无法完全覆盖时，宜在适当部位设置室外固定消防炮。

（4）当工艺装置区、储罐区、堆场等构筑物采用高压或临时高压消防给水系统时，室外消火栓处宜配置消防水带和消防水枪。工艺装置区休息平台等处需要设置消火栓的场所应采用室内消火栓。

三、室外消火栓的设计流量

(一)建筑室外消火栓设计流量

工厂、仓库等工业建筑和民用建筑的室外消火栓设计流量,应根据其用途、功能、体积、耐火等级、火灾危险性等因素综合分析确定,建筑室外消火栓设计流量见表 4-1。

表 4-1 建筑室外消火栓设计流量 （单位:L/s）

耐火等级	建筑物名称及类别			建筑体积 V（m³）				
				$V \leqslant 1\,500$	$1\,500 < V \leqslant 3\,000$	$3\,000 < V \leqslant 5\,000$	$5\,000 < V \leqslant 20\,000$	$20\,000 < V \leqslant 50\,000$	$V > 50\,000$
一、二级	工业建筑	厂房	甲、乙	15	20	25	30	35
			丙	15	20	25	30	40
			丁、戊	15				20
		仓库	甲、乙	15	25		—	
			丙	15	25		35	45
			丁、戊	15				20
	民用建筑	住宅	普通	15				
		公共建筑	单层及多层	15		25	30	40
			高层	—		25	30	40
	地下建筑（包括地铁）、平战结合的人防工程			15		20	25	30
	汽车库、修车库（独立）			15				20
三级	工业建筑	乙、丙		15	20	30	40	45	—
		丁、戊		15			20	25	35
	单层及多层民用建筑			15	20	25	30	—
四级	丁、戊类工业建筑			15	20	25	—	
	单层及多层民用建筑			15	20	25	—	

此外,确定各类建筑室外消火栓设计流量时还应注意:

(1)成组布置的建筑物应按消火栓设计流量较大的相邻两座建筑物的体积之和确定;

(2)火车站、码头和机场的中转库房,其室外消火栓设计流量应按相应耐火等级的丙类物品库房确定;

(3)国家级文物保护单位的重点砖木、木结构的建筑室外消火栓设计流量,按三级耐火等级民用建筑室外消火栓设计流量确定;

(4)当单座建筑的总建筑面积大于 500 000 m² 时,建筑室外消火栓设计流量应按表 4-1 规定的最大值增加一倍;

（5）宿舍、公寓等非住宅类居住建筑的室外消火栓设计流量,按表4-1中的公共建筑确定。

（二）甲、乙、丙类可燃液体储罐区的室外消火栓设计流量

当甲、乙、丙类可燃液体储罐采用固定式冷却水系统时,室外消火栓设计流量不应小于表4-2的规定;当采用移动式冷却水系统时,室外消火栓设计流量应按表4-3和表4-4规定的设计参数经计算确定,且不应小于15 L/s。

表4-2　地上立式储罐区的室外消火栓设计流量

单罐储存容积 W（m³）	室外消火栓设计流量（L/s）
$W \leqslant 5\ 000$	15
$5\ 000 < W \leqslant 30\ 000$	30
$30\ 000 < W \leqslant 100\ 000$	45
$W > 100\ 000$	60

表4-3　地上立式储罐冷却水系统的保护范围和喷水强度

项目	储罐形式		保护范围	喷水强度
移动式冷却	着火罐	固定顶罐	罐周全长	0.8 L/(s·m)
		浮顶罐、内浮顶罐	罐周全长	0.6 L/(s·m)
	邻近罐		罐周半长	0.7 L/(s·m)
固定式冷却	着火罐	固定顶罐	罐壁表面积	2.5 L/(min·m²)
		浮顶罐、内浮顶罐	罐壁表面积	2.0 L/(min·m²)
	邻近罐		罐壁表面积的1/2	

表4-4　卧式储罐、无覆土地下及半地下立式储罐冷却水系统的保护范围和喷水强度

项目	储罐	保护范围	喷水强度（L/(s·m²)）
移动式冷却	着火罐	罐壁表面积	0.10
	邻近罐	罐壁表面积的一半	0.10
固定式冷却	着火罐	罐壁表面积	6.0
	邻近罐	罐壁表面积的一半	6.0

（三）液化烃罐区室外消火栓设计流量

液化烃罐区的室外消火栓设计流量应按罐组内最大单罐计算,室外消火栓设计流量见表4-5。当储罐区四周设固定消防水炮作为辅助冷却设施时,辅助冷却水设计流量不应小于室外消火栓设计流量。

表 4-5　液化烃罐区的室外消火栓设计流量

单罐储存容积 W（m³）	室外消火栓设计流量（L/s）
$W \leqslant 100$	15
$100 < W \leqslant 400$	30
$400 < W \leqslant 650$	45
$650 < W \leqslant 1\,000$	60
$W > 1\,000$	80

（四）空分站，可燃液体、液化烃装卸栈台，变电站等室外消火栓设计流量

空分站，可燃液体、液化烃装卸栈台，变电站等室外消火栓设计流量见表 4-6。当室外变压器采用水喷雾灭火系统全保护时，其室外消火栓设计流量可按表 4-6 规定值的 50% 计算，但不应小于 15 L/s。

表 4-9　空分站，可燃液体、液化烃装卸栈台，变电站室外消火栓设计流量

项目		室外消火栓设计流量（L/s）
空分站产氧气能力 Q（Nm³/h）	$3\,000 < Q \leqslant 10\,000$	15
	$10\,000 < Q \leqslant 30\,000$	30
	$30\,000 < Q \leqslant 50\,000$	45
	$Q > 50\,000$	60
专用可燃液体、液化烃装卸栈台		60
变电站单台油浸变压器含油量 W（t）	$5 < W \leqslant 10$	15
	$10 < W \leqslant 50$	20
	$W > 50$	30

注：当室外油浸变压器单台功率小于 300 MV.A，且周围无其他建筑物和生产生活给水时，可不设置室外消火栓。

（五）易燃、可燃材料露天、半露天堆场与可燃气体罐区室外消火栓设计流量

易燃、可燃材料露天、半露天堆场与可燃气体罐区室外消火栓设计流量见表 4-7。

表 4-10　易燃、可燃材料露天、半露天堆场与可燃气体罐区室外消火栓设计流量

项目		总储量或总容量	室外消火栓设计流量（L/s）
粮食 W（t）	土圆囤	$30 < W \leqslant 500$	15
		$500 < W \leqslant 5\,000$	25
		$5\,000 < W \leqslant 20\,000$	40
		$W > 20\,000$	45
	席穴囤	$30 < W \leqslant 500$	20
		$500 < W \leqslant 5\,000$	35
		$5\,000 < W \leqslant 20\,000$	50

项目		总储量或总容量	室外消火栓设计流量（L/s）
棉、麻、毛、化纤百货 $W(t)$		$10<W\leqslant 500$	20
		$500<W\leqslant 1\,000$	35
		$1\,000<W\leqslant 5\,000$	50
稻草、麦秸、芦苇等易燃材料 $W(t)$		$50<W\leqslant 500$	20
		$500<W\leqslant 5\,000$	35
		$5\,000<W\leqslant 10\,000$	50
		$W>10\,000$	60
木材等可燃材料 $V(m^3)$		$50<V\leqslant 1\,000$	20
		$1\,000<V\leqslant 5\,000$	30
		$5\,000<V\leqslant 10\,000$	45
		$V>10\,000$	55
煤和焦炭 $W(t)$	露天或半露天堆放	$100<W\leqslant 5\,000$	15
		$W>5\,000$	20
可燃气体储罐或储罐区 $V(m^3)$		$500<V\leqslant 10\,000$	15
		$10\,000<V\leqslant 50\,000$	20
		$50\,000<V\leqslant 100\,000$	25
		$100\,000<V\leqslant 200\,000$	30
		$V>200\,000$	35

注：固定容积的可燃气体储罐的总容积按其几何容积（m³）和设计工作压力（绝对压力，10⁵ Pa）的乘积计算。

（六）城市交通隧道洞口室外消火栓设计流量

城市交通隧道洞口室外消火栓设计流量见表4-8。

表4-8　城市交通隧道洞口室外消火栓设计流量

项目	类别	长度 $L(m)$	室外消火栓设计流量（L/s）
可通行危险化学品等机动车	一、二、三	$L>500$	30
仅限通行非危险化学品等机动车	一、二、三	$L>1\,000$	
	三、四	$L\leqslant 1\,000$	20

四、室外消火栓的操作使用

室外消火栓使用前，首先确认地上式室外消火栓或地下式室外消火栓的位置，并准备室外消火栓扳手、消防水枪和消防水带，具体操作步骤如下：

（1）将消防水带铺开、拉直；

（2）将消防水枪与消防水带快速连接；

（3）打开室外消火栓公称直径为 65 mm 出水口的闷盖，同时关闭其他不用的出水口；

（4）连接消防水带与室外消火栓出水口；

（5）连接完毕，用室外消火栓扳手逆时针旋转螺杆，把螺杆旋到最大位置，打开室外消火栓，对准火焰灭火；

（6）室外消火栓使用完毕，需打开排水阀，将消火栓内的积水排出，以免因结冰而使消火栓损坏。

五、室外消火栓系统的维护管理

（一）地下式消火栓的维护管理

地下式消火栓应每个季度进行一次检查保养，其内容主要包括：

（1）用专用扳手转动消火栓启闭杆，观察其灵活性，必要时加注润滑油；

（2）检查橡胶垫圈等密封件有无损坏、老化或丢失等情况；

（3）检查栓体外表油漆有无脱落、锈蚀，如有应及时修补；

（4）入冬前检查消火栓的防冻设施是否完好；

（5）重点部位消火栓，每年应逐一进行一次出水试验，出水应满足压力要求，在检查中可使用压力表测试管网压力，或者连接水带进行射水试验，检查管网压力是否正常；

（6）随时消除消火栓井周围及井内可能积存的杂物；

（7）地下式消火栓应有明显标志，要保持室外消火栓配套器材和标志的完整有效。

（二）地上式消火栓的维护管理

（1）用专用扳手转动消火栓启闭杆，检查其灵活性，必要时加注润滑油。

（2）检查出水口闷盖是否密封，有无缺损。

（3）检查栓体外表油漆有无剥落、锈蚀，如有应及时修补。

（4）每年开春后、入冬前对地上式消火栓逐一进行出水试验，出水应满足压力要求，在检查中可使用压力表测试管网压力，或者连接水带进行射水试验，检查管网压力是否正常。

（5）定期检查消火栓前端阀门井。

（6）保持配套器材的完备有效，且无遮挡。

第二节　室内消火栓系统

一、系统组成和工作原理

（一）系统组成

室内消火栓系统组成示意图如图 4-3 所示。消防给水基础设施包括市政给水管网、室外消防给水管网及室外消火栓、消防水池、消防水泵、消防水箱、增压稳压设备、消防水泵接合器等,这些设施的主要任务是为系统储存并提供灭火用水。给水管网包括进水管、水平干管、消防竖管等,其任务是向室内消火栓设备输送灭火用水。室内消火栓设备包括水带、水枪、水喉等,其是供人员灭火使用的主要工具。报警控制设备用于启动消防水泵,并监控系统的工作状态。系统附件包括各种阀门、屋顶消火栓等,只有通过这些设施有机协调的工作,才能确保系统的灭火效果。

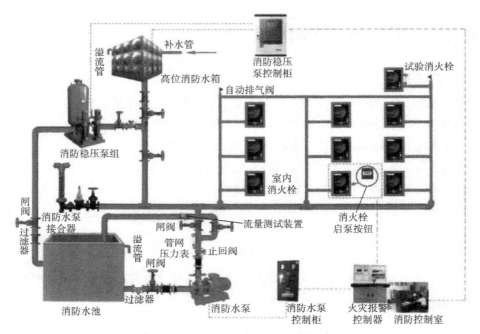

图 4-3　室内消火栓系统组成示意图

（二）工作原理

当发生火灾时,首先连接好消火栓箱内的设备,然后开启消火栓。当设置在消火栓泵出水干管上的低压开关、高位消防水箱出水管上的流量开关或报警阀压力开关等装置监测到信号后,直接启动消防水泵,或按下消火栓处报警按钮联动启动消防水泵向系统供水。在火灾初期由消防水箱提供消防用水,待消防水泵启动后,由消防水泵提供灭火所需的水压和水量;若消防水泵损坏或流量不足,可由消防水泵接合器补充消防水量。

二、系统的类型

（一）按用途分类

室内消火栓系统按用途可分为合用和独立的室内消火栓系统。合用系统的消防竖管需要独立设置。当室内应采用高压或临时高压消防给水系统时,不应与生产、生活给水系统合用;但当自动喷水灭火系统局部应用系统和仅设有消防软管卷盘和轻便水龙的室内消防给水系统时,可与生产、生活给水系统合用。独立系统安全性较高,大部分建筑中常采用这种给水系统。

(二)按管网布置形式分类

室内消火栓系统按管网布置形式可分为环状管网和枝状管网的室内消火栓系统。环状管网系统的水平干管或竖管互相连接,在水平面或立面上形成环状管网。室内消火栓数量超过 10 个且室外消防用水量大于 20 L/s 的建筑应设置环状消防给水管网。枝状管网系统在水平面或立面上布置成树枝状,在室内消火栓系统中较少使用。

(三)按系统服务范围分类

室内消火栓系统按系统给水服务范围可分为独立分散和区域集中的室内消火栓系统。独立分散的室内消火栓系统指每栋建筑物独立设置水池、水泵和水箱等给水设施的消火栓给水系统,其供水安全性较高,但设备比较分散,管理难度较大,投资也较高。区域集中的室内消火栓系统指两栋及两栋以上的建筑物共用消防给水系统,其具有便于集中管理的优点,在某些情况下可节省投资。对于规划合理的建筑群可采用区域集中的室内消火栓系统。

建筑群共用临时高压消防给水系统时,应符合下列规定:

(1)工矿企业消防供水的最大保护半径不宜超过 1 200 m,或占地面积不宜大于 200 hm²;

(2)居住小区消防供水的最大保护建筑面积不宜超过 500 000 m²;

(3)公共建筑宜为同一物业管理单位。

(四)按管网是否充水分类

室内消火栓系统按管网是否充水可分为湿式和干式消火栓系统。湿式系统是指平时配水管网内充满水的消火栓系统,目前设置的消火栓系统大多属于湿式消火栓系统。干式消火栓系统是指平时配水管网内不充水,发生火灾时向配水管网充水的消火栓系统。建筑高度不大于 27 m 的多层住宅建筑设置湿式室内消火栓系统确有困难时,可设置干式消防竖管,SN65 的室内消火栓接口,无止回阀、闸阀的消防水泵接合器。

三、给水方式

给水方式是指建筑物消火栓系统的供水方案。消火栓系统设计时,应综合考虑建筑物性质、高度、外网所能提供的水压及系统所需水压等因素,从而选择适宜的给水方式。

(一)低层建筑消火栓系统的给水方式

1. 直接给水方式

直接给水方式是指室内消火栓系统管网直接与室外给水管网相连,利用室外给水管网水压直接供水的给水方式,如图 4-4 所示。这种给水方式无须设置加压水泵和水箱,系统构造简单、投资小,且安装和维护方便,适用于建筑物高度不高、室外给水管网所供水量和水压在全天内任何时候均能满足系统最不利点消火栓设备所需水量和水压的情况。

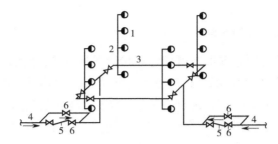

图 4-4　直接给水方式

1—室内消火栓；2—室内消防竖管；3—水平干管；4—进户管；5—止回阀；6—旁通管及阀门

2. 设有消防水箱的给水方式

设有消防水箱的给水方式的特点是室内消防给水管网与室外给水管网直接相连，利用外网压力供水，同时设消防水箱调节流量和压力，如图 4-5 所示。当生活、生产用水量达到最大时，室外给水管网不能保证室内最不利点消火栓的压力和流量；而当生活、生产用水量较小时，室外给水管网的压力又较大，能向高位水箱补水。当全天内大部分时间室外给水管网压力能够满足要求，但在用水高峰期满足不了室内消火栓的压力要求时，可采用这种给水方式。

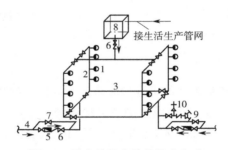

图 4-5　设有消防水箱的给水方式

1—室内消火栓；2—消防竖管；3—水平干管；4—进户管；5—水表；6—止回阀；7—旁通管及阀门；
8—水箱；9—水泵接合器；10—安全阀

3. 设有消防水箱和水泵的给水方式

设有消防水箱和水泵的给水方式平时消防水量和水压由水箱提供，发生火灾时启动水泵向系统供水，如图 4-6 所示。当室外给水管网的水压经常不能满足室内消火栓系统所需水压时，宜采用这种给水方式。

(二)高层建筑消火栓系统的给水方式

1. 不分区给水方式

不分区给水方式即整栋建筑物采用一个区供水，如图 4-7 所示。其优点是系统简单、设备少，但对管材及灭火设备的耐压要求较高。

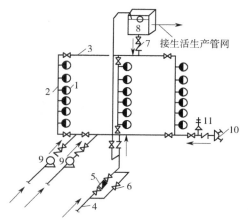

图 4-6 设有消防水箱和水泵的给水方式

1—室内消火栓;2—消防竖管;3—水平干管;4—进户管;5—水表;6—旁通管及阀门;
7—止回阀;8—水箱;9—消防水泵;10—水泵接合器;11—安全阀

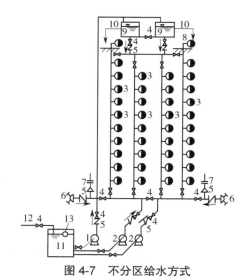

图 4-7 不分区给水方式

1—生活水泵;2—消防水泵;3—消火栓;4—阀门;5—止回阀;6—水泵接合器;7—安全阀;
8—屋顶消火栓;9—高位水箱;10—生活进水口;11—储水池;12—进水管;13—浮球阀

2. 分区给水方式

分区给水方式即一栋建筑中消防给水系统在竖向给水上分为若干个压力区段,从而可有效避免高水压对设备及灭火过程带来的不利影响。这种给水方式有多种形式,图 4-8 列举了其中的三种。其中,分区并联给水方式中,各区之间消防设备相互独立,且互不影响,其供水可靠;串联水泵给水方式中,消防给水管网竖向各区由串联消防水泵分级向上供水,消防水泵设置在设备层;减压水箱给水方式中,设置中间水箱,水泵提升的消防用水首先进入消防水箱,然后依靠重力自流给下区消防设备供水。

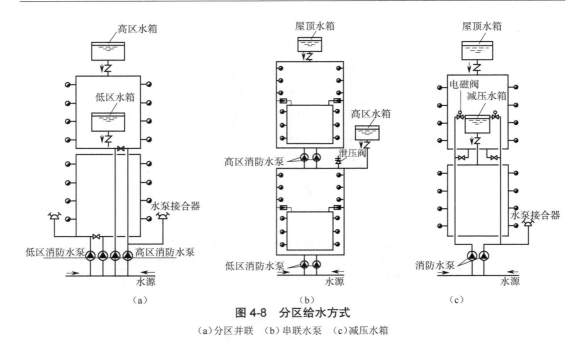

图 4-8　分区给水方式

(a)分区并联　(b)串联水泵　(c)减压水箱

(三)分区供水方式的选择及其设置要求

1. 消防给水系统分区供水条件

符合下列条件时,消防给水系统应分区供水:

(1)系统工作压力大于 2.40 MPa;

(2)消火栓栓口处静压大于 1.0 MPa;

(3)自动喷水灭火系统报警阀处的工作压力大于 1.60 MPa 或喷头处的工作压力大于 1.20 MPa。

2. 分区供水方式的选择

分区供水方式应根据系统压力、建筑特征,经技术、经济和可靠性等综合因素确定,可采用消防水泵并行或串联、减压水箱和减压阀减压的形式,但当系统的工作压力大于 2.40 MPa 时,应采用消防水泵串联或减压水箱分区供水方式。

3. 设置要求

(1)采用消防水泵串联分区供水时,宜采用消防水泵转输水箱串联供水方式,并应符合下列要求。

①当采用消防水泵转输水箱串联时,转输水箱的有效储水容积不应小于 60 m³,转输水箱可作为高位消防水箱,串联转输水箱的溢流管宜连接到消防水池。

②当采用消防水泵直接串联时,应采取确保供水可靠性的措施,且消防水泵从低区到高区应能依次顺序启动,同时应校核系统供水压力,并应在串联消防水泵出水管上设置减压型倒流防止器。

(2)采用减压阀减压分区供水时应符合下列规定。

①消防给水所采用的减压阀性能应安全可靠,并应满足消防给水的要求。

②减压阀应根据消防给水设计流量和压力选择,且设计流量应在减压阀流量 - 压力特性曲线的有效段内,并校核在 150% 设计流量时,减压阀的出口动压不应小于设计值的 65%。

③每一供水分区应设不少于两个减压阀组,减压阀仅应设置在单向流动的供水管路上,不应设置在有双向流动的输水干管上。

④减压阀宜采用比例式减压阀,当压力超过 1.20 MPa 时宜采用先导式减压阀。减压阀的阀前与阀后的压力比值不宜大于 3:1,当一级减压阀减压不能满足要求时,可采用减压阀串联减压,但串联减压不应大于两级,二级减压阀宜采用先导式减压阀,阀前与阀后的压力差不宜超过 0.40 MPa。

⑤减压阀后应设置安全阀,安全阀的开启压力应能满足系统安全要求,且不应影响系统的供水安全性。

（3）采用减压水箱减压分区供水时应符合下列要求。

①减压水箱的有效容积不应小于 18 m³,且宜分为两格。

②减压水箱应有两条进、出水管,且每条进、出水管应满足消防给水系统所需消防水量的要求。

③减压水箱进水管的水位控制应可靠,宜采用水位控制阀。

④减压水箱进水管应采用防冲击和溢水的技术措施,并宜在进水管上设置紧急关闭阀门,溢流水宜回流到消防水池。

四、主要组件及要求

（一）室内消火栓设备

1. 室内消火栓箱

室内消火栓箱是由箱体、室内消火栓、消防接口、水带、水枪、消防软管卷盘及电气设备等消防器材组成的具有给水、灭火、控制、报警等功能的箱状固定式消防装置,如图 4-9 所示。

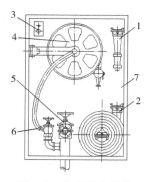

图 4-9　室内消火栓箱

1—水枪；2—水带；3—消火栓按钮；4—消防软管卷盘；5—室内消火栓；6—消防软管卷盘接口；7—箱体

箱体有明装式、暗装式和半暗装式三种。通常消火栓安装在箱体下部,出水口面向前方。水带可采用挂置式、卷盘式、卷置式和托架式安装。水枪安装于水带转盘旁边弹簧卡上。消火栓箱门可采用钢、铝合金和钢框镶玻璃等材料制作,应便于打开。

室内消火栓是指消防给水管网上用于连接水带的专用阀门。消火栓栓口的公称通径有25 mm，50 mm 和 65 mm 三种，公称压力为 1.6 MPa，适用于介质水和泡沫混合液。室内消火栓目前多配套使用直径 65 mm 的胶里水带，水带两头为内扣式标准接头，每条水带的长度多为 20 m，不宜超过 25 m。水带一端与消火栓出口连接，另一端与水枪连接。按消防水枪的喷水方式可分为直流水枪、喷雾水枪和多用途水枪，室内消火栓一般配备直流水枪。水枪当量喷嘴直径有 13 mm、16 mm 和 19 mm 三种。

2. 室内消火栓设置要求

（1）设置室内消火栓的建筑物，包括设备层在内的各层均应设置消火栓。

（2）消防电梯前室应设消火栓。消防电梯前室是消防员进入室内扑救火灾的进攻桥头堡，为方便消防员向火场发起进攻或开辟通路，在消防电梯前室应设置室内消火栓，该消火栓应计入消火栓使用数量。

（3）室内消火栓应设置在位置明显且易于操作的部位。在室内消火栓箱上或其附近应设置明显的标志，消火栓外表应涂红色且不应伪装成其他东西，以便于现场人员能及时发现和使用。室内消火栓栓口离地面或操作基面高度宜为 1.1 m，其出水方向宜向下或与设置消火栓的墙面呈 90°角，且栓口与消火栓箱内边缘的距离不应影响消防水带的连接。

（4）室内消火栓的间距应由计算确定。消火栓按两支消防水枪的两股充实水柱布置的高层建筑、高架仓库、甲和乙类工业厂房等场所，消火栓的布置间距不应大于 30 m；消火栓按一支消防水枪的一股充实水柱布置的建筑物，消火栓的布置间距不应大于 50 m。

（5）采用临时高压消防给水系统的高层工业和民用建筑、低层公共建筑和水箱不能满足最不利点消火栓水压要求的其他低层建筑，应在每个室内消火栓处设置远距离直接启动消防水泵的按钮，并应有保护设施。

（6）同一建筑物内应采用统一规格的消火栓、水枪和水带。采用 DN65 室内消火栓，并可与消防软管卷盘或轻便水龙设置在同一箱体内。

（7）室内消火栓栓口动压不应大于 0.5 MPa；当大于 0.7 MPa，必须设置减压设施。

（8）高层建筑、厂房、库房和室内净空高度超过 8 m 的民用建筑等场所的消火栓栓口动压不应小于 0.35 MPa；其他场所的消火栓栓口动压不应小于 0.25 MPa。

（9）多层和高层建筑应在其屋顶，严寒、寒冷等冬季结冰地区可设置在顶层出口处或水箱间内等便于操作和防冻的位置，单层建筑宜在水力最不利处，设置带有压力表的试验消火栓。

（10）冷库的室内消火栓应设置在常温穿堂或楼梯间内。

（11）住宅户内宜在生活给水管道上预留一个接 DN15 消防软管或轻便水龙的接口。跃层住宅和商业网点的室内消火栓应至少满足一股充实水柱到达室内任何部位，并宜设置在户门附近。

（12）建筑高度不大于 27 m 的住宅，当设置消火栓时，可采用干式消防竖管。干式消防竖管宜设置在楼梯间休息平台，且仅应配置消火栓栓口。干式消防竖管应在首层便于消防车接近和安全的地点设置消防车供水接口。干式消防竖管顶端应设置自动排气阀。

3. 城市隧道内室内消火栓系统的设置要求

（1）隧道内宜设置独立的消防给水系统。

（2）管道内的消防供水压力应保证用水量达到最大时，最低压力不小于 0.3 MPa，但当消火栓栓口处的出水压力超过 0.7 MPa 时，应设置减压设施。

（3）在隧道出入口处应设置消防水泵接合器和室外消火栓。

（4）消火栓的间距不应大于 50 m，双向通行车道或单行通行但大于 3 车道时，应双面间隔设置消火栓。

（5）隧道内允许通行危险化学品的机动车，且隧道长度超过 3 000 m 时，应配置水雾或泡沫消防水枪。

（二）屋顶消火栓

屋顶消火栓是最常用试验消火栓，用于消防员定期检查室内消火栓系统的供水压力以及建筑物内消防给水设备的性能。同时，当建筑物发生火灾时也可用其进行灭火和冷却。屋顶消火栓应设压力显示装置，这样可随时了解管网内的压力情况，以便较好地监测系统的运行情况。采暖地区屋顶消火栓亦设在消防水箱间等房间内。

（三）消防软管卷盘和轻便消防水龙

消防软管卷盘也称为消防水喉，其由小口径消火栓、输水软管、小口径水枪等组成。与室内消火栓设备相比，其具有操作简便、机动灵活等优点，主要供非专业人员扑救室内初起火灾使用。轻便消防水龙是指在自来水或消防供水管路上使用的，由专用接口、水带及喷枪组成的一种小型轻便的喷水灭火器具。消防软管卷盘或轻便消防水龙可供商场、宾馆、仓库以及高、低层公共建筑内服务人员、工作人员和旅客扑救初期火灾，具有操作简便、机动灵活的特点。

人员密集的公共建筑、建筑高度大于 100 m 的建筑和建筑面积大于 200 m² 的商业服务网点内应设置消防软管卷盘或轻便消防水龙。高层住宅建筑的户内宜配置轻便消防水龙。老年人照料设施内应设置与室内供水系统直接连接的消防软管卷盘，消防软管卷盘的设置间距不应大于 30 m。

消防软管卷盘的设置要求：设备的栓口直径应为 25 mm，配备的胶带内径不应小于 19 mm，长度宜为 30 m；轻便水龙应配置公称直径 25 mm 有内衬里的消防水带，长度宜为 30 m。消防软管卷盘和轻便水龙应配置当量喷嘴直径 6 mm 的消防水枪。旅馆、办公楼、商业楼、综合楼等内的消防软管卷盘应设在走道内，且布置时应保证有一股射流能达到室内任何部位；剧院、会堂闷顶内的消防软管卷盘应设在马道入口处，以便于工作人员使用。

五、消火栓布置及系统水压和流量计算

（一）充实水柱的确定

充实水柱是指由水枪喷嘴起到射流 90% 的水柱水量穿过直径 38 cm 圆孔处的一段射

流长度。充实水柱的作用，一是使射流有一定水量和水压，能有效扑灭火焰，以达到一定的灭火效果；二是减少消防员在扑灭火灾时辐射热、烤灼对其的影响，以保证安全。

为有效扑灭建筑物火灾，要求水枪射流时充实水柱能到达建筑物每层的任何高度，如图 4-10 所示。水枪的充实水柱可按层高计算确定：

$$S_k = \frac{H_1 - H_2}{\sin\alpha} \tag{4-1}$$

式中 S_k——水枪充实水柱，m；

H_1——建筑物层高，m；

H_2——水枪喷嘴离地面高度（一般取 1 m），m；

α——水枪上倾角，一般不宜超过 45°，在最不利情况下也不能超过 60°。

当 $\alpha=45°$ 时，水枪充实水柱为

$$S_k = \frac{H_1 - H_2}{\sin 45°} = 1.414(H_1 - H_2) \tag{4-2}$$

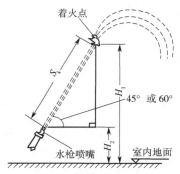

图 4-10 水枪倾斜射流的充实水柱

在《消防给水及消火栓系统技术规范》（GB 50974—2014）中规定：高层建筑、厂房、库房和室内净空高度超过 8 m 的民用建筑等场所，消防水枪充实水柱应按 13 m 计算；其他场所消防水枪充实水柱应按 10 m 计算。

因此，最终确定的充实水柱不仅要满足层高的要求，还要满足相关规范对充实水柱的要求，并取其中较大者作为所需的水枪充实水柱。

（二）室内消火栓保护半径

室内消火栓的保护半径可按下式计算：

$$R = L_d + L_s \tag{4-3}$$

式中 R——室内消火栓的保护半径，m；

L_d——水带铺设长度，m；

L_s——水枪充实水柱在平面上的投影长度，m。

考虑到水带在使用中的曲折弯转，水带铺设长度一般取水带实际长度的 80%~90%。水枪充实水柱在平面上的投影长度可按下式计算：

$$L_s = S_k \cos\alpha \tag{4-4}$$

式中　S_k——水枪充实水柱,m;

　　　α——水枪上倾角,一般按 45° 计算。

(三)室内消火栓布置间距

室内消火栓的布置应满足同一平面内两支消防水枪的两股充实水柱能同时到达任何部位。建筑高度小于或等于 24 m 且体积小于或等于 5 000 m³ 的多层仓库,可采用一支消防水枪的充实水柱到达室内任何部位。室内消火栓的布置间距应通过计算确定,但不得超过规定的消火栓最大间距。

如图 4-11 所示,当室内消火栓单排布置且室内任何部位要求有一股充实水柱到达时,室内消火栓的布置间距可按下式计算:

$$L_1 \le 2\sqrt{R^2 - b^2} \tag{4-5}$$

式中　L_1——室内消火栓的布置间距,m;

　　　R——室内消火栓的保护半径,m;

　　　b——室内消火栓的最大保护宽度,m。

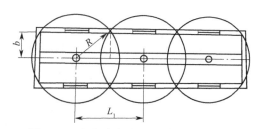

图 4-11　室内消火栓单排单水柱布置图

如图 4-12 所示,当室内消火栓单排布置且室内任何部位要求有两股充实水柱到达时,室内消火栓的布置间距可按下式计算:

$$L_2 \le \sqrt{R^2 - b^2} \tag{4-6}$$

式中　L_2——室内消火栓的布置间距,m;

　　　R——室内消火栓的保护半径,m;

　　　b——室内消火栓的最大保护宽度,m。

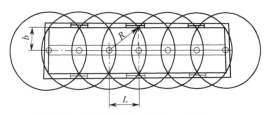

图 4-12　室内消火栓单排双水柱布置图

如图 4-13 所示,当室内消火栓多排布置且室内任何部位要求有一股充实水柱到达时,室内消火栓的布置间距可按下式计算:

$$L_n \leq \sqrt{2}R \qquad (4\text{-}7)$$

式中　L_n——室内消火栓的布置间距，m;

　　　R——室内消火栓的保护半径，m;

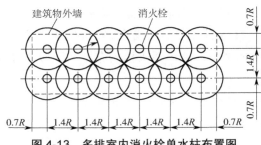

图 4-13　多排室内消火栓单水柱布置图

当室内消火栓多排布置，且室内任何部位要求有两股充实水柱到达时室内消火栓布置间距，如图 4-14 所示。

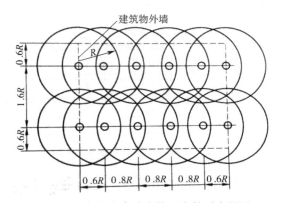

图 4-14　多排室内消火栓双水柱时布置图

有关规范给出了室内消火栓的最大布置间距，见表 4-9。

表 4-9　室内消火栓的最大布置间距

建筑物类别	室内任何部位要求到达的水枪数量（支）	最大间距（m）
建筑高度小于或等于 24 m，且体积小于 5 000 m³ 的多层仓库	1	≤ 50
建筑高度小于或等于 54 m，且每单元设置一部疏散楼梯的住宅		
人防工程中消火栓设计流量为 5 L/s 的建筑物		
其他建筑	2	≤ 30

【例 4-1】某商场长 65 m，宽 28 m，层高 4 m，总建筑高度 56 m，设置室内消火栓系统，消火栓沿中间楼道均匀布置，采用直径 19 mm 水枪，试确定消火栓的布置间距。

解：因为该建筑为高层建筑，建筑内任何一点应有两支水枪同时保护。

（1）消火栓的保护半径。满足层高及相关规范对充实水柱的要求，在此 S_k 取 13 m，则有

$$R = L_d + L_s = 0.8 \times 25 + 13 \times \cos 45° = 20 + 9.2 = 29.2 \text{ m}$$

（2）布置间距。由于建筑物的宽度为 28 m，则最大保护宽度 b 为 14 m，消火栓的保护半径为 29.2 m，消火栓居中设置时可采用单排布置，即消火栓布置采用单排双水柱保护，所以消火栓布置间距为

$$L = \sqrt{R^2 - b^2} = \sqrt{29.2^2 - 14^2} = 25.6 \text{ m}$$

（四）消火栓栓口所需压力和流量

1. 水枪出口压力计算

水枪出口压力可按下式计算：

$$H_q = \frac{10\alpha_f S_k}{1 - \alpha_f \varphi S_k} \tag{4-8}$$

$$\alpha_f = 1.19 + 80(0.01S_k)^4 \tag{4-9}$$

$$\varphi = \frac{0.25}{d_f + (0.1d_f)^3} \tag{4-10}$$

式中　H_q——水枪喷嘴压力，kPa；

　　　α_f——系数，表示射流总长度与充实水柱长度的比值，参见表 4-10；

　　　φ——阻力系数，与水枪喷嘴口径有关，参见表 4-11；

　　　d_f——水枪喷嘴口径，mm；

　　　S_k——水枪充实水柱，m。

表 4-10　不同水枪充实水柱对应的 α_f 值

S_k(m)	7	8	9	10	11	12	13	14	15	16
α_f	1.192	1.193	1.195	1.198	1.202	1.207	1.213	1.221	1.231	1.242

表 4-11　不同水枪直径对应的 φ 值

水枪喷嘴直径 d_f(mm)	13	16	19
φ	0.016 5	0.012 4	0.009 7

2. 水枪出口流量计算

水枪出口流量可按下式计算：

$$q_q = \sqrt{BH_q} \tag{4-11}$$

式中　q_q——水枪喷口的射流量，L/s；

　　　H_q——水枪出口处的压力，kPa；

　　　B——水流特性系数，见表 4-12。

表 4-12　水流特性系数表

水枪喷口直径（mm）	6	7	8	9	13	16	19	22	25
B	0.001 6	0.002 9	0.005 0	0.007 9	0.034 6	0.079 3	0.157 7	0.283 4	0.472 7

3. 水带水头损失

水带水头损失可按下式计算：

$$H_{d} = 10A_{z}L_{d}q_{xh}^{2} \tag{4-12}$$

式中　H_{d}——水带的水头损失，kPa；

A_{z}——水带的比阻，见表 4-13；

L_{d}——水带长度（一般采用 20 m 或 25 m），m；

q_{xh}——消火栓流量，L/s。

表 4-13　水带比阻 A_{z} 值

水带直径（mm）	50	65	80
A_{z}	0.006 77	0.001 72	0.000 75

为了计算方便，可将式（4-12）简化为

$$H_{d} = 10Sq_{xh}^{2} \tag{4-13}$$

式中　H_{d}——水带的水头损失，kPa；

q_{xh}——消火栓流量（每条水带的实际流量），L/s；

S——每条水带（长 20 m）的阻抗系数，见表 4-14。

表 4-14　水带（长 20 m）阻抗系数 S 值

水带直径（mm）	50	65	80
S	0.15	0.035	0.008

4. 消火栓出口压力

消火栓栓口压力可按下式计算：

$$H_{xh} = H_{q} + H_{d} + H_{k} \tag{4-14}$$

式中　H_{xh}——消火栓出口压力，kPa；

H_{q}——水枪出口压力，kPa；

H_{d}——水带的水头损失，kPa；

H_{k}——消火栓栓口局部水头损失，宜取 20 kPa。

（五）消防水泵扬程的确定

消防水泵扬程应满足最不利点消防水枪所需水压的要求，消防水泵扬程可按下式计算：

$$P = k\left(\sum P_{f} + \sum P_{p}\right) + 10\Delta H + P_{0} \tag{4-15}$$

式中 P——消防水泵的扬程,kPa;

k——安全系数,可取 1.2~1.4,宜根据管道的复杂程度和不可预见发生的管道变更所带来的不确定性确定;

$\sum P_f$——管路沿程总水头损失,kPa;

$\sum P_p$——管路局部总水头损失,kPa;

ΔH——当消防水泵从消防水池吸水时,ΔH 为最低有效水位至最不利点水灭火设施的几何高差,当消防水泵从市政给水管网直接吸水时,ΔH 为发生火灾时市政给水管网在消防水泵入口处的设计压力值的高程至最不利点水灭火设施的几何高差,m;

P_0——最不利点水灭火设施所需的设计压力,kPa。

(六)室内消火栓设计流量

1.建筑物室内消火栓设计流量

建筑物室内消火栓设计流量应根据建筑物的用途、功能、体积、高度、耐火极限、火灾危险性等因素综合确定,见表 4-15。

表 4-15 建筑物室内消火栓设计流量

建筑物名称		高度 h(m)、层数、体积 V(m³)、座位数 n(个)、火灾危险性		消火栓设计流量(L/s)	同时使用消防水枪数(支)	每根竖管最小流量(L/s)
工业建筑	厂房	$h \leqslant 24$	甲、乙、丁、戊	10	2	10
			丙 $V \leqslant 5\,000$	10	2	10
			$V>5\,000$	20	4	15
		$24<h \leqslant 50$	乙、丁、戊	25	5	15
			丙	30	6	15
		$h>50$	乙、丁、戊	30	6	15
			丙	40	8	15
	仓库	$h \leqslant 24$	甲、乙、丁、戊	10	2	10
			丙 $V \leqslant 5\,000$	15	3	15
			$V>5\,000$	25	5	15
		$h>24$	丁、戊	30	6	15
			丙	40	8	15

建筑物名称			高度 h(m)、层数、体积 V(m³)、座位数 n(个)、火灾危险性	消火栓设计流量（L/s）	同时使用消防水枪数（支）	每根竖管最小流量（L/s）
民用建筑	单层及多层	科研楼、试验楼	$V \le 10\,000$	10	2	10
			$V > 10\,000$	15	3	10
		车站、码头、机场的候车（船、机）楼和展览建筑（包括博物馆）等	$5\,000 < V \le 25\,000$	10	2	10
			$25\,000 < V \le 50\,000$	15	3	10
			$V > 50\,000$	20	4	15
		剧场、电影院、会堂、礼堂、体育馆等	$800 < n \le 1\,200$	10	2	10
			$1\,200 < n \le 5\,000$	15	3	10
			$5\,000 < n \le 10\,000$	20	4	15
			$n > 10\,000$	30	6	15
		旅馆	$5\,000 < V \le 10\,000$	10	2	10
			$10\,000 < V \le 25\,000$	15	3	10
			$V > 25\,000$	20	4	15
		商店、图书馆、档案馆等	$5\,000 < V \le 10\,000$	15	3	10
			$10\,000 < V \le 25\,000$	25	5	15
			$V > 25\,000$	40	8	15
		病房楼、门诊楼等	$5\,000 < V \le 25\,000$	10	2	10
			$V > 25\,000$	15	3	10
		办公楼、教学楼、公寓、宿舍等其他建筑	$h > 15$ 或 $V > 10\,000$	15	3	10
		住宅	$21 < h \le 27$	5	2	5
民用建筑	高层	住宅	$27 < h \le 54$	10	2	10
			$h > 54$	20	4	10
		二类公共建筑	$h \le 50$	20	4	10
		一类公共建筑	$h \le 50$	30	6	15
			$h > 50$	40	8	15
国家级文物保护单位的重点砖木或木结构的古建筑			$V \le 10\,000$	20	4	10
			$V > 10\,000$	25	5	15
地下建筑			$V \le 5\,000$	10	2	10
			$5\,000 < V \le 10\,000$	20	4	15
			$10\,000 < V \le 25\,000$	30	6	15
			$V > 25\,000$	40	8	20

续表

建筑物名称		高度 h(m)、层数、体积 V(m³)、座位数 n(个)、火灾危险性	消火栓设计流量(L/s)	同时使用消防水枪数(支)	每根竖管最小流量(L/s)
人防工程	展览厅、影院、剧场、礼堂、健身体育场所等	V≤1 000	5	1	5
		1 000<V≤2 500	10	2	10
		V>2 500	15	3	10
	商场、餐厅、旅馆、医院等	V≤5 000	5	1	5
		5 000<V≤10 000	10	2	10
		10 000<V≤25 000	15	3	10
		V>25 000	20	4	10
	丙、丁、戊类生产车间、自行车库	V≤2 500	5	1	5
		V>2 500	10	2	10
	丙、丁、戊类物品库房、图书资料档案库	V≤3 000	5	1	5
		V>3 000	10	2	10

注：1. 丁、戊类高层厂房（仓库）室内消火栓的设计流量可按本表减少 10 L/s 计算，同时使用消防水枪数量可按本表减少 2 支。

2. 当一座多层建筑有多种使用功能时，室内消火栓设计流量应分别按本表中不同功能计算，且应取最大值。

3. 消防软管卷盘、轻便消防水龙及多层住宅楼梯间中的干式消防竖管，其消防给水设计流量可不计入室内消防栓设计流量。

当建筑物室内设有自动喷水灭火系统、水喷雾灭火系统、泡沫灭火系统或固定消防炮灭火系统等一种或两种以上自动喷水灭火系统全保护时，当高层建筑高度不超过 50 m 且室内消火栓设计流量超过 20 L/s 时，其室内消火栓设计流量可按表 4-15 减少 5 L/s 计算；多层建筑室内消火栓系统设计流量可减少 50%，但不应小于 10 L/s。

宿舍、公寓等非住宅类居住建筑的室内消火栓设计流量，当为多层建筑时按表 4-15 中的宿舍、公寓确定，当为高层建筑时应按表 4-15 中的公共建筑确定。

2. 城市交通隧道与地铁地下车站室内消火栓设计流量

城市交通隧道室内消火栓设计流量见表 4-16。地铁地下车站室内消火栓设计流量不应小于 20 L/s，区间隧道不应小于 10 L/s。

表 4-16　城市交通隧道室内消火栓设计流量

用途	类别	长度 L(m)	设计流量(L/s)
可通行危险化学品等机动车	一、二	L>500	20
	三	L≤500	10
仅限通行非危险化学品等机动车	一、二、三	L≥1 000	20
	三	L<1 000	10

【例 4-2】某商场建筑高度为 68 m，层高为 4 m，设置室内消火栓系统，最不利管路的总水头损失为 0.15 MPa，水泵泵轴中心线距最不利点消火栓的垂直距离为 73 m，试确定消火

栓的出口压力和流量及水泵的流量和扬程（同时开启的水枪数量为 6 支）。

解：（1）充实水柱长度的确定：

$$S_k = 1.414(H_1 - H_2) = 1.414(4-1) = 4.24 \text{ m}$$

因该建筑为高层建筑，根据相关规范规定，取 $S_k = 13$ m，则

$$H_q = \frac{10\alpha_f S_k}{1 - \alpha_f \varphi S_k} = \frac{10 \times 1.213 \times 13}{1 - 1.213 \times 0.009\ 7 \times 13} = 186 \text{ kPa}$$

$$q = \sqrt{BH_q} = \sqrt{0.157 \times 186} = 5.4 \text{ L/s}$$

（2）消火栓出口压力的确定：

$$H_d = 10Sq_{xh}^2 = 10 \times 0.035 \times 5.4^2 = 10.2 \text{ kPa}$$

$$H_{xh} = H_q + H_d + H_k = 186 + 10.2 + 20 = 216.2 \text{ kPa}$$

（3）水泵的流量，因为同时开启的消火栓数量为 6 支，所以室内消火栓系统用水量为

$$Q = nq = 6 \times 5.4 = 32.4 \text{ L/s}$$

室内消火栓系统用水量即为水泵的流量。

（4）水泵的扬程：

$$P = k\left(\sum P_f + \sum P_p\right) + 10\Delta H + P_0 = 1.2 \times 0.15 \times 1\ 000 + 10 \times 73 + 216.2 = 1\ 126.2 \text{ kPa}$$

六、室内消火栓系统的操作使用与维护管理

（一）室内消火栓的操作使用

（1）选择需要开启消火栓的楼层。一般开启着火楼层或上一层、下一层的消火栓，以便于火场中进行灭火和堵截火势。

（2）消火栓的开启。首先打开消火栓箱门，按火灾报警按钮进行报警；然后迅速拉出水带、水枪（或消防水喉），将水带一端与消火栓出口接好，另一端与水枪接好，展开水带，旋启消火栓手轮，握紧水枪，将水枪产生的射流冲向着火点实施灭火。

（3）当火灾报警按钮或手动远距离水泵启动按钮开启后，若消防水泵没有及时启动，并不意味着消防水泵损坏，可能系统中某个控制柜处于手动启动状态，此时可派人进入消防水泵房，手动启动消防水泵，以便及时发挥消火栓系统的作用。

（4）要控制每根消防竖管上开启的消火栓数量。可根据建筑的性质进行初步判断，最多开启不超过 3 支消火栓。

（5）使用消防水泵接合器时，注意供水压力要控制在便于操控的压力范围内，可根据着火楼层和水枪出口处的压力进行简单估算。

（二）系统测试

1. 消火栓栓口静水压测试

将测压接头连接到消火栓栓口，安装压力表，并调整压力表检测位置，使之竖直向上，将测压接头装置出口处装上端盖，缓慢打开消火栓阀门，压力表显示的为消火栓栓口的静水压，测试完成后，关闭消火栓阀门，旋松压力表，泄掉检测装置内的水压，再取下端盖。

2. 消火栓栓口出水压力测试

将水带一端连接到消火栓栓口,另一端连接到测压接头,打开消火栓阀门出水测试,压力表显示的水压即为消火栓栓口压力,测试完成后,关闭消火栓阀门,卸下测压接头,收好水带。对 SN65 消火栓、19 mm 水枪、65 mm/25 m 胶衬水带的情况,消火栓栓口出水压力和流量与充实水柱的对应关系见表 4-17。

表 4-17　消火栓栓口出水压力、流量与充实水柱的对应表

充实水柱(m)	栓口出水压力(MPa)	流量(L/s)
10	0.165	4.6
11	0.182	4.9
12	0.2	5.2
13	0.219	5.4
14	0.239	5.7
15	0.26	6.0
16	0.283	6.2
17	0.308	6.5
18	0.335	6.8
19	0.365	7.1
20	0.4	7.5
21	0.435	7.8
22	0.478	8.2
22.5	0.5	8.4

3. 需注意的问题

测量时,应缓慢开启阀门,避免压力冲击而造成检测装置损坏;静压测量完成后,应缓慢卸下端盖泄压;测量出口压力和充实水柱时,注意水带不应弯曲。

(三)室内消火栓的维护管理

室内消火栓箱内应经常保持清洁、干燥,防止锈蚀、碰伤或其他损坏,并每半年至少进行一次全面检查维修,且主要内容如下:

(1)检查消火栓和消防卷盘供水闸阀是否渗漏水,若渗漏水应及时更换密封圈;

(2)对消防水枪、水带、消防卷盘及其他附件进行检查,全部附件应齐全完好,卷盘转动灵活;

(3)检查报警按钮、指示灯及控制线路,应功能正常、无故障;

(4)消火栓箱及箱内装配的部件外观无破损、涂层无脱落,箱门玻璃完好无缺;

(5)对消火栓、供水阀门及消防卷盘等所有转动部位应定期加注润滑油。

（四）供水管路的维护管理

室外阀门井中,进水管上的控制阀门应每个季度检查一次,核实其处于全开启状态。室消火栓系统上所有的控制阀门均应采用铅封或锁链固定在开启或规定的状态,且每个月应对铅封或锁链进行一次检查,当有破坏或损坏时应及时修理更换。

（1）对管路进行外观检查,若有腐蚀、机械损伤等应及时修复。

（2）检查阀门是否漏水并及时修复。

（3）室内消火栓设备管路上的阀门为常开阀,平时不得关闭,应检查其开启状态。

（4）检查管路的固定是否牢固,若有松动应及时加固。

第五章　自动喷水灭火系统

自动喷水灭火系统是当今世界上公认的扑救初期火灾最有效的自救消防设施。应用实践表明,该系统具有控灭火成功率高、安全可靠、经济实用等优点。因此,自动喷水灭火系统已成为应用最广泛、用量最大的自动灭火系统。

第一节　概述

一、设置场所火灾危险等级的划分

设置自动喷水灭火系统的场所,由于具体条件不同,其火灾危险性大小不尽相同,故可划分为轻危险级、中危险级、严重危险级和仓库危险级等不同的危险等级。

（1）轻危险级一般是指可燃物品较少、可燃性和火灾发热量较低、外部增援和疏散人员较容易的场所。

（2）中危险级一般是指内部可燃物数量为中等,可燃性也为中等,火灾初期不会引起剧烈燃烧的场所。大部分民用建筑和厂房都为中危险级场所。由于此类场所种类多、范围广,因此又可划分为中Ⅰ级和中Ⅱ级。由于商场内物品、人员密集,发生火灾的概率较高,且容易酿成大火,并造成群死群伤和高额财产损失的严重后果,因此大规模商场属于中Ⅱ级场所。

（3）严重危险级一般是指火灾危险性大、可燃物品数量多、发生火灾时容易引起猛烈燃烧,并可能迅速蔓延的场所,除摄影棚、舞台"葡萄架"下部外,还包括存在较多数量易燃固体、液体物品工厂的备料和生产车间。

（4）仓库危险级,由于仓库内部的空间开阔,且物品摆放集中,一旦起火燃烧速度快,扑救难度大,具有特殊的危险性,因此针对此类建筑需专门评定其危险等级。针对不同情况,其又可划分为Ⅰ级、Ⅱ级和Ⅲ级。

设置自动喷水灭火系统的场所火灾危险等级举例见表 5-1。

表 5-1　设置自动喷水灭火系统的场所火灾危险等级举例

火灾危险等级	设置场所举例
轻危险级	住宅、幼儿园、老年人建筑、建筑高度为 24 m 及以下的旅馆、办公楼;仅在走道设置闭式系统的建筑等

火灾危险等级		设置场所举例
中危险级	Ⅰ级	(1)高层民用建筑:旅馆、办公楼、综合楼、邮政楼、金融电信楼、指挥调度楼、广播电视楼(塔)等。 (2)公共建筑(含单、多、高层):医院、疗养院;图书馆(书库除外)、档案馆、展览馆(厅);影剧院、音乐厅和礼堂(舞台除外)及其他娱乐场所;火车站、机场及码头的建筑;总建筑面积小于 5 000 m² 的商场和总建筑面积小于 1 000 m² 的地下商场等。 (3)文化遗产建筑:木结构古建筑、国家文物保护单位等。 (4)工业建筑:食品、家用电器、玻璃制品等工厂的备料与生产车间等;冷藏库、钢屋架等建筑构件
	Ⅱ级	(1)民用建筑:书库、舞台("葡萄架"除外)、汽车停车场、总建筑面积在 5 000 m² 及以上的商场、总建筑面积在 1 000 m² 及以上的地下商场、净空高度不超过 8 m 和物品高度不超过 3.5 m 的自选商场等。 (2)工业建筑:棉毛麻丝及化纤的纺织、织物及制品,木材木器及胶合板,谷物加工,烟草及制品,饮用酒(啤酒除外),皮革及制品,造纸及纸制品,制药等工厂的备料与生产车间
严重危险级	Ⅰ级	印刷厂、酒精制品、可燃液体制品等工厂的备料与生产车间,净空高度不超过 8 m、物品高度超过 3.5 m 的自选商场等
	Ⅱ级	易燃液体喷雾操作区域、固体易燃物品、可燃的气溶胶制品、溶剂清洗、喷涂油漆、沥青制品等工厂的备料及生产车间,以及摄影棚、舞台"葡萄架"下部
仓库危险级	Ⅰ级	食品、烟酒木箱、纸箱包装的不燃难燃物品等
	Ⅱ级	木材、纸、皮革、谷物及制品、棉毛麻丝化纤及制品、家用电器、电缆、B 组塑料与橡胶及其制品、钢塑混合材料制品、各种塑料瓶盒包装的不燃物品及各类物品混杂储存的仓库等
	Ⅲ级	A 组塑料与橡胶及其制品,沥青制品等

二、系统的主要类型

自动喷水灭火系统由洒水喷头、报警阀组、水流报警装置(水流指示器或压力开关)等组件以及管道和供水设施等组成。系统类型不同,在组成上略有差别,工作过程、应用特点和适用场所也有所不同。

自动喷水灭火系统的类型较多,从广义上来说,按系统中所使用喷头形式的不同,可分为闭式系统和开式系统两大类;按系统的组成与保护特点可分为湿式系统、干式系统、预作用系统、雨淋系统、水幕系统、水喷雾系统等。

(一)湿式系统

湿式系统是准工作状态时配水管道内充满用于启动系统的有压水的闭式系统,其主要由闭式喷头、水流指示器、湿式报警阀组以及管道和供水设施等组成,如图 5-1 所示。

1. 工作原理

准工作状态时,湿式系统的配水管道内充满有压水,其压力由消防水箱、稳压泵或气压给水设备等稳压设施维持。发生火灾时,火焰或高温气流使闭式喷头的热敏感元件动作,闭式喷头打开,并进行喷水灭火。此时,水流指示器由于配水管道中水由静止变为流动而动作,将水流信号转换为电信号输出,并在报警控制器上显示某一区域已在喷水。同时,湿式报警阀后的配水管道内水压下降,使原来处于关闭状态的湿式报警阀自动开启,压力水通过湿式报警阀进入配水管网;安装于湿式报警阀上的报警信号管路被接通,水流先充满延迟器后,使压力开关动作输出电信号,直接自动启动消防水泵并向报警控制器报警,随后冲击水力警铃发出声响报警信号。消防水泵启动后,向开放的喷头供水,确保系统持续喷水灭火。

湿式系统的工作流程如图 5-2 所示。

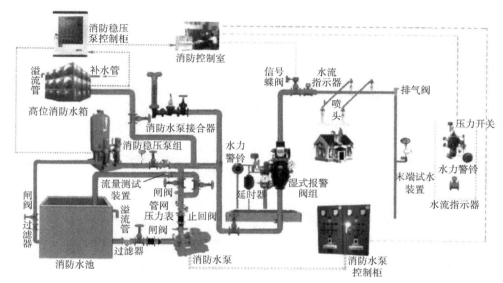

图 5-1　湿式系统组成示意图

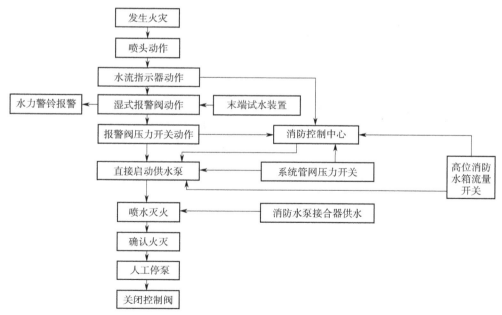

图 5-2　湿式系统工作流程

2. 应用特点及范围

湿式系统出水速度快、控灭火效率高、适用范围广,且与其他系统相比,具有结构相对简单、投资省、维护管理方便等优点,因此该系统是目前应用最广泛、使用频率最高的一种闭式自动喷水灭火系统,目前世界上已安装的自动喷水灭火系统中有 70% 以上采用的是湿式系统。但是由于平时该系统管道中一直充水,需考虑环境温度对管道的影响,因此湿式系统适用于环境温度不低于 4 ℃ 且不高于 70 ℃ 的场所。

3. 特殊应用形式

1）防护冷却系统

防护冷却系统是由闭式洒水喷头、湿式报警阀组等组成,发生火灾时用于冷却防火卷帘、防火玻璃墙等防火分隔设施的闭式系统。根据可燃物的情况,防护冷却系统的喷头可在防火卷帘、防火玻璃墙等防火分隔设施的一侧或两侧布置;当用于保护外墙时,可只在需要保护的一侧布置。该系统在系统组成与工作原理上与湿式系统基本一致,其喷头设置高度不应超过 8 m,持续喷水时间不应小于系统设置部位的耐火极限要求。

2）局部应用系统

局部应用系统是一种简化的湿式系统,可直接从室内消火栓管网或生活管网中取水,喷头数量少时可不设报警阀组。局部应用系统与标准配置的自动喷水灭火系统相比,具有结构简单、安装方便和维护管理容易等优点,但同时存在供水可靠度低的缺点。该系统适用于室内最大净空高度不超过 8 m 的民用建筑,局部设置且保护区域总建筑面积不超过 1 000 m² 的轻危险级或中危险级 I 级场所。

（二）干式系统

干式系统是准工作状态时配水管道内充满用于启动系统的有压气体的闭式系统,其主要由闭式喷头、水流指示器、充气设备、干式报警阀组以及管道和供水设施等组成,如图 5-3 所示。

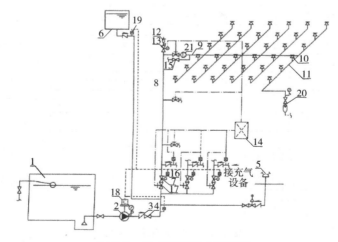

图 5-3 干式系统组成示意图

1—消防水池;2—消防水泵;3—止回阀;4—闸阀;5—消防水泵接合器;6—高位消防水箱;7—干式报警阀组;8—配水干管;
9—配水管;10—闭式洒水喷头;11—配水支管;12—排气阀;13—电动阀;14—报警控制器;15—泄水阀;16—压力开关;
17—信号阀;18—水泵控制柜;19—流量开关;20—末端试水装置;21—水流指示器

1. 工作原理

准工作状态时,干式系统的干式报警阀后(系统侧)的配水管道内充满有压气体,其压力由充气装置提供;干式报警阀前(水源侧)的管道内充以压力水,由消防水箱等稳压设备提供。发生火灾时,闭式喷头受热开启,配水管道中的有压气体由喷头喷出。随着配水管道中压缩气体的排出,干式报警阀瓣前后产生压力差,干式报警阀自动开启,压力水进入配水管道,将剩余压缩空气继续向已打开的喷头和联动开启的排气阀处推赶。当压力水流过水流指示器时,使其动作报警,到达开启的喷头处时喷出灭火。干式报警阀开启的同时,一路水流进入报警信号管路,使压力开关动作,直接自动启动消防水泵,并冲击水力警铃发出声响报警信号。

干式系统的工作流程如图 5-4 所示。

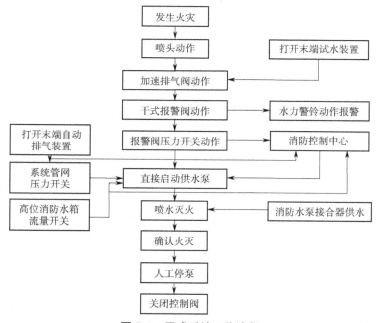

图 5-4　干式系统工作流程

2. 应用特点及范围

干式系统的工作过程与湿式系统类似,但在相同火灾条件下其出水速度滞后,控灭火效果比湿式系统差,因此其主要应用于受环境温度影响不能设置湿式系统的场所,如环境温度低于 4 ℃ 或高于 70 ℃ 的场所。

(三)预作用系统

预作用系统是准工作状态时配水管道内不充水,发生火灾时由火灾自动报警系统、充气管道上的压力开关连锁控制预作用装置和启动消防水泵,以向配水管道供水的闭式系统。该系统主要由闭式喷头、预作用装置、管道、充气设备和供水设施等组成,如图 5-5 所示。根据预作用系统的使用场所不同,预作用装置有两种控制方式:一是仅有火灾自动报警系统一组信号联动开启;二是由火灾自动报警系统和自动喷水灭火系统闭式洒水喷头两组信号联动开启。

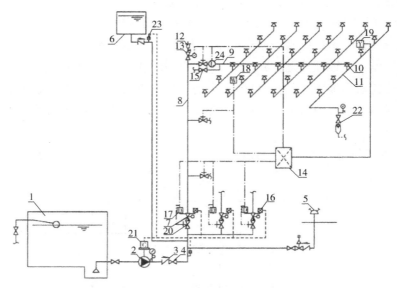

图 5-5 预作用系统组成示意图

1—消防水池;2—消防水泵;3—止回阀;4—闸阀;5—消防水泵接合器;6—高位消防水箱;
7—预作用装置;8—配水干管;9—配水管;10—闭式洒水喷头;11—配水支管;12—排气阀;
13—电动阀;14—报警控制器;15—泄水阀;16—压力开关;17—电磁阀;18—感温探测器;
19—感烟探测器;20—信号阀;21—水泵控制柜;22—末端试水装置;23—流量开关;24—水流指示器

1. 工作原理

预作用系统有单连锁和双连锁两种形式。单连锁系统的控制方式是仅由火灾自动报警系统一组信号联动开启。发生火灾时,保护区内的火灾探测器首先发出火警报警信号,报警控制器在接收到报警信号后联动打开预作用阀和末端排气装置,使压力水迅速充满管道。这样原来呈干式的系统迅速自动转变成湿式系统,从而完成了预作用过程。待闭式喷头在高温作用下开启后,便立即喷水灭火。双连锁系统的控制方式是由火灾自动报警系统和闭式洒水喷头爆破信号两组信号联动开启。发生火灾时,报警控制器在只接收到火灾探测器的报警信号后不会立即启动预作用阀和末端排气装置,而是待闭式喷头受热开启,配水管道中气压下降,配水管道上安装的压力开关也向报警控制器输送出报警信号后,才启动预作用装置。

预作用系统的工作流程如图 5-6 所示。

2. 应用特点及范围

预作用系统既兼有湿式、干式系统的优点,又克服了干式系统控灭火效率低、湿式系统易误喷产生水渍的缺陷,但该系统结构较复杂,维护管理难度较大。具有下列要求之一的场所,应采用预作用系统:

(1)系统处于准工作状态时严禁误喷的场所;

（2）系统处于准工作状态时严禁管道充水的场所；

（3）用于替代干式系统的场所。

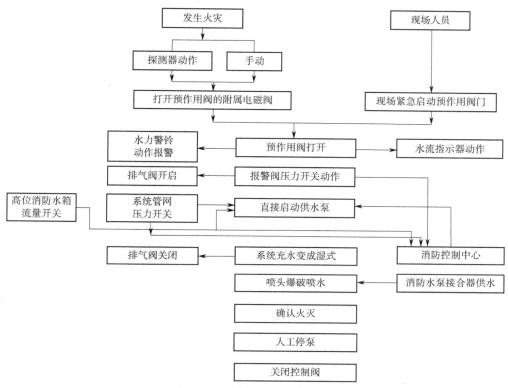

图 5-6　预作用系统工作流程

3.特殊应用形式

灭火后必须及时停止喷水的场所,应采用重复启闭预作用系统。重复启闭预作用系统是能在扑灭火灾后自动关阀、复燃时再次开阀喷水的预作用系统。该系统的重复启闭功能主要通过能够自动复位的预作用阀和能够提供灭火信号的感温探测器实现。当探测器感应到环境温度超出预定值时,报警并启动消防水泵和打开具有复位功能的雨淋报警阀,为配水管道充水,并在喷头动作后喷水灭火。在喷水过程中,当火场温度恢复至常温时,探测器发出关停系统的信号,在按设定条件延迟喷水一段时间后,关闭雨淋报警阀,停止喷水。若火灾复燃、温度再次升高,该系统则再次启动,直至彻底灭火。

（四）雨淋系统

雨淋系统是发生火灾时由火灾自动报警系统或传动管控制,自动开启雨淋报警阀组和启动消防水泵,进而用于灭火的开式系统。雨淋系统主要由开式喷头、雨淋报警阀组、管道以及供水设施等组成,如图 5-7 所示。

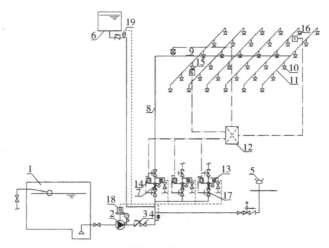

图 5-7　雨淋系统组成示意图（电动启动）

1—消防水池；2—消防水泵；3—止回阀；4—闸阀；5—消防水泵接合器；6—高位消防水箱；7—雨淋报警阀组；
8—配水干管；9—配水管；10—开式洒水喷头；11—配水支管；12—报警控制器；13—压力开关；14—电磁阀；
15—感温探测器；16—感烟探测器；17—信号阀；18—水泵控制柜；19—流量开关

1. 工作原理

准工作状态时，雨淋系统配水管道内不充水，而且由于安装开式洒水喷头，所以配水管道内也没有压力。发生火灾后，由设置在同一场所内的火灾探测装置联动开启雨淋报警阀，或通过传动管上安装的闭式喷头探测火灾并自动开启雨淋报警阀，由雨淋报警阀控制其配水管道上的全部喷头同时喷水，实现对保护区的整体灭火或控火。

雨淋系统的工作流程如图 5-8 所示。

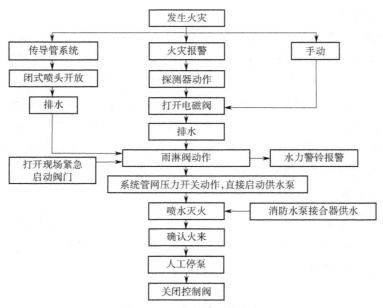

图 5-8　雨淋系统工作流程

2. 应用特点及范围

雨淋系统通常安装在发生火灾时火势发展迅猛、蔓延迅速的场所,如剧院舞台上部、大型演播室、电影摄影棚等。具有下列条件之一的场所,应采用雨淋系统:

(1)火灾的水平蔓延速度快、闭式洒水喷头的开放不能及时使喷水有效覆盖着火区域的场所;

(2)设置场所的净空高度超过闭式系统最大允许设置高度,且必须迅速扑救初期火灾的场所;

(3)火灾危险等级为严重危险级Ⅱ级的场所。

(五)水幕系统

水幕系统是由开式洒水喷头或水幕喷头、雨淋报警阀组或感温雨淋报警阀等组成,进而用于防火分隔或防护冷却的开式系统,如图 5-9 所示。

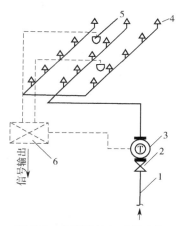

图 5-9　水幕系统组成示意图

1—供水管;2—总闸阀;3—控制阀;4—水幕喷头;5—火灾探测器;6—火灾报警控制器

水幕系统是自动喷水灭火系统中唯一一种不以灭火为主要目的的系统。水幕系统按系统功能可分为防火分隔水幕和防护冷却水幕两种类型。其中,防火分隔水幕系统利用密集喷洒形成的水墙或多层水帘,封堵防火分区处的孔洞,阻挡火灾和烟气的蔓延。一般在建筑面积超过防火分区的规定要求,而工艺要求又不允许设防火隔断物时,可采用水幕系统来代替防火隔断设施,如安装在舞台口、门窗、孔洞等部位用来阻隔火势蔓延扩大,起到防火分隔的作用,一般用于尺寸不超过 15 m(宽)×8 m(高)的开口(舞台口除外)部位。防护冷却水幕系统是在发生火灾时用于冷却防火卷帘、防火幕或简易的防火分隔物等防火分隔设施的水幕系统,以增强它们的耐火性能。进行保护时,防护冷却水幕的喷头宜布置成单排,应直接将水喷向被保护对象。

水幕系统的作用方式和工作原理与雨淋系统相同,当发生火灾时,由火灾探测器或人发现火灾,电动或手动开启控制阀,然后系统通过水幕喷头喷水,进行阻火、隔火或冷却防火隔断物。水幕系统的控制阀可以是雨淋阀、感温雨淋阀、电磁阀和手动闸阀。

三、系统控制

（1）湿式系统、干式系统应由消防水泵出水干管上设置的压力开关、高位消防水箱出水管上的流量开关和报警阀组压力开关直接自动启动消防水泵。

（2）预作用系统应由火灾自动报警系统、消防水泵出水干管上设置的压力开关、高位消防水箱出水管上的流量开关和报警阀组压力开关直接自动启动消防水泵。

（3）当预作用系统保护严禁误喷的场所时，预作用装置的自动控制方式宜采用仅由火灾自动报警系统直接控制；当保护严禁管道充水的场所和用于替代干式系统的场所，宜采用由火灾自动报警系统和充气管道上设置的压力开关控制的预作用系统。

（4）雨淋系统和自动控制的水幕系统，当采用火灾自动报警系统控制雨淋报警阀时，消防水泵应由火灾自动报警系统、消防水泵出水干管上设置的压力开关、高位消防水箱出水管上的流量开关和报警阀组压力开关直接自动启动；当采用充液（水）传动管控制雨淋报警阀时，消防水泵应由消防水泵出水干管上设置的压力开关、高位消防水箱出水管上的流量开关和报警阀组压力开关直接启动。

（5）雨淋报警阀的自动控制方式可采用电动、液（水）动或气动。当雨淋报警阀采用充液（水）传动管自动控制时，闭式喷头与雨淋报警阀之间的高程差应根据雨淋报警阀的性能确定。

（6）预作用系统、雨淋系统和自动控制的水幕系统，应同时具备下列三种开启报警阀组的控制方式，即自动控制、消防控制室（盘）远程控制、预作用装置或雨淋报警阀处现场手动应急操作。

（7）消防控制室（盘）应能满足对自动喷水灭火系统的状态进行全面监测与控制的要求，主要内容包括：

①监视电源及备用动力的状态；

②监视系统的水源、水箱（罐）及信号阀的状态；

③可靠控制水泵的启动，并显示反馈信号；

④可靠控制雨淋报警阀、电磁阀、电动阀的开启，并显示反馈信号；

⑤监视水流指示器、压力开关的动作和复位状态；

⑥可靠控制补气装置，并显示气压。

第二节　系统主要组件

一、喷头

喷头是自动喷水灭火系统中按设计的洒水形状和水量洒水的装置。喷头有多种不同的类型，能满足不同使用场所与系统设置的要求。

（一）喷头的类型

1. 根据结构形式分类

按照结构形式的不同,喷头可分为闭式喷头和开式喷头。

1）闭式喷头

闭式喷头主要是依据热敏感元件在规定的温度下启动洒水的喷头,主要由喷水口、密封垫、热敏感元件、框架和溅水盘等组成,其喷水口由密封垫及热敏感元件封闭。在热的作用下,闭式喷头能够在预定的温度范围内自行启动,具有探测火灾、启动系统和洒水灭火的功能。

按热敏感元件的不同,闭式喷头可分为玻璃球洒水喷头和易熔元件洒水喷头,如图5-10 所示。

图 5-10（a）中的玻璃球洒水喷头是通过玻璃球内充装的彩色液体受热膨胀使玻璃球爆破而开启的洒水喷头。平时,玻璃球支撑喷水口的密封垫,使喷头喷水口封闭。火灾时,玻璃球内部的液体受热膨胀,并向玻璃球壁加压,当达到其公称动作温度范围时,玻璃球炸裂成碎片,喷水口的密封垫失去支撑而脱落,压力水喷出灭火。

图 5-10（b）中的易熔元件洒水喷头是通过易熔元件合金受热熔化而开启的洒水喷头。这种喷头的热敏感元件是由易熔合金焊接连接的金属支撑构件,火灾时喷头受热,易熔元件在预定温度下受热熔化,支撑构件解体脱落,喷头启动喷水灭火。

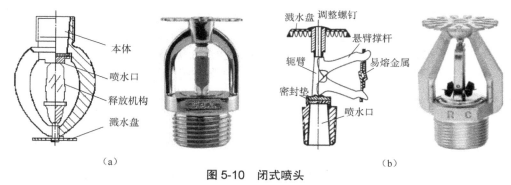

图 5-10　闭式喷头

（a）玻璃球洒水喷头　（b）易熔元件洒水喷头

闭式喷头动作的灵敏度通常用响应时间指数（RTI）度量,响应时间指数越小,喷头的灵敏度越高。根据闭式喷头 RTI 值的不同,可分为标准响应喷头、特殊响应喷头和快速响应喷头三类,这三类喷头的定义见表 5-2。

表 5-2　按灵敏度分类的闭式喷头类型

喷头类型	定义
标准响应喷头	$80(m \cdot s)^{0.5} < RTI \leqslant 350(m \cdot s)^{0.5}$ 的闭式洒水喷头
特殊响应喷头	$50(m \cdot s)^{0.5} < RTI \leqslant 80(m \cdot s)^{0.5}$ 的闭式洒水喷头
快速响应喷头	$RTI \leqslant 50(m \cdot s)^{0.5}$ 的闭式洒水喷头

2）开式喷头

开式洒水喷头是无释放机构的洒水喷头，主要由喷水口、框架和溅水盘等组成，如图5-11所示。该类喷头的喷水口处于常开状态，只具有洒水灭火的功能。

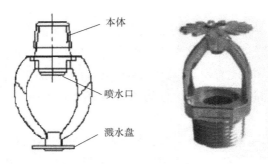

本体

喷水口

溅水盘

图 5-11 开式喷头

2. 按安装位置分类

按安装位置的不同，喷头在结构上略有不同，主要表现在溅水盘的形式上，主要可分为直立型、下垂型、边墙型。这三种喷头的主要特点见表5-3，实物图及布水效果图如图5-12所示。

表 5-3 直立型、下垂型、边墙型喷头的主要特点

喷头类型	定义	应用特点
直立型	直立安装，水流向上冲向溅水盘的洒水喷头	溅水盘边缘略有弧状，向出水口微微弯曲；喷头洒水时，水流向上冲向溅水盘，80%以上的水量会通过溅水盘的反溅直接洒向下方；适用于安装在管路下面经常有货物装卸或物体移动等作业的场所；洒水形状为抛物体形，将水量的60%~80%向下喷洒，同时还有一部分喷向顶棚
下垂型	下垂安装，水流向下冲向溅水盘的洒水喷头	溅水盘呈平板状，喷头出水时，水流向下冲向溅水盘，经溅水盘分散后全部洒向下方；适用于安装在各种保护场所，应用较为普遍
边墙型	靠墙安装，将水向一边（半个抛物线）喷洒分布的洒水喷头	喷头带有定向的溅水盘，能将水向一边（半个抛物线）喷洒分布，有立式和水平式两种；喷头洒水时，可将85%的水量从保护区的侧上方向保护区洒水，其余的水喷向喷头后面的墙上；适合安装在受空间限制、布置管路困难的场所和通道状的建筑部位

3. 按保护面积分类

按保护面积，喷头可分为标准覆盖面积喷头和扩大覆盖面积喷头两种，其特点见表5-4。

表 5-4 按保护面积分类的喷头类型

喷头类型	定义
标准覆盖面积喷头	流量系数 $K \geqslant 80$，一只喷头的最大保护面积不超过 20 m² 的直立型、下垂型喷头及一只喷头的最大保护面积不超过 18 m² 的边墙型喷头，其中流量系数 $K=80$ 的标准覆盖面积洒水喷头称为标准流量洒水喷头
扩大覆盖面积喷头	流量系数 $K \geqslant 80$，一只喷头的最大保护面积大于标准覆盖面积洒水喷头的保护面积，且不超过 36 m² 的洒水喷头，包括直立型、下垂型和边墙型扩大覆盖面积洒水喷头

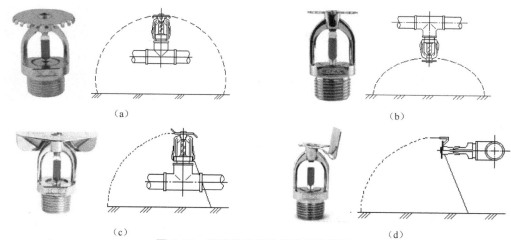

图 5-12　按安装位置分类的喷头类型

(a)直立型喷头　(b)下垂型喷头　(c)立式边墙型喷头　(d)水平边墙型喷头

4.特殊类型喷头

1)吊顶型喷头

吊顶型喷头适用于安装在有吊顶的场所,可分为齐平式、嵌入式和隐蔽式三种类型,如图 5-13 所示。这三种喷头的主要特点见表 5-5。

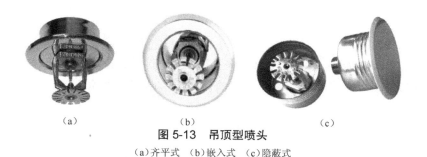

图 5-13　吊顶型喷头

(a)齐平式　(b)嵌入式　(c)隐蔽式

表 5-5　三种吊顶型喷头的主要特点

喷头类型	主要特点
齐平式喷头	部分或全部本体(包括根部螺纹)安装在吊顶下平面以上,但热敏感元件的集热部分全部处于吊顶下平面以下的洒水喷头
嵌入式喷头	全部或部分本体被安装在嵌入吊顶的护罩内的洒水喷头
隐蔽式喷头	带有装饰盖板的嵌入式洒水喷头。发生火灾时,隐蔽式喷头的盖板会由于易熔合金受热熔化而自行脱落,露出喷头的热敏感原件和溅水盘

2)干式洒水喷头

干式洒水喷头由专用管段和安装于管段出口的洒水喷头组成,管段入口设有密封机构,在洒水喷头动作前,此密封机构可阻止水进入管段。干式洒水喷头可分为干式下垂型喷头(图 5-14)和干式直立型喷头,一般应用于干式系统和充气的预作用系统中。

3）早期抑制快速响应喷头

早期抑制快速响应喷头（ESFR）是流量系数 $K \geqslant 161$、响应时间指数 $RTI \leqslant 28 \pm 8$ $(m \cdot s)^{0.5}$，用于保护堆垛与高架仓库的标准覆盖面积洒水喷头，如图 5-15 所示。$ESFR$ 喷头是专为仓库开发的一种仓库专用型喷头，对保护高堆垛和高货架仓库具有特殊的优势。试验表明，对净空高度不超过 13.5 m 的仓库，采用 ESFR 喷头时可不需再装设货架内置喷头。与标准流量喷头相比，该喷头在火灾初期能快速反应，且水滴产生的冲量能穿透上升的火羽流，直至燃烧物表面。该喷头仅适用于湿式系统。

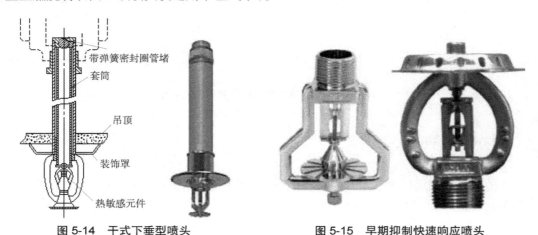

带弹簧密封圈管堵
套筒
吊顶
装饰罩
热敏感元件

图 5-14   干式下垂型喷头   图 5-15   早期抑制快速响应喷头

4）特殊应用喷头

特殊应用喷头是流量系数 $K \geqslant 161$，具有较大水滴粒径，在通过标准试验验证后，可用于民用建筑和厂房高大空间场所以及仓库的标准覆盖面积洒水喷头，包括非仓库型特殊应用喷头和仓库型特殊应用喷头。

非仓库型特殊应用喷头具有流量系数大、工作压力低，且喷洒的水滴粒径较大等特点，适用于民用建筑和厂房中的高大净空场所。仓库型特殊应用喷头是用于高堆垛或高货架仓库的大流量特种洒水喷头，与 ESFR 喷头相比，其以控制火灾蔓延为目的，喷头最低工作压力较 ESFR 喷头低，且障碍物对喷头洒水的影响较小。

5）家用喷头

家用喷头是适用于住宅建筑和非住宅类居住建筑的一种快速响应洒水喷头。其作用是在火灾初期迅速启动喷洒，降低起火部位周围的火场温度及烟密度，并控制居所内火灾的扩大及蔓延。与其他类型喷头相比，家用喷头更有利于保护人员疏散。

6）旋转型喷头

旋转型喷头是利用水力学环流推动和空气动力学原理，旋转分布大水滴并能形成下压强风的喷头。按有无感应部件，旋转型喷头可分为闭式旋转型喷头和开式旋转型喷头。

7）水幕喷头

水幕喷头是可以持续地喷水以形成水幕帘，对受火灾威胁表面进行保护，并形成防火分隔的开式喷头，根据结构特点可分为缝隙式和冲击式两种类型。其中，缝隙式水幕喷头在工程中较为常用,能够将水喷洒成扇形,又有单隙式和双隙式之分,单隙式水幕喷头又可分为下喷型和侧喷型两种,如图 5-16 所示。

（a）

（b）

（c）

图 5-16　缝隙式水幕喷头
（a）单隙式（下喷）　（b）单隙式（侧喷）　（c）双隙式

（二）喷头类型的选择

（1）闭式喷头的公称动作温度。闭式喷头的公称动作温度是在一定的升温速率下,其热敏感元件在液浴中动作时的温度。玻璃球晒水喷头的公称动作温度分为 13 挡,用玻璃球内的工作液颜色进行标识;易熔元件洒水喷头的公称动作温度分为 7 挡,用轭臂或相应位置的颜色进行标识,具体见表 5-6。设置场所内选择闭式喷头时,其公称动作温度宜高于环境最高温度 30 ℃。

表 5-6　闭式喷头的公称动作温度和颜色标识

普通喷头				ESFR 喷头				家用喷头			
玻璃球洒水喷头		易熔元件洒水喷头		玻璃球洒水喷头		易熔元件洒水喷头		玻璃球洒水喷头		易熔元件洒水喷头	
公称动作温度（℃）	液体色标	公称动作温度（℃）	轭臂色标	公称动作温度（℃）	液体色标	公称动作温度（℃）	轭臂色标	公称动作温度（℃）	液体色标	公称动作温度（℃）	轭臂色标
57	橙	57~77	本色	68	红	68~74	无色标	57	橙	57~77	未标色
68	红										
79	黄	80~107	白					68	红		
93	绿										
107	绿	121~149	蓝					79	黄		
121	蓝										
141	蓝	163~191	红								
163	紫			93	绿	93~104	白	93	绿	78~107	白
182	紫	204~246	绿								
204	黑							107	绿		
227	黑	260~302	橙								
260	黑	320~343	黑								
343	黑										

（2）闭式喷头的安装高度。为使闭式喷头及时受热开放，并使开放喷头的洒水有效覆盖起火范围，在设置闭式系统的场所，洒水喷头类型和场所的最大净空高度应符合表5-7的规定，且同一隔间内应采用相同热敏性能的洒水喷头。仅用于保护室内钢屋架等建筑构件的洒水喷头和设置货架内置洒水喷头的场所，可不受此表规定的限制。

表 5-7　闭式喷头类型和场所净空高度

设置场所		喷头类型			场所净空高度 h（m）
		一只喷头的保护面积	响应时间性能	流量系数 K	
民用建筑	普通场所	标准覆盖面积洒水喷头	快速响应喷头 特殊响应喷头 标准响应喷头	$K \geqslant 80$	$h \leqslant 8$
		扩大覆盖面积洒水喷头	快速响应喷头	$K \geqslant 80$	
	高大空间场所	标准覆盖面积洒水喷头	快速响应喷头	$K \geqslant 115$	$8 < h \leqslant 12$
		非仓库型特殊应用喷头			
		非仓库型特殊应用喷头			$12 < h \leqslant 18$
厂房		标准覆盖面积洒水喷头	特殊响应喷头 标准响应喷头	$K \geqslant 80$	$h \leqslant 8$
		扩大覆盖面积洒水喷头	标准响应喷头	$K \geqslant 80$	
		标准覆盖面积洒水喷头	特殊响应喷头 标准响应喷头	$K \geqslant 115$	$8 < h \leqslant 12$
		非仓库型特殊应用喷头			
仓库		标准覆盖面积洒水喷头	特殊响应喷头 标准响应喷头	$K \geqslant 80$	$h \leqslant 9$
		仓库型特殊应用喷头			$h \leqslant 12$
		早期抑制快速响应喷头			$h \leqslant 13.5$

（3）湿式系统喷头的选择：

①不做吊顶的场所，当配水支管布置在梁下时，应采用直立型洒水喷头；

②吊顶下布置的洒水喷头，应采用下垂型洒水喷头或吊顶型洒水喷头；

③顶板为水平面的轻危险级、中危险级Ⅰ级住宅建筑、宿舍、旅馆建筑客房、医疗建筑病房和办公室，可采用边墙型洒水喷头；

④易受碰撞的部位，应采用带保护罩的洒水喷头或吊顶型洒水喷头；

⑤顶板为水平面，且没有梁、通风管道等障碍物影响喷头洒水的场所，可采用扩大覆盖面积洒水喷头；

⑥住宅建筑和宿舍、公寓等非住宅类居住建筑宜采用家用喷头；

⑦不宜选用隐蔽式洒水喷头，确需采用时，应仅用于轻危险级和中危险级Ⅰ级场所。

（4）干式系统、预作用系统应采用直立型洒水喷头或干式下垂型洒水喷头。

（5）雨淋系统的防护区内应采用相同的洒水喷头。

（6）自动喷水防护冷却系统可采用边墙型洒水喷头。

（7）防火分隔水幕应采用开式洒水喷头或水幕喷头，防护冷却水幕应采用水幕喷头。

（8）在水喷雾系统中，应根据保护对象的不同，选用不同规格、类型的水雾喷头，一个保护对象可以选用不同规格的水雾喷头，总的原则是以均匀的设计喷雾强度完整地包围保护对象。

①扑救电气火灾，应选用离心雾化型水雾喷头。

②室内粉尘场所设置的水雾喷头应带防尘帽，室外设置的水雾喷头宜带防尘帽。

③为防止喷头堵塞，离心雾化型水雾喷头应带柱状过滤网。

（9）三种特殊喷头的选择见表 5-8。

表 5-8　三种特殊喷头的主要应用场所

喷头类型	应用场所
快速响应洒水喷头（湿式系统）	（1）公共娱乐场所、中庭环廊； （2）医院、疗养院的病房及治疗区域，老年、少儿、残疾人的集体活动场所； （3）超出消防水泵接合器供水高度的楼层； （4）地下商业场所
早期抑制快速响应喷头	（1）最大净空高度不超过 13.5 m 且最大储物高度不超过 12.0 m，储物类别为仓库危险级Ⅰ、Ⅱ级或沥青制品、箱装不发泡塑料的仓库及类似场所； （2）最大净空高度不超过 12.0 m 且最大储物高度不超过 10.5 m，储物类别为袋装不发泡塑料、箱装发泡塑料和袋装发泡塑料的仓库及类似场所
仓库型特殊应用喷头	（1）最大净空高度不超过 12.0 m 且最大储物高度不超过 10.5 m，储物类别为仓库危险级Ⅰ、Ⅱ级或箱装不发泡塑料的仓库及类似场所； （2）最大净空高度不超过 7.5 m 且最大储物高度不超过 6.0 m，储物类别为袋装不发泡塑料和箱装发泡塑料的仓库及类似场所

（三）喷头的布置

直立型、下垂型标准覆盖面积洒水喷头的间距不应大于表 5-9 中的给定值，且不宜小于 1.8 m；直立型、下垂型扩大覆盖面积洒水喷头应采用正方形布置，其布置间距不应大于表 5-10 中的给定值，且不应小于 2.4 m。

表 5-9　直立型、下垂型标准覆盖面积洒水喷头的布置间距

火灾危险等级	正方形布置的边长（m）	矩形或平行四边形布置的长边边长（m）	一只喷头的最大保护面积（m²）	喷头与端墙的距离（m）最大	喷头与端墙的距离（m）最小
轻危险级	4.4	4.5	20.0	2.2	0.1
中危险级Ⅰ级	3.6	4.0	12.5	1.8	0.1
中危险级Ⅱ级	3.4	3.6	11.5	1.7	0.1
严重危险级、仓库危险级	3.0	3.6	9.0	1.5	0.1

注：1. 设置单排洒水喷头的闭式系统，其洒水喷头间距应按地面不留漏喷空白点确定。

2. 严重危险级或仓库危险级场所宜采用流量系数大于 80 的洒水喷头。

表 5-10　直立型、下垂型扩大覆盖面积洒水喷头的布置间距

火灾危险等级	正方形布置的边长（m）	一只喷头的最大保护面积（m²）	喷头与端墙的距离（m）	
			最大	最小
轻危险级	5.4	29.0	2.7	
中危险级Ⅰ级	4.8	23.0	2.4	0.1
中危险级Ⅱ级	4.2	17.5	2.1	
严重危险级	3.6	13.0	1.8	

　　对仅在走道内设置单排喷头保护时，其喷头布置应确保走道地面不留漏喷空白点。边墙型标准覆盖面积洒水喷头的最大保护跨度与间距应符合表 5-11 的规定。边墙型扩大覆盖面积洒水喷头的最大保护跨度和配水支管上洒水喷头的间距，应按洒水喷头工作压力下能够喷湿对面墙和邻近端墙距溅水盘 1.2 m 高度以下的墙面确定。

表 5-11　边墙型标准覆盖面积洒水喷头的最大保护跨度与间距

火灾危险等级	配水支管上喷头的最大间距（m）	单排喷头的最大保护跨度（m）	两排相对喷头的最大保护跨度（m）
轻危险级	3.6	3.6	7.2
中危险级Ⅰ级	3.0	3.0	6.0

注：1. 两排相对洒水喷头应交错布置。

2. 室内跨度大于两排相对喷头的最大保护跨度时，应在两排相对喷头中间增设一排喷头。

二、报警阀组

　　报警阀组是自动喷水灭火系统的专用阀门，设置在系统立管上，进口连接系统水源（消防水泵、高位消防水箱和消防水泵接合器），出口连接配水管道和喷头。报警阀平时关闭，发生火灾时自动向上打开，接通水源，并发送报警信号。

（一）报警阀组的类型

　　报警阀组主要有湿式报警阀组、干式报警阀组、雨淋报警阀组、预作用报警阀组和感温雨淋报警阀组等类型。

1. 湿式报警阀组

　　湿式报警阀组应用于湿式系统中，主要由湿式报警阀、报警信号管路、延迟器、水力警铃、压力开关、排水管路、试验管路及压力表等构成，如图 5-17 所示。

　　1）湿式报警阀

　　湿式报警阀是一种只允许水流入自动灭火系统并在规定压力、流量下驱动配套部件报警的单向阀。按其结构形式，可分为蝶阀型、导阀型和隔板座圈型三种，其中隔板座圈型应用最多。伺应状态下，湿式报警阀的主阀板关闭，报警信号管路无水，报警阀不报警。当系统侧泄水时，作用于阀板上表面的压力下降，阀板被自动向上推开。并且，水流进入报警信

号管路,启动压力开关、冲击水力警铃,实现报警。当配水管路中的水压恢复后,主阀板自动回落,湿式报警阀重新关闭。

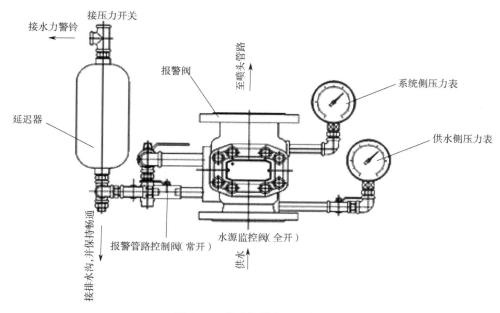

图 5-17　湿式报警阀组结构

2)报警信号管路

报警信号管路用于连接报警阀与延迟器、压力开关和水力警铃,其上设置常开的控制阀。报警阀关闭时,报警信号管路内无水无压;报警阀开启时,报警信号管路进水,并将压力水输送至压力开关和水力警铃。

3)延迟器

延迟器是可最大限度减少因水源压力波动或冲击而造成报警阀误报警的一种容积式装置。延迟器一般安装在报警信号管路前端,罐体容量一般为 6~10 L,延迟时间为 5~90 s,且只设置在湿式报警阀组中。

4)水力警铃

水力警铃是利用水流的冲击力发出声响的报警装置,一般安装于报警信号管路末端,由警铃、铃锤、转动轴、输水管等组成。水力警铃应设在有人值班的地点附近或公共通道的外墙上,其工作压力不应小于 0.05 MPa,且与报警阀连接的管道管径应为 20 mm,总长不宜大于 20 m。

5)压力开关

压力开关是能将水压信号转换为报警信号的报警装置,一般垂直安装在延迟器与水力警铃之间的信号管道上,当报警信号管路充满报警水流并达到设定水压时,压力开关动作部件受压并产生位移,触动信号输出部件,将水压信号转化为电信号发出。压力开关的信号应直接启动消防水泵,同时也会输送到报警控制器。

6）排水管路、试验管路及压力表

排水管路连接在湿式报警阀阀板以上的出水腔一侧，其上设置排水阀。此排水阀平时关闭，在进行系统排水或检测时开启。

试验管路连接在湿式报警阀阀板以下的进水腔和报警信号管路入口之间，其上设置试验阀。此试验阀平时关闭，在对水力警铃和压力开关进行测试时开启，可将压力水直接输送到报警信号管路。

在报警阀组的出水腔和进水腔均应设置压力表，用于显示系统在各种状态下的配水压力和供水压力。

2. 干式报警阀组

干式报警阀组主要由干式报警阀、水力警铃、压力开关、充气管路、控制阀等组成，如图5-18所示。干式报警阀是在其出口侧充以压缩气体，当气压低于某一设定值时能使水自动流入喷水系统并进行报警的单向阀。根据结构和原理不同，干式报警阀可分为差动式和机械式两种形式。

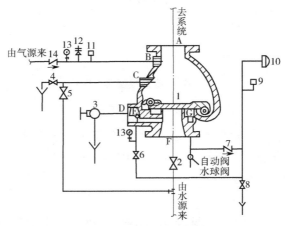

图 5-18　干式报警阀组

A—报警阀出口；B—充气口；C—注水排水口；D—主排水口；E—试警铃口；F—供水口；G—信号报警口；
1—报警阀；2—水源控制阀；3—主排水阀；4—排水阀；5—注水阀；6—试警铃阀；7—止回阀；8—小孔阀；
9—压力开关；10—警铃；11—低压开关；12—安全阀；13—压力表；14—止回阀

干式报警阀的阀瓣将阀体分成两部分，出口侧与系统管路相连，内充压缩空气，进口侧与水源相连，配水管道中的气压抵住阀瓣，使配水管道始终保持干管状态，通过两侧气压和水压的变化控制阀瓣的封闭和开启。

伺应状态下，阀板保持关闭。当系统侧泄压时，干式报警阀的阀板自动向上开启，压力水由水源侧进入系统侧，同时部分水流进入报警信号管路，引起压力开关和水力警铃报警。

干式报警阀的充气管路连接充气腔，其上设有低压开关、压力表、安全阀和单向阀等组件。当系统侧气压低于设定压力值时，低压开关能够联动启动气泵向系统充气，以保证伺应状态下干式报警阀保持关闭。

3. 雨淋报警阀组

雨淋报警阀组主要由雨淋报警阀、报警信号管路、压力开关、水力警铃、传动控制装置、泄水及试验装置、压力表等构成,如图 5-19 所示。雨淋报警阀组广泛应用于雨淋系统、水幕系统、水喷雾系统等多类开式系统。雨淋报警阀是通过电动、机械或其他方法开启,使水能够自动流入喷水灭火系统,同时进行报警的一种单向阀,按照结构可分为隔膜式、推杆式、活塞式、蝶阀式等。

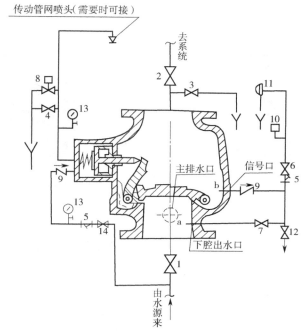

图 5-19　雨淋报警阀组

1—水源控制阀;2—试验控制阀;3—回流放空阀;4—手动启动阀;5—过滤器;6—信号管路控制阀;7—试验阀;
8—电磁阀;9—止回阀;10—压力开关;11—水力警铃;12—自动滴水球阀;13—压力表;14—小孔限流阀

雨淋报警阀内共有 3 个腔,除与供水管路连接的水源腔和与配水管路连接的系统腔外,还有传动腔,该传动腔上连接有电磁阀和手动阀,有些情况下还可连接安装有闭式喷头的传动管。其中,电磁阀可由报警控制器根据火灾探测装置的火警信号远程自动开启,实现雨淋报警阀的自动控制;手动阀可用于现场手动打开雨淋报警阀;而传动管则是通过将闭式喷头设置于系统开式喷头的同一区域,利用发生火灾时闭式喷头能够自动打开喷水的功能实现传动腔泄水泄压,从而自动开启雨淋报警阀。

伺应状态下,雨淋报警阀的系统腔无水无压,而传动腔与供水管路相连,充有压力水,且与水源腔水压相同,传动腔与水源腔的压力平衡使雨淋报警阀关闭。当传动腔泄水泄压时,雨淋报警阀即可自动开启。

4. 预作用报警阀组

预作用报警阀组用于预作用系统的控制,由雨淋阀、单向阀、报警信号管路、压力开关、水力警铃、充气装置、传动控制装置、泄水及试验装置、压力表等构成,如图5-20所示。其中,单向阀的作用是使配水管路形成封闭管路,使配水管路中能保持一定气压,一般可利用湿式报警阀代替。

5. 感温雨淋报警阀

感温雨淋报警阀是一种简易的小型雨淋报警阀,可用于小型水幕系统的控制,如图5-21所示。其传动腔上直接连接一个闭式喷头,当这个闭式喷头受热打开时,传动腔泄压,感温雨淋报警阀开启,压力水进入水幕配水管路,并从喷头喷出形成水幕。

图5-20 预作用报警阀组

图5-21 感温雨淋报警阀

(二)报警阀组的设置要求

(1)保护室内钢屋架等建筑构件的闭式系统,应设独立的报警阀组。水幕系统应设独立的报警阀组或感温雨淋报警阀。

(2)串联接入湿式系统配水干管的其他自动喷水灭火系统,应分别设置独立的报警阀组,其控制的洒水喷头数计入湿式报警阀组控制的洒水喷头总数。

(3)一个报警阀组控制的洒水喷头数,湿式系统、预作用系统不宜超过800只;干式系统不宜超过500只;当配水支管同时设置保护吊顶下方和上方空间的洒水喷头时,应只将数量较多一侧的洒水喷头数计入报警阀组控制的洒水喷头总数。

(4)每个报警阀组供水的最高与最低位置洒水喷头的高程差不宜大于50 m。

(5)雨淋报警阀组的电磁阀的入口应设过滤器,并联设置雨淋报警阀组的雨淋系统的雨淋报警阀控制腔的入口应设止回阀。

(6)报警阀组宜设在安全及易于操作的部位,报警阀距地面的高度宜为1.2 m,且设置报警阀组的部位应设有排水设施。

(7)连接报警阀进出口的控制阀应采用信号阀,当不采用信号阀时,控制阀应设锁定阀位的锁具。

三、水流报警装置

(一)水流指示器

水流指示器是将水流动信号转换为输出电信号送至报警器或控制中心,并能够显示喷头喷水区域的监控报警装置,主要有法兰式、马鞍式、焊接式和丝口式等,如图 5-22 所示。

（a）　　　　　　　（b）　　　　　　　（c）　　　　　　　（d）

图 5-22　水流指示器

（a）法兰式　（b）马鞍式　（c）焊接式　（d）丝口式

水流指示器主要由本体、微动开关、桨片及法兰底座等组成。水流指示器竖直安装在系统配水管网的水平管路上,当有水流过时,流动的水推动桨片动作,桨片带动整个联动杆摆动一定角度,从而带动信号输出组件的触点闭合,使电接点接通,将水流动信号转换为电信号输送给报警控制器。水流指示器的功能是及时报告发生火灾的部位,其设置应满足以下要求:

（1）除报警阀组控制的洒水喷头只保护不超过防火分区面积的同层场所外,每个防火分区、每个楼层均应设水流指示器,当一个湿式报警阀组仅控制一个防火分区或一个楼层的喷头时,可不设水流指示器;

（2）仓库内顶板下洒水喷头与货架内置洒水喷头应分别设置水流指示器;

（3）当水流指示器入口前设置控制阀时,应采用信号阀。

（二）压力开关

压力开关是自动喷水灭火系统中启动水泵并报警的重要装置。自动喷水灭火系统应采用压力开关控制稳压泵,并应能调节启停压力。在雨淋系统和防火分隔水幕系统中,其水流报警装置应采用压力开关。

四、末端试水装置

末端试水装置应由试水阀、压力表以及试水接头组成,如图 5-23 所示。末端试水装置的功能是监测自动喷水灭火系统末端压力,测试系统能否在开启一只喷头的最不利条件下可靠报警并正常启动,并对水流指示器、报警阀、压力开关、水力警铃的动作是否正常,配水管道是否畅通,系统联动功能是否正常等进行综合检验。

一般闭式系统才设置末端试水装置,但可以做冷喷试验的雨淋系统也应设末端试水装置,其设置应满足以下要求:

（1）每个报警阀组控制的最不利点洒水喷头处应设末端试水装置,其他防火分区、楼层均应设直径为 25 mm 的试水阀;

（2）试水接头出水口的流量系数应等同于同楼层或防火分区内的最小流量系数洒水喷

头,末端试水装置的出水应采取孔口出流的方式排入排水管道,排水立管宜设伸顶通气管且管径不应小于 75 mm;

（3）为了保证末端试水装置的可操作性和可维护性,末端试水装置和试水阀应有标识,距地面的高度宜为 1.5 m,并应采取不被他用的措施。

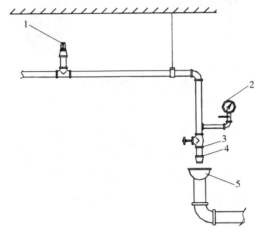

图 5-23　末端试水装置

1—最不利点喷头;2—压力表;3—试水阀;4—试水接头;5—排水漏斗

五、管道

在自动喷水灭火系统中,报警阀组前的管道称为供水管道,报警阀组后的管道称为配水管道。配水管道又可分为配水立管、配水干管、配水管、配水支管和短立管,如图 5-24 所示。其中,每根短立管及末端试水装置的连接管的管径不应小于 25 mm。

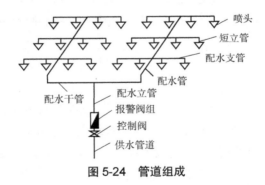

图 5-24　管道组成

自动喷水灭火系统的配水管道可采用内外壁热镀锌钢管、涂覆钢管、铜管、不锈钢管和氯化聚氯乙烯管。洒水喷头与配水管道可采用消防洒水软管连接,消防洒水软管由挠性金属软管及洒水喷头调整固定装置组成,应设置在吊顶内,长度不应超过 1.8 m。

（一）供水管道

当自动喷水灭火系统中设有两个及以上报警阀组时,报警阀组前应设环状供水管道。

环状供水管道上设置的控制阀应采用信号阀；当不采用信号阀时，应设锁定阀位的锁具。

（二）配水管道

自动喷水灭火系统的配水管道，根据喷头布置情况、配水支管与配水管的连接、配水管与配水干管连接等，可采用侧边中心型给水、侧边末端型给水、中央中心型给水、中央末端型给水等布置方式，如图 5-25 所示。

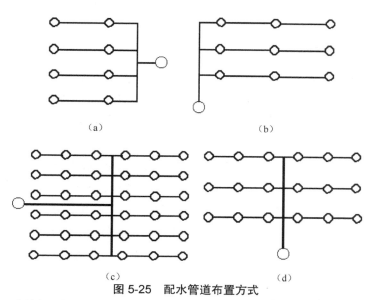

图 5-25 配水管道布置方式
（a）侧边中心型给水 （b）侧边末端型给水 （c）中央中心型给水 （d）中央末端型给水

配水管道的工作压力不应大于 1.20 MPa，并不应设置其他用水设施。配水管道的布置应使配水管入口的压力均衡。轻危险级、中危险级场所中各配水管入口的压力均不宜大于 0.40 MPa。

为防止配水支管过长，水头损失增加，要求配水管两侧每根配水支管控制的标准喷头数应符合：

（1）轻危险级、中危险级场所不应多于 8 只，同时在吊顶上、下安装喷头的配水支管，上、下侧的喷头数均不应超过 8 只；

（2）严重危险级及仓库危险级场所均不应超过 6 只。

为保证系统的可靠性和尽量均衡系统管道的水力性能，对于轻危险级、中危险级场所不同直径的配水支管、配水管所控制的标准喷头，不应超过表 5-12 的规定。

表 5-12 配水支管、配水管控制的标准喷头数

公称直径（mm）	控制的标准喷头数（只）	
	轻危险级场所	中危险级场所
25	1	1
32	3	3

公称直径（mm）	控制的标准喷头数（只）	
	轻危险级场所	中危险级场所
40	5	4
50	10	8
65	18	12
80	48	32
100	—	64

系统的管道管径应根据管道允许流速和所通过的流量确定。其中,管道内的水流速度宜采用经济流速,必要时可超过 5 m/s,但利用减压设施减压的特殊情况下不应大于 10 m/s。为简化计算,也可根据经验按照不同管径配水管上最多允许安装的喷头数,对管道管径进行估算。

干式系统和预作用系统的配水管道,可用空气压缩机充气,当空气压缩站能保证不间断供气时,也可由空气压缩站供气。其供气管道,采用钢管时,管径不宜小于 15 mm;采用铜管时,管径不宜小于 10 mm。其配水管道内的气压值,应根据报警阀的技术性能确定;利用有压气体检测管道是否严密的预作用系统,配水管道内的气压值不宜小于 0.03 MPa,且不宜大于 0.05 MPa。此外,配水管道应设快速排气阀,以便系统启动后,管道尽快排气充水。有压充气管道的快速排气阀入口前应设电动阀,该阀平时常闭,系统充水时打开;其他系统应在其负责区管道的最高点设置排气阀或排气口。

第三节　系统设计流量与压力

一、设计基本参数

自动喷水灭火系统设计基本参数包括设计喷水强度、设计作用面积和持续喷水时间等。这些设计基本参数应根据不同的设置场所情况及系统类型确定,同时还应充分考虑防护对象的火灾特性、火灾危险等级、室内净高、储物高度、室内环境等因素对系统正常运行和正常发挥功能的影响。

（一）湿式系统

净空高度在 8 m 以下的民用建筑和厂房采用湿式系统时的设计基本参数,不应低于表 5-13 的要求。

表 5-13　民用建筑和厂房采用湿式系统的设计基本参数

火灾危险等级		最大净空高度 h(m)	喷水强度 [L/(min·m²)]	作用面积(m²)
轻危险级			4	160
中危险级	Ⅰ级	$h \leqslant 8$	6	
	Ⅱ级		8	
严重危险级	Ⅰ级		12	260
	Ⅱ级		16	

注：系统最不利点处洒水喷头的工作压力不应低于 0.05 MPa。

民用建筑和厂房高大空间场所采用湿式系统的设计基本参数，不应低于表 5-14 的规定。

表 5-14　民用建筑和厂房高大空间场所湿式系统的设计基本参数

场所		最大净空高度 h(m)	喷水强度 [L/(min·m²)]	作用面积(m²)	喷头间距 S(m)
民用建筑	中庭、体育馆、航站楼等	$8 < h \leqslant 12$	12	160	$1.8 \leqslant S \leqslant 3.0$
		$12 < h \leqslant 18$	15		
	影剧院、音乐厅、会展中心等	$8 < h \leqslant 12$	15		
		$12 < h \leqslant 18$	20		
厂房	制衣制鞋、玩具、木器、电子生产车间等	$8 < h \leqslant 12$	15		
	棉纺厂、麻纺厂、泡沫塑料生产车间等		20		

注：1. 表中未列入的场所，应根据本表规定场所的火灾危险性类比确定。

2. 当民用建筑高大空间场所的最大净空高度为 12 m<$h \leqslant$ 18 m 时，应采用非仓库型特殊应用喷头。

仓库及类似场所（如最大净空高度超过 8 m 的超级市场）采用湿式系统的设计基本参数与危险等级、储物方式、储物高度、最大净空高度及选用的喷头类型等有关。在此类场所中，当采用货架储物时应采用钢质货架，并应采用通透层板，且层板中通透部分的面积不应小于层板总面积的 50%。采用木质货架及封闭层板货架的仓库，其系统设置应按堆垛储物仓库设计。

仅在走道设置洒水喷头的闭式系统，其作用面积应按最大疏散距离所对应的走道面积确定。

装设网格、栅板类通透性吊顶的场所，系统的喷水强度应按表 5-13、表 5-14 中对应数值的 1.3 倍确定。

当采用防护冷却系统保护防火卷帘、防火玻璃墙等防火分隔设施时，系统应独立设置，且应符合下列要求：

（1）喷头设置高度不应超过 8 m，喷头设置高度不超过 4 m 时，喷水强度不应小于 0.5 L/(s·m)，当超过 4 m 时，每增加 1 m，喷水强度应增加 0.1 L/(s·m)；

（2）持续喷水时间不应小于系统设置部位的耐火极限要求。

（二）干式系统

干式系统的喷水强度应按表 5-13、表 5-14 中的规定值确定,作用面积应按对应值的 1.3 倍确定。

（三）预作用系统

预作用系统的喷水强度应按表 5-13、表 5-14 中的规定值确定。

当预作用系统采用仅由火灾自动报警系统直接控制预作用装置时,系统的作用面积应按表 5-13、表 5-14 中的规定值确定;当系统采用由火灾自动报警系统和充气管道上设置的压力开关控制预作用装置时,系统的作用面积应按表 5-13、5-14 中对应值的 1.3 倍确定。

（四）雨淋系统

雨淋系统的喷水强度和作用面积按表 5-13、表 5-14 中的规定值确定,且每个雨淋报警阀控制的喷水面积不宜大于表 5-13 中的作用面积。

（五）水幕系统

水幕系统的设计基本参数应符合表 5-15 的规定。

表 5-15　水幕系统的设计基本参数

水幕系统类别	喷水点高度 h（m）	喷水强度 [L/（s·m）]	喷头工作压力（MPa）
防火分隔水幕	$h \leqslant 12$	2.0	0.1
防护冷却水幕	$h \leqslant 4$	0.5	

注:1. 防护冷却水幕的喷水点高度每增加 1 m,喷水强度应增加 0.1 L/（s·m）,但超过 9 m 时喷水强度仍采用 1.0 L/（s·m）。
2. 系统持续喷水时间不应小于系统设置部位的耐火极限要求。

二、系统设计流量

自动喷水灭火系统设计流量应按最不利点处作用面积内喷头同时喷水的总流量确定。

（一）喷头的流量和保护面积

每只喷头的流量可按下式计算:

$$q = K\sqrt{10P} \tag{5-1}$$

式中　　q——每只喷头的流量,L/min;

　　　　K——喷头的公称流量系数,有 57、80、115、161、202 等;

　　　　P——喷头处的工作压力,MPa。

1 只喷头的保护面积是指同一根配水支管上相邻洒水喷头的距离与相邻配水支管之间距离的乘积,即由 4 只喷头围成的图形的正投影面积,如图 5-26 所示。其中,喷头 A、B、C、D 成正方形布置,4 只喷头同时喷水时,假设最不利点相邻 4 只喷头的流量相等,则每只喷头恰好有四分之一的水量喷洒在 A、B、C、D 面积内,此 4 只喷头的平均保护面积等于 1 只喷头的有效保护面积：

$$A_s = \frac{q_0}{q_u} \qquad (5-2)$$

式中　A_s——1 只喷头的保护面积，$\mathrm{m^2}$；

　　　q_0——最不利点喷头流量，$\mathrm{L/min}$；

　　　q_u——设计喷水强度，$\mathrm{L/(min \cdot m^2)}$。

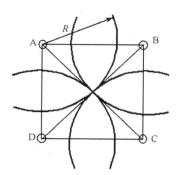

图 5-26　1 只喷头的保护面积示意图

（二）最不利点处作用面积的确定

进行自动喷水灭火系统的水力计算时，需首先确定系统最不利点处喷头的位置，然后确定最不利点处作用面积对应的同时洒水的喷头数量和位置，具体步骤及方法如下。

1. 确定最不利点处作用面积的基本形状

水力计算选定的最不利点处作用面积的形状宜为矩形，其长边应平行于配水支管，长边的最小长度可按下式计算：

$$L_C = 1.2\sqrt{A} \qquad (5-3)$$

式中　L_C——最不利点处作用面积长边的最小长度，m；

　　　A——系统作用面积，$\mathrm{m^2}$。

2. 确定最不利点处作用面积长边对应的喷头数

最不利点处作用面积长边所对应的喷头数可按下式计算：

$$n_L = \frac{L_C}{S} \qquad (5-4)$$

式中　n_L——最不利点处作用面积长边所包含的动作喷头数，个；

　　　L_C——最不利点处作用面积长边的最小长度，m；

　　　S——喷头布置间距，m。

3. 确定最不利点处作用面积内的动作喷头数

最不利点处作用面积内的动作喷头数可按下式计算：

$$n = \frac{A}{A_s} \qquad (5-5)$$

式中　n——最不利点处作用面积内的动作喷头数，取整数；

A——系统作用面积,m²;

A_s——1 只喷头的保护面积,m²。

4. 确定最不利点处作用面积的具体形状

最不利点处作用面积在管网中的具体形状,可根据上述已知的 n 和 n_L,并按照其长边与配水支管平行的要求,在管网平面布置图中的最不利点部位画出作用面积的具体形状。当矩形不能包含最不利点处作用面积内的动作喷头数量时,其作用面积的形状可选用凸块的矩形。如图 5-27 所示的虚线部分分别为枝状管网和环状管网最不利点处作用面积的位置及具体形状。

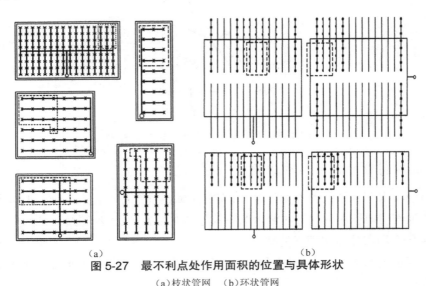

（a）   （b）

图 5-27 最不利点处作用面积的位置与具体形状

（a）枝状管网 （b）环状管网

（三）系统设计流量的计算

1. 面积计算法

面积计算法是一种估算系统设计流量的方法,自动喷水灭火系统在方案以及初步设计阶段,可采用该方法预估系统设计流量。其假设自动喷水灭火系统喷头工作压力均相同,能够在作用面积内按设计喷水强度均匀洒水,其计算公式为

$$Q_s = \frac{1}{60} k q_u A \tag{5-6}$$

式中 Q_s——系统设计流量,L/s;

      k——修正系数,取 1.15~1.30;

      q_u——设计喷水强度,L/(min·m²);

      A——设计作用面积,m²。

2. 逐点计算法

逐点计算法是一种通过水力计算,逐个确定最不利点处作用面积内所有喷头的工作压力与流量,来确定系统设计流量的方法,其计算公式为

$$Q_s = \frac{1}{60} \sum_{i=1}^{n} q_i \qquad (5\text{-}7)$$

式中　Q_s——系统设计流量,L/s;

　　　n——最不利点处作用面积内所有动作喷头数;

　　　q_i——最不利点处作用面积内每个喷头的实际流量,L/min。

3. 计算要求

（1）当建筑内设有不同类型的系统或有不同危险等级的场所时,系统的设计流量应按其设计流量的最大值确定。

（2）当建筑物内同时设有自动喷水灭火系统和水幕系统时,系统的设计流量应按同时启用的自动喷水灭火系统和水幕系统的用水量计算,并取两者之和中的最大值确定。

（3）雨淋系统的设计流量应按雨淋报警阀控制的喷头的流量之和确定。多个雨淋报警阀并联的雨淋系统的设计流量应按同时启用雨淋报警阀的流量之和的最大值确定。

（4）设置货架内喷头的仓库,顶板下喷头与货架内喷头应分别计算设计流量,并应按其设计流量之和确定系统的设计流量。

三、系统压力

自动喷水灭火系统入口的供水压力可按下式计算:

$$H = (1.2 \sim 1.4) \sum P_p + P_0 + Z - h_c \qquad (5\text{-}8)$$

式中　H——消防水泵扬程或系统入口的供水压力,MPa;

　　　$\sum P_p$——管道总水头损失,MPa;

　　　P_0——最不利点处喷头的工作压力,MPa;

　　　Z——最不利点处喷头与消防水池最低水位或系统入口管水平中心线间的静水压,当系统入口管或消防水池最低水位高于最不利点处喷头时,Z应取负值,MPa;

　　　h_c——从城市市政给水管网直接抽水时城市管网的最低水压,MPa,当从消防水池吸水时 h_c 取 0。

第四节　系统的检测

一、系统组件检测

（一）喷头检测

（1）喷头本体不应变形,且无附着物、悬挂物。

（2）喷头周围不应存在影响及时响应火灾温度的障碍物。

（3）喷头周围及下方不应存在影响洒水的障碍物。

（4）货架内喷头的保护措施、集热装置、防水措施等应完好。

（5）备用喷头数量应符合要求。

（二）报警阀组检测

1. 湿式报警阀组

1）外观检查

（1）检查湿式报警阀组是否有注明系统名称和保护区域的标志。

（2）检查系统侧压力表、供水侧压力表显示值是否相近，且达到设计要求。

（3）常开的报警管路控制阀应处于完全开启状态。

2）报警阀前控制阀检查

（1）常开的报警阀前控制阀应完全开启，并用锁具固定手轮，且启闭标志应明显。

（2）按手轮上标示的关闭方向转动手轮，配接的输入模块上动作指示灯应点亮，火灾报警控制器应收到监管报警信号。

3）延迟器、水力警铃、压力开关功能测试

将喷淋泵组电气控制柜设置于"手动"模式；打开水力警铃测试阀，使用秒表检查延迟器的延迟时间应为 30 s；使用声级计，在距离水力警铃 3 m 远处，测得水力警铃声强值应不小于 70 dB；设有多组水力警铃的，还应检查水力警铃标志与所服务区域是否一致，且水力警铃之间不应存在相互干扰等；水力警铃及延迟器的排水措施应有效；消防控制室应收到压力开关的报警信号。

4）湿式报警阀的报警功能测试

将喷淋泵组电气控制柜设置于"手动"模式，打开报警阀的试验／排水阀，检测延迟器、水力警铃、压力开关的相关功能，具体检查参照上面内容。

5）压力开关联动启泵功能测试

将喷淋泵组电气控制柜设置于"自动"模式，关闭报警阀后控制阀，打开测试阀，水力警铃应报警，在水泵房应能观察到喷淋泵组启动，消防控制室应收到压力开关报警信号、喷淋泵组启动反馈信号等。

2. 干式报警阀组检测

干式报警阀组的外观检查、报警阀前控制阀检查参照湿式报警阀组的检查方法。

1）主排水试验

主排水试验的目的是检查系统的供水是否设计合理、是否通畅，利用静压值和余压值与以前测得的数值进行对比，能确定阀门是否部分关闭或管道是否存在堵塞。在进行此试验之前，应先打开主排水阀排水以冲洗供水管路，保证排水口流出的水清洁。

主排水试验的步骤如下：

（1）在报警阀处于伺应状态，主排水阀关闭时，观察并记录水压表读数，此读数即为供水静压值；

（2）缓慢开启主排水阀，直至完全打开，观察排水管排出水流是否稳定，若排出水流稳定继续下步操作，若水流不稳定应检查排水管内是否有堵塞物；

（3）让水流动，当水压表读数下降至稳定值时，记录水压表读数，此读数即为余压值；

（4）缓慢关闭主排水阀，将水的静压值和余压值与以前测定的数值进行对比（首次测定时，对于一个设计合理的供水管道系统，余压值不应小于静压值的60%），若相差在10%范围内，可认为供水状况良好。

2）压力开关、水力警铃报警试验

干式系统不能用开启末端试水阀来定期检查系统的报警功能，因为这会使整个干式系统管网都充满水，而排水和系统复位要花费很多时间。根据干式系统的实际情况，其报警试验步骤如下：

（1）打开试铃阀，使报警管路内充入压力水流，压力开关动作，水力警铃报警；

（2）关闭试铃阀，停止报警；

（3）打开报警管路上的排水阀将水排尽，关闭排水阀。

本试验应在气候温暖时进行，最好在夏季进行，从而使在寒冷期间积存的凝聚物全部从系统管道排放出去。

3. 雨淋报警阀组检测

雨淋报警阀组的外观检查参照湿式报警阀组；压力开关、水力警铃报警试验参照干式报警阀组。雨淋报警阀组进行功能检测时，将雨淋自动喷水灭火系统消防水泵电气控制柜设置于"手动"模式，关闭系统侧阀门，打开排水阀，按以下步骤操作。

（1）手动启动功能。打开手动阀，压力表读数应下降至"0"，排水阀应排水，水力警铃应报警，消防控制室应收到压力开关警信号。

（2）火灾探测报警系统启动功能。使用火灾探测器功能试验器材模拟火灾探测器产生火灾报警信号，火灾报警控制器应发出启动电磁阀的命令，排水阀应排水，压力表读数应下降，水力警铃应正常报警。

（3）闭式传动管启动功能。打开闭式传动管上安装的模拟测试装置（末端试验装置），排水阀应排水，压力表读数下降，水力警铃应正常报警。

4. 预作用报警阀组

预作用报警阀组的外观检查，压力开关、水力警铃报警试验，以及功能试验参照雨淋报警阀组。

对于配水管道充气的预作用装置，空气维持装置功能检测方法如下：打开系统侧模拟试验装置（电动或手动排气阀），消防控制室应收到低气压报警信号，空气压缩机应自动启动；关闭模拟试验装置，空气压缩机应停机。

（三）水流指示器检测

1. 外观检查

（1）水流指示器外观应有明显标志。

（2）水流指示器前阀门应完全开启，标志应清晰正确。

（3）采用信号阀的，当信号阀关闭时，应能向消防控制室发出报警信号。

（4）连接水流指示器的信号模块应处于正常工作状态，水流指示器与信号模块间连接线应牢固，线路保护措施应完好。

2. 报警功能试验

打开水流指示器所辖区域的末端试水装置；设置在消防控制室内的火灾报警控制器、安装在楼梯前室等部位的火灾显示盘应能接收并显示水流指示器报警信号；关闭末端试水装置，复位火灾探测报警系统，水流指示器应能恢复至正常工作状态。

（四）管网检测

（1）管网上标示区域、流向、系统属性的标志应清晰。

（2）管道上不应承载其他建筑构件、装修材料。

（3）管道及连接处应无锈蚀、变形。

（4）管道支吊架、防护套管等应完好。

（5）管道上不应存在其他用水管道。

（6）管网上安装的闸阀、止回阀、信号阀、减压孔板、节流管、减压阀、柔性接头、排水管、排气阀、泄压阀等应处于正常启闭状态，且标识应完好。

二、系统功能检测

（一）湿式系统功能检测

湿式系统的功能检测可按以下步骤进行。

（1）开启末端试水装置，观察压力表，其读数应不低于 0.05 MPa。

（2）在消防水泵房查看湿式报警阀、压力开关，湿式报警阀延迟器排水口应排水，敲击延迟器，其回声应发闷。湿式报警阀动作后，使用声级计在距水力警铃 3 m 远处测得的声压级应不低于 70 dB。使用秒表计时，查看自末端试水阀打开至消防水泵启动的时间是否在 5 min 内。

（3）设置在消防控制室内的火灾报警控制器应接收到水流指示器、压力开关及消防水泵的反馈信号。

（4）停止消防水泵，关闭末端试水装置，恢复系统。

（二）干式系统功能检测

干式系统的功能检测可按以下步骤进行。

（1）干式系统处于伺应状态，缓慢开启主排水阀，使供水流动以便清除积聚在供水管道中的脏物；观察排水，确保供水畅通；缓慢关闭主排水阀，等待系统平稳。

（2）开启末端试水阀，观察气压表，其指针应回落。参照湿式系统水力警铃、压力开关检查方法，声报警功能、连锁启泵功能应正常，消防水泵应正常启动。

（3）火灾报警控制器应接收到压力开关动作信号、消防水泵启动反馈信号。

（4）末端试水阀应排出清洁的水。

（5）停止消防泵组，关闭末端试水阀，最后关闭总供水控制阀，停止试验。

（6）排除干式系统中的水，彻底清洁干式阀，更换需要更换的零件，使阀复位（恢复伺应状态）。

（三）预作用系统功能检测

预作用系统的功能检测可按以下步骤进行。

（1）按照预作用阀组功能试验方法，消防联动控制器应能自动启动雨淋阀、电动排气阀、报警管路电磁阀及消防水泵。

（2）检查水流指示器、压力开关，火灾报警控制器应能接收到动作信号，距水力警铃 3 m 远处的声级计显示值不低于 70 dB。

（3）火灾报警控制器确认火灾后 2 min，末端试水装置的出水压力应不低于 0.05 MPa。火灾报警控制器、消防联动控制器应能接收到电磁阀、电动阀、消防水泵的反馈信号。

（四）雨淋系统功能检测

雨淋系统的功能检测可按以下步骤进行。

（1）按照雨淋阀组功能试验方法，消防联动控制器应能自动启动雨淋阀、电磁阀及消防水泵。当采用传动管控制系统时，传动管泄压后，雨淋阀应能自动开启，其压力开关应能连锁启动消防水泵。

（2）检查水流指示器、压力开关，火灾报警控制器应能接收到动作信号，距水力警铃 3 m 远处的声级计显示值不低于 70 dB。火灾报警控制器、消防联动控制器应能接收到电磁阀、消防水泵与压力开关的反馈信号。

（3）并联设置多台雨淋阀组的系统，逻辑控制关系应符合设计要求，并互不影响。

（五）水幕系统功能检测

水幕系统的功能检测参照雨淋系统。

第六章　泡沫灭火系统

泡沫灭火系统是采用泡沫液作为灭火剂,主要用于扑救可燃液体和一般固体火灾的一种灭火系统。该系统主要由消防水源、消防水泵、泡沫灭火剂储存装置、泡沫比例混合装置(器)、泡沫产生装置(器)及管道等组成。该系统是通过泡沫比例混合器将泡沫灭火剂与水按比例混合成泡沫混合液,再经泡沫产生装置形成空气泡沫后,通过有效的施放方法释放到着火对象上实施灭火的系统。该系统具有安全可靠、经济实用、灭火效率高的特点。目前,泡沫灭火系统被广泛应用在石油化工企业生产区、油库、地下工程、汽车库、仓库、煤矿、大型飞机库、船舶等场所。

第一节　概述

泡沫灭火系统依靠泡沫在可燃液体或可燃固体表面形成一定厚度的泡沫覆盖层,通过隔绝氧气使燃烧逐渐终止从而实现灭火、控火。此外,由于泡沫析出的液体基本为水,因此灭火过程同时伴有吸热冷却作用和受热汽化的水蒸气稀释氧的作用。

根据泡沫的发泡倍数,泡沫灭火系统可分为低倍数、中倍数和高倍数泡沫灭火系统。其中,低倍数泡沫灭火系统有应用于储罐的泡沫灭火系统、泡沫 - 水喷淋灭火系统、泡沫炮系统、泡沫枪系统和泡沫喷雾灭火系统等。

一、储罐的低倍数泡沫灭火系统

(一)系统类型

1. 按系统组件的安装情况分类

1)固定式泡沫灭火系统

固定式泡沫灭火系统是由固定的泡沫消防水泵、泡沫比例混合器、泡沫产生器(或喷头)和管道等组成的灭火系统,如图 6-1 所示。该系统具有启动及时、安全可靠、操作方便及自动化程度高等优点,但同时具有投资大、利用率低、平时维护管理复杂等缺点。该系统适用于甲、乙、丙类液体总储量或单罐容量大、火灾危险性大、布置集中、扑救困难且机动消防设施不足的场所,如甲、乙、丙类液体储罐中,单罐容量大于 1 000 m³ 的固定顶罐应设置固定式泡沫灭火系统。

2)半固定式泡沫灭火系统

半固定式泡沫灭火系统是由固定的泡沫产生器与部分连接管道,泡沫消防车或机动消防泵与泡沫比例混合器,用水带连接组成的灭火系统。该系统具有设备简单、投资省、维护管理方便、机动灵活等特点。但与固定式泡沫灭火系统相比,该系统扑救火灾不及时,不适用于特别大的储罐。该系统主要适用于机动消防设施较强的企业附属甲、乙、丙类液体储罐区。

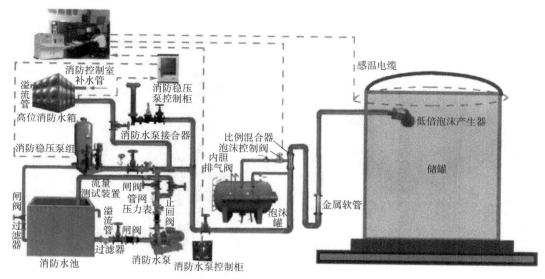

图 6-1　固定式泡沫灭火系统组成示意图

3）移动式泡沫灭火系统

移动式泡沫灭火系统是指在被保护对象上未安装固定泡沫产生器或泡沫管道，由消防车、机动消防泵或有压水源，泡沫比例混合器，泡沫枪、泡沫炮或移动式泡沫产生器，用水带等连接组成的灭火系统。发生火灾时，该系统依靠泡沫消防车、其他移动泡沫供给设备或有压水源连接泡沫枪或泡沫炮等装置向被保护对象供给泡沫并实施灭火。该系统机动灵活，不受初期燃烧爆炸的影响，常作为固定式、半固定式泡沫灭火系统的备用和辅助设施。该系统主要用于小型储罐或有可燃液体泄漏的场所，如甲、乙、丙类液体储罐中，罐壁高度小于 7 m 或容量不大于 200 m³ 的储罐可采用移动式泡沫灭火系统。

2. 按泡沫喷射方式分类

1）液上喷射泡沫灭火系统

液上喷射泡沫灭火系统是泡沫从液面上喷入被保护储罐内的灭火系统。该系统将泡沫产生器产生的泡沫在导流装置的作用下从燃烧液体上方释放到着火的液体表面，并逐渐形成泡沫层，从而燃烧油品的液面从而进行灭火。图 6-1 所示即为液上喷射的固定式泡沫灭火系统。液上喷射泡沫灭火系统可分为固定式、半固定式或移动式。

该系统是储罐区泡沫灭火系统的主要系统形式，具有结构较简单、安装检修便利、易调试，且各种类型的泡沫液均可使用等优点。其缺点是系统的泡沫产生器和部分管线易受到储罐燃烧爆炸的破坏而失去灭火作用。该系统主要适用于独立油库的地上固定顶立式储罐、浮顶罐和水溶性甲、乙、丙类液体储罐以及石油化工企业的燃料罐等。

2）液下喷射泡沫灭火系统

液下喷射泡沫灭火系统是将高背压泡沫产生器产生的泡沫通过泡沫喷射管从燃烧液体液面下输送到储罐内，泡沫会在初始动能和浮力的作用下浮到燃烧液面并扩散开形成泡沫层，从而燃烧油品的液面从而进行灭火的系统。该系统由泡沫喷射口、高背压泡沫产生器、泡沫比例混合器、消防水泵、泡沫管道、混合液管道、消防水源等组成,如图6-2所示。

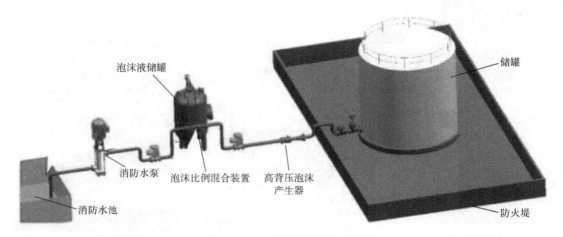

图6-2　液下喷射泡沫灭火系统

该系统具有以下优点:(1)泡沫产生器安装在储罐的防火堤外,泡沫灭火系统则不易遭到破坏;(2)由于泡沫是从液下到达燃烧液面,不通过高温火焰,不沿灼热的罐壁流入,减少了泡沫的损失,提高了灭火效率;(3)泡沫在上浮过程中,会使罐内冷油和热油对流,起到一定的冷却作用,有利于灭火。

该系统仅适用于非水溶性甲、乙、丙类液体的地上固定顶储罐,不适用于水溶性甲、乙、丙类液体储罐,也不应用于外浮顶和内浮顶储罐。

3)半液下喷射泡沫灭火系统

半液下喷射泡沫灭火系统是将一轻质软带卷存于液下喷射管内,当使用时在泡沫压力和浮力的作用下,软带漂浮到燃液表面,使泡沫从燃液表面上释放出来实现灭火,如图6-3所示。

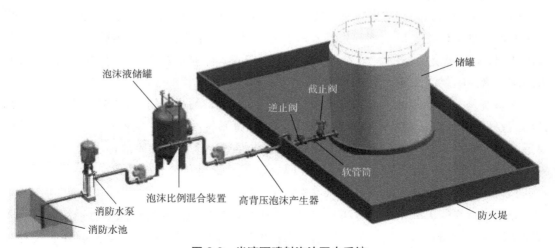

图6-3　半液下喷射泡沫灭火系统

该系统适用于水溶性与非水溶性甲、乙、丙类液体固定顶储罐,但由于其结构比液下喷射泡沫灭火系统复杂,一般非水溶性甲、乙、丙类液体固定顶储罐不采用。

(二)系统类型的选择

储罐的低倍数泡沫灭火系统类型应符合下列规定:

(1)对于水溶性可燃液体和对普通泡沫有破坏作用的可燃液体固定顶储罐,应为液上喷射泡沫灭火系统;

(2)对于外浮顶和内浮顶储罐,应为液上喷射泡沫灭火系统;

(3)对于非水溶性可燃液体的外浮顶储罐和内浮顶储罐、直径大于 18 m 的非水溶性可燃液体固定顶储罐、水溶性可燃液体立式储罐,当设置泡沫炮时,泡沫炮应为辅助灭火设施;

(4)对于高度大于 7 m 或直径大于 9 m 的固定顶储罐,当设置泡沫枪时,泡沫枪应为辅助灭火设施。

(三)系统的启动控制

储罐的泡沫灭火系统控制方式可分为自动控制和手动控制两种。由于误动作会导致泡沫喷入油罐而污染油品,因此一般不会采取全自动控制方式。发生火灾时,一般均需要经人工确认,然后再启动系统。目前,我国相关规范尚没有给出自动控制与手动控制的选择条件,所以一般都选择手动控制方式。但甲、乙、丙类液体储罐区危险程度及火灾后的损失一般高于其他民用场所,当固定顶储罐固定式泡沫灭火系统的泡沫混合液流量大于或等于 100 L/s 时,系统的消防水泵、比例混合装置及其管道上的控制阀、干管控制阀应具备远程控制功能。

大型储罐区设置的泡沫灭火系统一般具备的控制方式有一键程序控制启动、远程手动启动和现场就地启动三种。当消防控制中心人员接收到火灾信号后,首先要人工确认火灾,确认后按下着火储罐的程序启动按钮,系统会按预先设置的程序启动消防水泵、比例混合装置及相关自动阀门。如该方式失效,可采用远程手动启动方式,即在消防控制中心消防控制盘上分别按下消防水泵启动按钮、比例混合装置启动按钮及相关电动阀门启动按钮来启动系统。另外,泡沫灭火系统的各组件均可现场启动,在远程控制失效的情况下,则可在各组件安装现场进行手动启动,如在消防水泵房就地启动消防水泵、比例混合装置,对设置泡沫站的,需要在泡沫站手动启动比例混合装置。

二、泡沫 - 水喷淋灭火系统

泡沫 - 水喷淋灭火系统是由喷头、报警阀组、水流报警装置(水流指示器或压力开关)等组件,以及管道、泡沫液与水供给设施组成,并能在发生火灾时按预定时间和供给强度向防护区依次喷洒泡沫和水的自动灭火系统,如图 6-3 所示。该系统把自动喷水灭火系统的湿式报警阀和储罐压力泡沫比例混合器有机地结合起来,组成既可喷水又可喷泡沫的固定灭火系统。该系统启动后既可以先喷水控火,后喷泡沫强化灭火效果,也可以先喷泡沫后喷水进行冷却降温,以防止复燃。该系统由于具备灭火和冷却双重功效,可有效防止灭火后因保护场所内高温物体引起可燃液体复燃,且系统造价不会明显增加,因此已成为液体火灾现场重要的灭火系统之一。

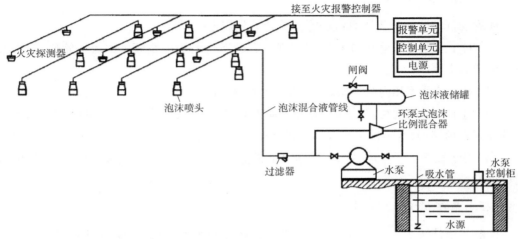

图 6-4 泡沫 - 水喷淋灭火系统组成示意图

泡沫 - 水喷淋灭火系统按照所采用喷头的结构形式,可分为闭式系统和雨淋系统,其中闭式系统又可分为泡沫 - 水预作用系统、泡沫 - 水干式系统和泡沫 - 水湿式系统,具体分类情况见表 6-1。

表 6-1 泡沫 - 水喷淋灭火系统的主要类型

类型		定义
闭式泡沫 - 水喷淋系统	泡沫 - 水湿式系统	由系统管道中充装的有压泡沫预混液或水控制开启的闭式泡沫 - 水喷淋系统
	泡沫 - 水干式系统	由系统管道中充装的具有一定压力的空气或氮气控制开启的闭式泡沫 - 水喷淋系统
	泡沫 - 水预作用系统	发生火灾后,由安装在与喷头同一区域的火灾探测系统控制开启相关设备和组件,使灭火介质充满系统管道,并从开启的喷头依次喷洒泡沫和水的闭式泡沫 - 水喷淋系统
泡沫 - 水雨淋系统		使用开式喷头,由安装在与喷头同一区域的火灾自动探测系统控制开启的泡沫 - 水喷淋系统

泡沫 - 水喷淋系统主要应用于下列场所:具有非水溶性液体泄漏火灾危险的室内场所;存放量不超过 25 L/m² 或超过 25 L/m² 但有缓冲物的水溶性液体的室内场所。例如油泵房、停车库等堆放复杂的场所,为避免固定设备对泡沫流动的影响,可选用泡沫 - 水喷淋灭火系统。

三、泡沫喷雾灭火系统

泡沫喷雾灭火系统是采用泡沫喷雾喷头在发生火灾时按预定时间和供给强度向被保护

设备或防护区喷洒泡沫的自动灭火系统。该系统可用于保护独立变电站的油浸电力变压器、面积不大于 200 m² 的非水溶性液体室内场所,如燃油锅炉房、油泵房、小型车库、可燃液体阀门控制室等小型场所。

泡沫喷雾灭火系统主要有两种形式:一是采用由消防水泵或压力水通过比例混合装置输送泡沫混合液,再经泡沫喷雾喷头喷洒泡沫到防护区;二是采用由压缩氮气驱动储罐内的泡沫预混液,再经泡沫喷雾喷头喷洒泡沫到防护区,主要由驱动瓶组、动力瓶组、储液罐、水雾喷头等组件组成,如图 6-5 所示。这种形式的泡沫喷雾灭火系统采用氮气动力瓶组作为系统的动力源,储液罐储存的是泡沫预混液,当火灾报警控制器接收到报警信号后,发出控制信号启动驱动瓶组,驱动瓶组释放氮气启动动力瓶组和对应的分区控制阀,氮气进入储液罐内驱动泡沫预混液至防护区内的水雾喷头,然后喷洒泡沫灭火。

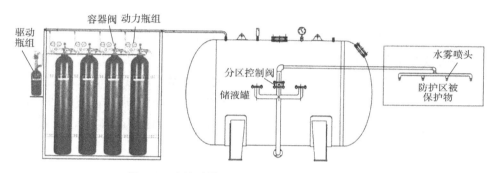

图 6-5　泡沫喷雾灭火系统(氮气驱动)示意图

泡沫喷雾灭火系统的启动方式可分为自动控制、手动控制和机械应急手动控制三种。当自动控制和手动控制均失效时,可采用机械应急手动控制。

(一)自动控制

当泡沫喷雾灭火系统控制器的控制方式置于"自动"位置时,系统处于自动控制状态。当被保护区域发生火灾时,泡沫喷雾灭火系统控制盘接收到第一个火警信号后,控制盘立即发出声光报警,报警控制器在接收到第二个火灾探测器的火灾信号后发出联动指令,经过延时(根据需要预先设定)后打开电磁型驱动装置及被保护区对应的区域控制阀,动力瓶组储存的高压气体随即通过减压阀进入储液罐,推动泡沫灭火剂经过区域控制阀、管网和水雾喷头喷向被保护区域,实施灭火。

(二)手动控制

当泡沫喷雾灭火系统控制器的控制方式置于"手动"位置时,系统处于手动控制状态。当被保护对象发生火灾时,操作人员按下泡沫喷雾灭火系统控制盘对应防护区的启动按钮即可按预设的程序启动系统,释放泡沫灭火剂,实施灭火。

（三）机械应急手动控制

当自动控制和手动控制均无法执行时，可由操作人员使用专用扳手打开对应的区域控期制阀，然后拔掉电磁型驱动装置上的保险卡环，按下电磁型驱动装置的机械应急启动手柄，即可实现灭火剂的释放。

四、高倍数泡沫灭火系统

高倍数泡沫灭火系统是指灭火泡沫的发泡倍数高于 200 的泡沫灭火系统。该系统是将水和高倍数泡沫灭火剂通过一定的方式按设定的容积比例均匀混合，然后利用泡沫产生器鼓入大量空气发泡而成的一种机械空气泡沫。高倍数泡沫主要通过密集状态的大量高倍数泡沫封闭区域，从而阻断新空气的流入，进而实现窒息灭火。

（一）系统类型

按应用方式，高倍数泡沫灭火系统可分为全淹没式、局部应用式和移动式三种类型。

1. 全淹没式高倍数泡沫灭火系统

全淹没式高倍数泡沫灭火系统是指用管道输送高倍数泡沫液和水，发泡后连续地将高倍数泡沫释放并按规定的高度充满被保护区域，且将泡沫保持到所需的时间进行控火或灭火的固定式系统，如图 6-6 所示。全淹没式高倍数泡沫灭火系统为固定式自动系统，其控制方式通常以自动为主，辅以手动。

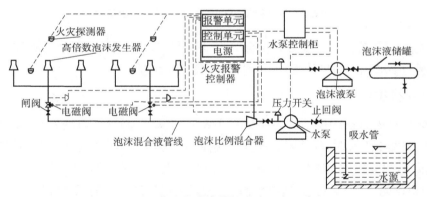

图 6-6　全淹没式高倍数泡沫灭火系统

全淹没式高倍数泡沫灭火系统适用于大面积有限空间内的 A 类和 B 类火灾的防护；有些被保护区域可能是不完全封闭空间，但只要被保护对象是用不燃烧体围挡起来，形成可阻止泡沫流失的有限空间即可。围墙或围挡设施的高度应大于该保护区域所需的高倍数泡沫淹没深度。

2. 局部应用式高倍数泡沫灭火系统

局部应用式高倍数泡沫灭火系统是指向局部空间喷放高倍数泡沫，进行控火或灭火的固定、半固定式系统。该系统一般由供水系统、水带、比例混合器、泡沫液桶、高倍数泡沫发生器、管道等组成,其中供水系统可以是消火栓、消防车等。局部应用式高倍数泡沫灭火系统主要用于四周不完全封闭的 A 类与 B 类火灾场所,也可用于天然气液化站与接收站的集液池或储罐围堰区。

3. 移动式高倍数泡沫灭火系统

移动式高倍数泡沫灭火系统可由手提式或车载式高倍数泡沫产生器、比例混合器、泡沫液桶(罐)、水带、导泡筒、分水器、供水消防车或手抬机动消防泵等组成,使用时将它们临时连接起来,同时还可作为固定式灭火系统的补充。全淹没式、局部应用式高倍数泡沫灭火系统在使用中出现意外情况或为了更快地扑救防护区内火灾,可利用移动式高倍数泡沫灭火装置向防护区喷放高倍数泡沫,增大高倍数泡沫供给量,达到更迅速扑救防护区内火灾的目的。移动式高倍数泡沫灭火系统主要用于发生火灾的部位难以确定或人员难以接近的场所,流淌的 B 类火灾场所,发生火灾时需要排烟、降温或排除有害气体的封闭空间,如地下工程、矿井等场所。

(二)系统的启动控制

全淹没式高倍数泡沫灭火系统和自动控制的固定式局部应用式高倍数泡沫灭火系统的启动方式可分为自动控制、手动控制和机械应急手动控制三种。

1. 自动控制

当控制器的控制方式置于"自动"位置时,灭火系统处于自动控制状态。被保护区域发生火灾时,火灾报警控制器接收到第一个火灾探测器的报警信号后,启动防护区内的声光报警装置,提示人员疏散,火灾报警控制器在接收到第二个火灾探测器的报警信号后,联动关闭防护区内的门窗、开启排气口、切断生产及照明电源等,并发出启动灭火系统指令,可延时一定时间,然后启动消防水泵、比例混合装置、分区阀及相关自动控制阀门,向防护区内喷洒泡沫灭火。

2. 手动控制

当控制器的控制方式置于"手动"位置时,灭火系统处于手动控制状态。被保护对象发生火灾时,操作人员按下火灾报警控制器上的消防水泵"启泵"按钮、比例混合装置"启动"按钮、分区阀及相关电动阀门"启动"按钮,对防护区释放泡沫灭火剂,实施灭火。

3. 机械应急手动控制

当自动控制和远程手动控制均无法执行时,可由操作人员在现场手动开启防护区分区阀,在泵房按下消防水泵"启泵"按钮、比例混合装置"启动"按钮,即可实现灭火功能。

五、中倍数泡沫灭火系统

中倍数泡沫灭火系统是指灭火泡沫的发泡倍数为 20~200 的泡沫灭火系统。中倍数泡沫灭火效果取决于泡沫的发泡倍数和使用方式,当以较低的发泡倍数用于扑救甲、乙、丙类液体流淌火时,其灭火机理与低倍数泡沫相同;当以较高的发泡倍数用于全淹没方式灭火时,其灭火机理与高倍数泡沫相同。中倍数泡沫灭火系统可用于保护小型油罐和其他一些类似场所,按应用方式可分为全淹没式、局部应用式和移动式三种类型。

(一)全淹没式中倍数泡沫灭火系统

全淹没式中倍数泡沫灭火系统是指由固定式泡沫产生器将泡沫喷放到封闭或被围挡的防护区内,并在规定的时间内达到一定泡沫淹没深度的灭火系统。与高倍数泡沫相比,中倍数泡沫的发泡倍数低,在泡沫混合液供给流量相同的条件下,单位时间内产生的泡沫体积要小很多。因此,全淹没式中倍数泡沫灭火系统可用于小型封闭空间场所和设有阻止泡沫流失的固定围墙或其他围挡设施的小场所。

(二)局部应用式中倍数泡沫灭火系统

局部应用式中倍数泡沫灭火系统是指由固定式泡沫产生器直接或通过导泡筒将泡沫喷放到火灾部位的灭火系统。该系统适用于以下场所。

(1)四周不完全封闭的 A 类火灾场所,这种场所设置局部应用中倍数泡沫灭火系统时,应符合以下规定:

①覆盖保护对象的时间不应大于 2 min;

②覆盖 A 类火灾保护对象最高点的厚度不应小于 0.6 m;

③泡沫混合液连续供给时间不应小于 12 min。

(2)限定位置的流散 B 类火灾场所。

(3)固定位置面积不大于 100 m² 的流淌 B 类火灾场所。

(三)移动式中倍数泡沫灭火系统

移动式中倍数泡沫灭火系统是指由消防车、机动消防泵、泡沫比例混合器,或泡沫消防车、手提式或车载式泡沫产生器、泡沫液桶、水带及其附件等组成,可通过移动式中倍数泡沫产生装置直接或通过导泡筒将泡沫喷放到火灾部位实施灭火。该系统可用于下列场所:

(1)发生火灾的部位难以确定或人员难以接近的较小火灾场所;

(2)流散的 B 类火灾场所;

(3)面积不大于 100 m² 的流淌 B 类火灾场所。

第二节　系统主要组件

泡沫灭火系统的设备可分为通用设备和专用设备。其中,通用设备主要是指消防水源、消防水泵、管路、阀门等除泡沫灭火系统外其他消防系统也使用的设备;专用设备一般指泡沫比例混合器和泡沫产生装置等只在泡沫灭火系统使用的设备。本节只介绍泡沫灭火系统专用设备。泡沫灭火系统设备型号由类、组、特征代号与主参数组成,详见表 6-2。

表 6-2　泡沫灭火系统设备型号

类	组	特征		代号	代号含义	主参数	
						名称	单位
泡沫设备 P（泡）	低倍数泡沫产生器 C（产）	卧式（立式）		PC（L）	泡沫产生器	混合液流量	L/s
		高背压		PCY	高背压泡沫产生器		
	泡沫比例混合器 H（混）	环泵式		PH	环泵式泡沫比例混合器		
		压力式 Y（压）	普通罐	PHY	压力式泡沫比例混合器		
			胶囊罐 N（囊）	PHYN	压力式胶囊罐泡沫比例混合器		
			平衡式 P（平）	PHP	平衡压力式泡沫比例混合器		
			管线式 F（负）	PHF	管线式泡沫比例混合器		
	泡沫枪 Q（枪）	普通式		PQ	泡沫枪		
		自吸式 Z（自）		PQZ	自吸式泡沫枪		
	泡沫喷头 T（头）	下垂式		PT	下垂式泡沫喷头		
		直立式 Z（直）		PTZ	直立式泡沫喷头		
	泡沫炮 P（炮）	泡沫炮		PP	泡沫炮		
		泡沫-水两用 L（两）		PPL	泡沫-水两用泡沫炮		
	泡沫钩管 G（钩）			PG	泡沫钩管		
	中倍数泡沫产生器			PZ			
	高倍数泡沫产生器			PF			
	移动式泡沫灭火装置			PY	移动式泡沫灭火装置	混合液流量/储罐容积	L/s，L
	G（罐）	常压式		PG	泡沫液储罐	容积	m³ 或 L
		压力式 Y（压）		PGY	压力式泡沫液储罐		

一、泡沫比例混合器

泡沫比例混合器的功能是通过机械作用，使水在流动过程中与泡沫液按一定的比例（混合比）混合形成混合液。

（一）类型

1. 环泵式泡沫比例混合器

环泵式泡沫比例混合器主要由调节手柄、指示牌、阀体、调节球阀、喷嘴、混合室、扩散管等组成，如图 6-7 所示。其安装在泵的旁路上，进口接泵的出口、出口接泵的进口，管线形成环流状，因此称为环泵式泡沫比例混合器，如图 6-8 所示。

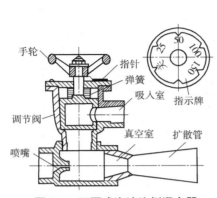

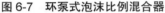

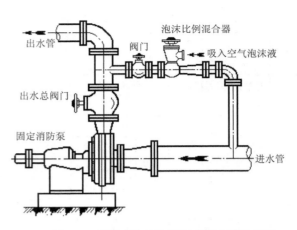

图 6-7　环泵式泡沫比例混合器　　　　图 6-8　环泵式泡沫比例混合器安装示意图

环泵式泡沫比例混合器的工作原理:泵工作时,大股液流流向系统终端,小股液流回流到泵的进口;当回流的小股液流经过比例混合器时,压力水从进口进入比例混合器,经喷嘴高速喷入扩散管,在喷嘴与扩散管间的真空室形成负压区,泡沫液从吸入室被吸入负压区,与压力水混合后一起进入扩散管,并从出口流出,再流到泵进口与水进一步混合后抽到泵的出口;如此循环一定时间后,泡沫混合液的混合比达到产生灭火泡沫要求的正常值;旋动混合器的手轮可以调节混合液的混合比。

环泵式泡沫比例混合器结构简单,但混合精度控制困难,难以实现自动化,且操作不慎会使泡沫储罐进水或泡沫液流入水池,已逐步淡出固定式泡沫灭火系统市场。

2. 囊式压力式泡沫比例混合装置

囊式压力式泡沫比例混合装置是指压力水借助孔板或文丘里管将泡沫液从密闭储罐胶囊内排出,并按比例与水混合的装置,主要由比例混合器、泡沫液储罐、球阀、水液管道等组成,如图 6-9 所示。

囊式压力式泡沫比例混合装置的工作原理:压力水在流经混合器管路时有部分水经过水管进入储罐内,储罐内与主管道上压力平衡的同时,适量的泡沫液经出液管流入混合器,并与压力水按一定比例自动混合成泡沫混合液。

囊式压力式泡沫比例混合装置因结构巧妙、使用便捷而被广泛采用。其具有在工作时泡沫液与水不接触,泡沫液一次未使用完可再次使用,便于调试、日常试验等;安装使用方便,便于实现自动化;造价较高,检修较困难,且对胶囊要求较严,一旦胶囊破漏,系统就将失效等特点。当采用囊式压力式泡沫比例混合装置时,泡沫液储罐的单罐容积不应大于 5 m³,且内囊应由适宜所储存泡沫液的橡胶制成,并应标明使用寿命。

3. 平衡式压力泡沫比例混合装置

平衡式比例混合装置由单独的泡沫液泵按设定的压差向压力水流中注入泡沫液,并通过平衡阀、孔板或文丘里管(或孔板与文丘里管结合),能在一定的水流压力和流量范围内自动控制混合比的比例混合装置,主要由平衡压力调节阀和比例混合器两大部件组成。其中,平衡压力调节阀主要包括调压阀、阀杆、阀芯、双阀座、橡胶阀片及压力表等;比例混合器位于孔板下部,主要包括喷嘴、扩散管和对泡沫液流量起控制作用的孔板等,如图 6-10 所示。

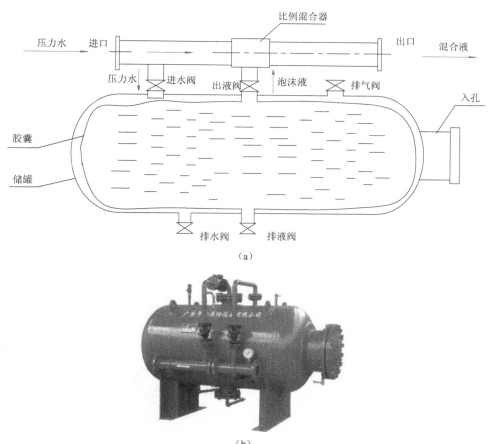

（a）

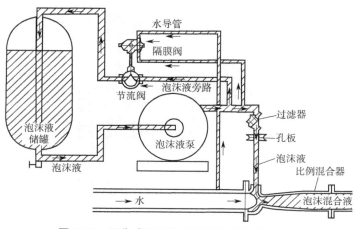

（b）

图 6-9　囊式压力式泡沫比例混合装置

（a）结构图　（b）实物图

图 6-10　平衡式压力泡沫比例混合装置

采用平衡式压力泡沫比例混合装置进行混合是完全自动配比的混合方式,在这种混合方式中,水与泡沫液都需通过各自的泵加压,并从相应的入口进入平衡式压力泡沫比例混合器,经过泡沫比例混合器的自动调节,水与泡沫液混合形成符合比例要求的混合液。平衡式压力泡沫比例混合装置的比例混合精度较高,适用的泡沫混合液流量范围较大,是目前常用的比例混合装置,适用于自动集中控制的多个保护区的泡沫灭火系统,特别是对保护对象之间流量相差较大的储罐区。

当采用平衡式压力泡沫比例混合装置时,平衡阀的泡沫液进口压力应大于水进口压力,且其压差应满足产品的使用要求;比例混合器的泡沫液进口管道上应设单向阀;泡沫液管道上应设冲洗及放空设施,以确保系统使用或试验后能用水冲洗干净,不留残液。

4. 机械泵入式比例混合装置

机械泵入式比例混合装置由叶片式或涡轮式等水轮机通过联轴节与泡沫液泵连接成一体,经泡沫消防水泵供给的压力水驱动水轮机,使泡沫液泵向水轮机后的泡沫消防水管道按设定比例注入泡沫液的比例混合装置,如图 6-11 所示。机械泵入式比例混合装置主要由水轮机、泡沫液泵、泡沫液储罐、管道、阀门等部件组成,其中水轮机和泡沫液泵通过联轴器连接,并固定在型钢底撬上,可实现整体搬运与安装。

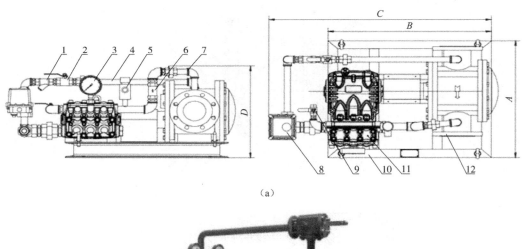

(a)

(b)

图 6-11　机械泵入式比例混合装置

(a)结构图　(b)实物图

1—过滤器;2—球阀;3—压力表;4—进水管;5—安全阀;6—止回阀;7—出泡沫液管;
8—电动三通球阀;9—调试阀;10—型钢底撬;11—泡沫液泵;12—水轮机

机械泵入式比例混合装置是一种流量平衡式比例混合装置,以管道内流动的消防水为驱动力,通过水轮机带动泡沫液泵抽取常压罐内的泡沫液,泵入消防主管道内,供给泡沫产生装置进行灭火。通过水轮机和泡沫液泵内部的结构参数匹配,可平衡水的流量和泡沫液的流量,实现定比例混合。机械泵入式比例混合装置体积小、占地面积小、动作响应快、混合比控制准确,且不需要外部提供动力电源或柴油机,适用范围广,可应用于消防车、船舶或固定式泡沫系统的泡沫液比例混合;但水轮机内部结构复杂,型腔体积及曲面设计难度大,加工、装配精度要求高。

当采用机械泵入式比例混合装置时,泡沫液进口管道上应设单向阀,泡沫液管道上应设冲洗及放空设施。

5.管线式比例混合器

管线式比例混合器是安装在通向泡沫产生器供水管线上的文丘里管装置,也是一种负压比例混合器,其工作原理与环泵式比例混合器基本相同,但其直接串接在供水管线上,其结构如图 6-12 所示。

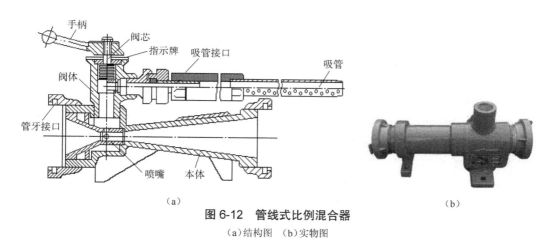

图 6-12　管线式比例混合器
(a)结构图　(b)实物图

当具有一定压力的水流通过喷嘴以一定流速喷出时,管内形成真空,泡沫液通过吸管被吸入,使水、泡沫液在喉管内混合,形成混合液。管线式比例混合器的压力损失较大,为保证泡沫产生装置的进口压力,要求该比例混合器的进口压力应足够大,以保证其具有一定的出口压力。

管线式比例混合器的优点是可以减少混合液管线的长度,多用于移动式泡沫灭火系统。其作为一种便携式比例混合装置使用,可安装在水带或管道上。其必须和泡沫产生装置配套使用,而且泡沫产生装置的位置高度、水带或管道长度等都会影响混合比的精度,使用时需要加以重视。管线式比例混合器工作流量范围小、压力损失大(约为进口压力的 1/3),常用于移动式或半固定式泡沫灭火系统。具体应用时,比例混合器的水进口压力应在 0.6~1.2 MPa 的范围内,且出口压力应满足泡沫产生装置的进口压力要求;比例混合器的压力损失可按水进口压力的 35% 计算。

（二）选型

（1）固定式系统应选用平衡式、机械泵入式、囊式压力比例混合装置，或采用泵直接注入式比例混合流程，即泡沫液泵直接向系统水流中按设定比例注入泡沫液的比例混合流程。混合比类型应与所选泡沫液一致，且混合比不得小于额定值。

（2）单罐容量不小于 5 000 m³ 的固定顶储罐、外浮顶储罐、内浮顶储罐，应选择可靠性和精度较高的平衡式或机械泵入式比例混合装置。

（3）全淹没式高倍数泡沫灭火系统或局部应用式中倍数、高倍数泡沫灭火系统，应选用机械泵入式、平衡式或囊式压力比例混合装置。

（4）各分区泡沫混合液流量相等或相近的泡沫 - 水喷淋系统，宜采用泵直接注入式比例混合流程。

（5）保护油浸变压器的泡沫喷雾系统，可选用囊式压力比例混合装置。

二、泡沫产生装置

泡沫产生装置是泡沫灭火系统中产生空气泡沫的设备。其作用就是将空气与混合液充分混合，产生并喷射泡沫实施灭火。不同类型的泡沫灭火系统应使用相应的泡沫产生装置。

（一）横式泡沫产生器

横式泡沫产生器应用于低倍数液上喷射泡沫灭火系统，通常安装在油罐壁的上部，如图 6-13 所示。横式泡沫产生器由壳体组、泡沫喷管组和导板组三部分组成。当混合液通过泡沫室喷嘴时，形成扩散的雾化射流，在其周围产生负压，从而吸入大量空气，形成泡沫。泡沫通过横管和导板输入储罐内并沿罐壁淌下，平稳地覆盖在燃烧液面上。横式泡沫产生器在储罐上水平安装，出口采用法兰连接不少于 1 m 的直管段，进口和管道采用螺纹连接。横式泡沫产生器具有结构简单、便于安装等特点，但因其安装形式，在储罐受到爆炸冲击时有被破坏的风险，因此现行相关规范不再推荐使用。

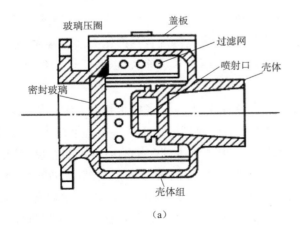

(a)　　　　　　　　　　　　　　(b)

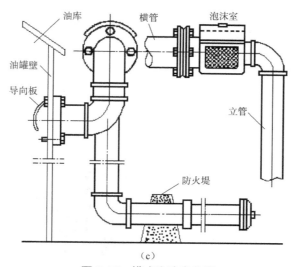

图 6-13　横式泡沫产生器

(a)结构示意图　(b)实物图　(c)安装示意图

(二)立式泡沫产生器

立式泡沫产生器应用于低倍数液上喷射泡沫灭火系统,由产生室、泡沫室、导板等组成,如图 6-14 所示。产生室由孔板、产生器本体、滤尘罩构成,其中孔板用于控制混合液流量,滤尘罩安装在空气进口上,以防杂物吸入;泡沫室由泡沫室本体、滤网、玻璃盖、泡沫室盖构成,其中滤网用于分散混合液流,使混合液与空气充分混合,形成泡沫,玻璃盖厚度为 2 mm,表面刻有十字形的破碎痕,平时用于防止储罐内液体溢出和液体挥发的气体逸出,喷射泡沫时只要有 0.1 MPa 左右的压力冲击即能破碎;导板用于将泡沫导向罐壁,使之平稳地覆盖到着火的液面上。立式泡沫产生器多为钢质材质,韧性较好,其泡沫室和产生器本体有一体式的,也有分体式的,在储罐上铅垂安装,公称压力不得低于 1.6 MPa,与其他管道应采用法兰连接。

固定顶储罐、内浮顶储罐应选用立式泡沫产生器;外浮顶储罐宜选用与泡沫导流罩匹配的立式泡沫产生器,且不得设置密封玻璃,当采用横式泡沫产生器时,其吸气口应为圆形;泡沫产生器进口的工作压力应为其额定值 ±0.1 MPa;泡沫产生器的空气吸入口及露天的泡沫喷射口,应设置防止异物进入的金属网。当一个储罐所需的泡沫产生器数量超过一个时,宜选用同规格的泡沫产生器,且应沿罐周均匀设置。

(三)高背压泡沫产生器

高背压泡沫产生器是用于液下喷射泡沫灭火系统的装置,主要由喷嘴、混合室、混合管、扩散管等构成,如图 6-15 所示。当有压混合液流过喷嘴,并以一定速度喷出时,由于液流质点的横向紊动扩散作用,会将混合室内的空气带走形成真空区(通常称为负压区),这时空气由进气口进入混合室。空气与混合液通过混合管混合形成微细泡沫,当它通过扩散管时,由于扩散管已经逐渐扩大而使流速逐渐下降,部分动能转变为势能,压力逐渐上升,流出扩散管后则形成具有一定压力和倍数(2~4 倍)的空气泡沫,以克服管道阻力和油品静压而升浮到油品液面灭火。

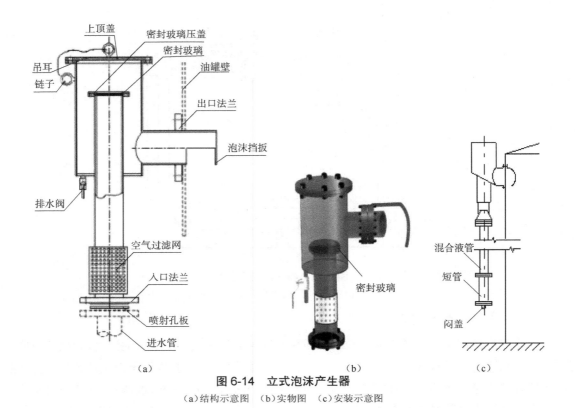

图 6-14　立式泡沫产生器

（a）结构示意图　（b）实物图　（c）安装示意图

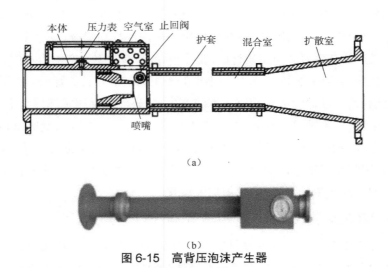

图 6-15　高背压泡沫产生器

（a）结构示意图　（b）实物图

　　高背压泡沫产生器应设置在防火堤外,设置数量及型号应根据所需的泡沫混合液流量确定;当一个储罐所需的高背压泡沫产生器数量大于一个时,宜并联使用;在高背压泡沫产生器的进口侧应设置检测压力表接口,其进口工作压力应在标定的工作压力范围内;在其出口侧应设置压力表、背压调节阀和泡沫取样口,其出口工作压力应大于泡沫管道的阻力和罐内液体静压力之和。

（四）泡沫喷头

泡沫喷头用于泡沫喷淋灭火系统,有吸气型和非吸气型两类。吸气型泡沫喷头能够吸入空气,发泡效果好,其结构如图 6-16 所示。当泡沫喷淋灭火系统用于保护水溶性和非水溶性甲、乙、丙类液体时,宜选用吸气型泡沫喷头。

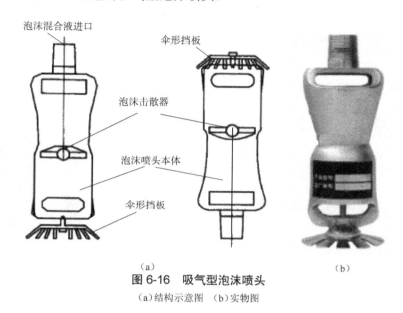

图 6-16 吸气型泡沫喷头
（a)结构示意图 （b)实物图

非吸气型泡沫喷头没有吸入空气的结构,从喷头喷出的是雾状泡沫混合液,由于没有空气机械搅拌作用,泡沫发泡倍数较低,这种泡沫喷头亦可用水喷雾喷头代替。当泡沫喷淋灭火系统用于保护非水溶性甲、乙、丙类液体时,可选用非吸气型泡沫喷头。

（五）泡沫枪

泡沫枪是供消防员操作使用的泡沫灭火器械,用于移动式泡沫灭火系统,扑救流散液体火灾或小型储罐火灾。泡沫枪可分为自吸式和非自吸式两种类型（图 6-17）,其中自吸式泡沫枪自带吸液装置,由喷嘴、枪筒、吸液管、枪体、接口等组成。

图 6-17 泡沫枪实物图
（a)非自吸式 （b)自吸式

（六）高倍数泡沫产生器

高倍数泡沫产生器应用于高倍数泡沫灭火系统，其一般是利用鼓风的方式产生泡沫，因此根据其风机的驱动方式可分为电动机、内燃机和水力驱动三种类型。

水力驱动式高倍数泡沫产生器的结构如图 6-18 所示。当其工作时，将高倍数泡沫混合液注入水轮机，驱动安装在主轴上的叶轮旋转产生运动气流，高倍数泡沫混合液由水轮机出口经管道进入喷嘴，以雾状喷向发泡网，在发泡网的内表面上形成一层混合液薄膜，由叶轮产生的气流将混合液薄膜吹胀成大量的气泡（泡沫群）。

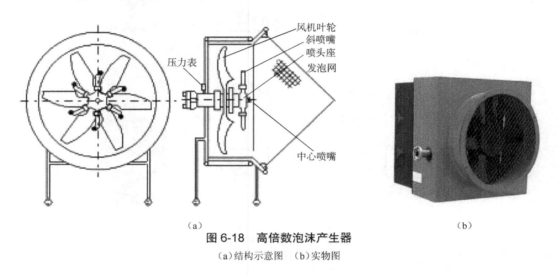

（a）

（b）

图 6-18 高倍数泡沫产生器

（a）结构示意图 （b）实物图

对于全淹没式和局部应用式高倍数泡沫灭火系统，其高倍数泡沫产生器应满足以下要示：

（1）设置高度应在泡沫淹没深度以上；

（2）宜接近保护对象，但泡沫产生器整体不应设置在防护区内；

（3）当泡沫产生器的进风侧不直通室外时，应设置进风口或引风管；

（4）应使防护区形成比较均匀的泡沫覆盖层；

（5）应便于检查、测试及维修；

（6）当泡沫产生器在室外或坑道应用时，应采取防止风对泡沫产生器发泡和泡沫分布产生影响的措施。

当高倍数泡沫产生器的出口设置导泡筒时，导泡筒的横截面面积宜为泡沫产生器出口横截面面积的 1.05~1.10 倍；当导泡筒上设有闭合器件时，其闭合器件不得阻挡泡沫的通过；固定安装的高倍数泡沫产生器前应设置管道过滤器、压力表和手动阀门。

（七）中倍数泡沫产生器

吹气型中倍数泡沫产生器与高倍数泡沫产生器的发泡原理相同，吸气型中倍数泡沫产生器的发泡原理与低倍数泡沫产生器相同，吸气型的发泡倍数要低于吹气型。按安装使用方式，中倍数泡沫产生器可分为固定式和手提式，手提式中倍数泡沫产生器如图 6-19 所示。

图6-19 手提式中倍数泡沫产生器实物图

三、泡沫液储罐

泡沫液储罐按工作时罐体内是否承受压力可分为压力储罐和常压储罐。

采用环泵式比例混合装置、平衡式压力比例混合装置、机械泵入式比例混合装置及泵直接注入式混合流程时，泡沫液储罐应选用常压储罐。常压储罐应设出液口、液位计、进料孔、排渣孔、人孔、取样口，罐体宜设计成锥形或拱形顶，且上部应设呼吸阀或用弯管通向大气。储罐内应留泡沫液热膨胀空间和泡沫液沉降损失部分所占空间；储罐出液口的设置应保障泡沫液泵进口为正压，且出液口不应高于泡沫液储罐最低液面0.5 m；储罐泡沫液管道吸液口应朝下，并应设置在沉降层之上，且当采用蛋白类泡沫液时，吸液口距泡沫液储罐底面不应小于0.15 m。

采用囊式压力比例混合装置时，泡沫液储罐应选用压力储罐。在压力储罐上应设安全阀、排渣孔、进料孔、人孔和取样口，同时具有储液和泡沫比例混合功能，储罐上应标明泡沫液剩余量。

泡沫液储罐宜采用耐腐蚀材料制作，当采用钢罐时，其内壁应做防腐处理。与泡沫液直接接触的内壁或防腐层不应对泡沫液的性能产生不利影响。泡沫液储罐上应有标明泡沫液种类、型号、出厂与灌装日期及储量的标志。不同种类、不同牌号的泡沫液不得混存。储罐容积由计算确定，且应保证储存一次灭火用泡沫液需要量。泡沫液储罐位置高度应满足设计所确定的混合流程对其的要求。

四、管道

（一）总体布置形式

固定式泡沫灭火系统管道的总体布置有环状、枝状或两者结合等形式。环状布置是将泡沫混合液管道在防火堤外布置成环状，再从其环管分别引出支管连接到各保护储罐。枝状布置是直接从泡沫泵站分别引出支管连接到各保护储罐。一般储罐数量较少，尤其是采用液下喷射泡沫灭火系统时，枝状布置便于系统控制与调节，还能节省管材。当储罐数量较多时，因通向储罐的管道根数太多，环状布置可能较为方便和经济。

（二）基本要求

防火堤内地上泡沫混合液管道或泡沫水平管道应敷设在管墩或管架上，与罐壁上的泡沫混合液立管之间宜用金属软管连接；埋地泡沫混合液管道或泡沫管道距离地面的深度应大于0.3 m，与罐壁上的泡沫混合液立管之间应用金属软管或金属转向接头连接；泡沫混合液或泡沫管道应有 3‰的放空坡度。

防火堤外泡沫混合液管道或泡沫管道应满足:固定式液上喷射系统,对每个泡沫产生器,应在防火堤外设置独立的控制阀;半固定式液上喷射系统,对每个泡沫产生器,应在防火堤外距地面 0.7 m 处设置带闷盖的管牙接口;泡沫混合液管道或泡沫管道上应设置放空阀,且其管道应有 2‰的坡度坡向放空阀。

为便于检测设备的安装和取样,泡沫混合液主管道上应设计有泡沫混合液流量检测仪器安装位置,泡沫混合液管道上应设置试验检测口,在靠近防火堤外侧处的水平管道上应设置供检测泡沫产生器工作压力的压力表接口。

(三)液上喷射泡沫灭火系统管道设置要求

固定顶储罐、浅盘和易熔浮盘式内浮顶储罐爆炸着火时,极可能使泡沫产生器损坏。因此,各泡沫产生器应独立设置,即每个泡沫产生器用独立的混合液管道引至防火堤外,并且固定式系统在防火堤外的每条独立混合液管道上应设置控制阀;半固定式系统应设置用以连接泡沫消防车的管牙接口。

外浮顶储罐设置液上喷射泡沫灭火系统时,有泡沫喷射口罐壁设置和泡沫喷射口浮顶设置两种方式。对于采用泡沫喷射口罐壁设置方式的外浮顶储罐,可每两个泡沫产生器合用一根泡沫混合液立管;当三个或三个以上泡沫产生器为一组在泡沫混合液立管下端合用一根管道时,宜在每个泡沫混合液立管上设置常开控制阀;每根泡沫混合液管道应引至防火堤外,且半固定式泡沫灭火系统的每根泡沫混合液管道所需的混合液流量不应大于一辆消防车的供给量。对于采用泡沫喷射口浮顶设置方式的外浮顶储罐,当泡沫混合液管道从储罐内通过时,应采用具有重复扭转运动轨迹的耐压不锈钢复合软管,并不得与浮顶支撑相碰撞,应避开搅拌器,且应距离储罐底部的伴热管 0.5 m 以上。

五、泡沫消防泵站与泡沫站

泡沫消防泵按照用途不同可分泡沫消防水泵、泡沫混合液泵、泡沫液泵三种类型。泡沫比例混合装置和泡沫液储罐组成的泡沫供给源与泡沫消防水泵集中在一地的称为泡沫消防泵站。

为集中管理和使用,同时节约投资,泡沫消防泵站可与消防水泵房合建,并应符合国家现行有关标准对泡沫消防泵站或消防水泵房的规定;泡沫消防泵站与甲、乙、丙类液体储罐或装置的距离不得小于 30 m,固定式系统的设计应满足自泡沫消防水泵启动至泡沫混合液或泡沫输送到保护对象的时间不大于 5 min 的要求。当泡沫消防泵站与甲、乙、丙类液体储罐或装置的距离为 30~50 m 时,泡沫消防泵站的门、窗不应朝向保护对象。

有些储罐区较大、罐组较多,如果将泡沫供给源集中到泵站,但无法满足自泡沫消防水泵启动至泡沫混合液或泡沫输送到保护对象的时间不大于 5 min 的要求,应设置泡沫站。泡沫站是指不含泡沫消防水泵,仅设置泡沫比例混合装置、泡沫液储罐等的场所。泡沫站的设置应符合以下规定:严禁将泡沫站设置在防火堤内、围堰内、泡沫灭火系统保护区或其他爆炸危险区域内;当泡沫站靠近防火堤设置时,其与各甲、乙、丙类液体储罐罐壁的间距应大于 20 m；为确保及时启动，应具备远程控制功能；当泡沫站设置在室内时，其建筑耐火等级不应低于二级。

六、其他组件

（一）泡沫导流与缓冲装置

泡沫产生器的出口处应装有泡沫导流与缓冲装置。常见的泡沫导流装置是泡沫喷射口安装的弧形挡板。泡沫喷射口设置在外浮顶储罐的罐壁顶部时，应配置泡沫导流罩。

保护水溶性甲、乙、丙类液体储罐的泡沫灭火系统，应在储罐内安装泡沫缓冲装置，以避免泡沫与液面的直接冲击，减少泡沫的破损，保证泡沫通过缓冲装置缓慢地铺到液面上扑灭火灾。常用的泡沫缓冲装置有泡沫浮筒、泡沫溜槽、泡沫降落槽、泡沫带发射器等，如图 6-20 所示。

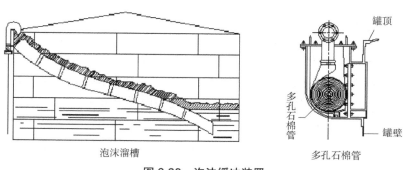

图 6-20　泡沫缓冲装置

（二）泡沫堰板

浮顶储罐发生火灾后，为将泡沫的覆盖面积控制在罐壁与浮顶之间的环形面积内，减少泡沫的浪费，需要设置泡沫堰板，如图 6-21 所示。泡沫堰板是在浮顶储罐的浮顶上靠外缘部位的一圈挡板，作用是围封泡沫。

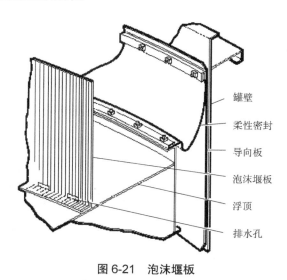

图 6-21　泡沫堰板

外浮顶储罐的泡沫堰板应高出密封 0.2 m,泡沫堰板与罐壁的间距不应小于 0.9 m,泡沫堰板的最低部位应设排水孔,其开孔面积宜按每 1 m² 环形面积 280 mm² 确定,排水孔高度不宜大于 9 mm。

钢质单盘式、双盘式内浮顶储罐的泡沫堰板距离罐壁不应小于 0.55 m,其高度不应小于 0.5 m。

第三节 灭火剂用量计算

储罐液上喷射泡沫灭火系统是应用最普遍的泡沫灭火系统,本节主要介绍此系统灭火剂用量的确定方法。其他泡沫灭火系统灭火剂用量的计算可参照《泡沫灭火系统技术标准》(GB 50151—2021)规定的方法与参数进行。

一、设计基本参数

液上喷射泡沫灭火系统设计基本参数主要包括泡沫混合液供给强度和泡沫混合液连续供给时间。泡沫混合液供给强度是指单位时间内单位燃烧面积所需的最小混合液供给量,单位为 L/(min·m²)。泡沫混合液连续供给时间是指泡沫灭火系统灭火时连续不断提供混合液的最短时间间隔。

非水溶性液体固定顶储罐液上喷射系统的泡沫混合液供给强度及连续供给时间不应小于表 6-3 的规定。

表 6-3 泡沫混合液供给强度及连续供给时间

系统形式	泡沫液种类	供给强度 [L/(min·m²)]	连续供给时间(min)		
			甲类液体	乙类液体	丙类液体
固定式、半固定式系统	氟蛋白、水成膜	6.0	60	45	30
移动式系统	氟蛋白	8.0	60	60	45
	水成膜	6.5	60	60	45

水溶性液体和其他对普通泡沫有破坏作用的甲、乙、丙类液体固定顶储罐,其泡沫混合液供给强度及连续供给时间不应小于表 6-4 的规定。

表 6-4 抗溶泡沫混合液供给强度及连续供给时间

泡沫液种类	液体类别	供给强度 [L/(min·m²)]	连续供给时间 (min)
抗溶水成膜、抗溶氟蛋白	乙二醇、乙醇胺、丙三醇、二甘醇、乙酸丁酯、甲基异丁酮、苯胺、丙烯酸丁酯、乙二胺	8	30

续表

泡沫液种类	液体类别	供给强度 [L/(min·m²)]	连续供给时间 (min)
抗溶水成膜、抗溶氟蛋白	甲醇、乙醇、乙二醇甲醚、乙腈、正丙醇、二噁烷、甲酸、乙酸、丙酸、丙烯酸、乙二醇乙醚、丁酮、乙酸乙酯、丙烯腈、丙烯酸甲酯、丙烯酸乙酯、乙酸丙酯、丁烯醛、正丁醇、异丁醇、烯丙醇、乙二醇二甲醚、正丁醛、异丁醛、正戊醇、异丁烯酸甲酯、异丁烯酸乙酯	10	30
	异丙醇、丙酮、乙酸甲酯、丙烯醛、甲酸乙酯	12	30
	甲基叔丁基醚	12	45
	四氢呋喃、异丙醚、丙醛	16	30
	含氧添加剂含量体积比大于 10% 的汽油	6	40
低黏度抗溶氟蛋白	甲基叔丁基醚、丙醛、乙二醇甲醚、丁酮、丙烯酸甲酯、乙酸乙酯、甲基异丁酮	12	30

注:本表未列出的水溶性液体,其泡沫混合液供给强度和连续供给时间应由试验确定。

非水溶性液体的外浮顶储罐的泡沫混合液供给强度不应小于 12.5 L/(min·m²),连续供给时间不应小于 60 min。

钢质单盘式、双盘式内浮顶储罐的泡沫混合液供给强度与连续供给时间,应符合下列规定:

(1)非水溶性液体及加醇汽油的泡沫混合液供给强度不应小于 12.5 L/(min·m²),水溶性液体的泡沫混合液供给强度不应小于表 6-4 规定的 1.5 倍;泡沫混合液连续供给时间不应小于 60 min;

(2)按固定顶储罐对待的内浮顶储罐,其泡沫混合液供给强度和连续供给时间及泡沫产生器的设置应满足表 6-3、表 6-4 的规定。

二、系统设计流量

储罐区泡沫灭火系统的泡沫混合液设计流量,应按储罐上设置的泡沫产生器或高背压泡沫产生器与该储罐辅助泡沫枪的流量之和计算,且应按流量之和最大的储罐确定。

(一)泡沫产生器设计流量

储罐中所需泡沫混合液流量可按下式计算:

$$Q_p = \sum_{i=1}^{n} q_i \geq R \times A \qquad (6-1)$$

式中 Q_p——泡沫混合液设计流量,L/min;

q_i——每个泡沫产生器的混合液流量,L/min;

n——泡沫产生器的数量,个,《泡沫灭火系统技术标准》(GB 50151—2021)中规定,液上喷射泡沫灭火系统中泡沫产生器的型号及数量应根据所需的泡沫混合液流量确定,且设置数量不应小于表 6-5 的规定,对于外浮顶和内浮顶储罐,还应保证单个泡沫产生器的最大保护周长不大于 24 m;

R——泡沫混合液供给强度,L/(min•m²);

A——燃烧面积,m²。

表 6-5　泡沫产生器设置数量

储罐直径 D(m)	泡沫产生器设置数量 n(个)
$D \leqslant 10$	1
$10 < D \leqslant 25$	2
$25 < D \leqslant 30$	3
$30 < D \leqslant 35$	4

注:对于直径大于 35 m 且小于 50 m 的储罐,其横截面面积每增加 300 m²,应至少增加 1 个泡沫产生器。

固定顶储罐和按固定顶储罐对待的内浮顶储罐的燃烧面积按式(6-2)计算;外浮顶储罐和按外浮顶储罐对待的内浮顶储罐的燃烧面积按式(6-3)计算:

$$A = \frac{1}{4}\pi D^2 \tag{6-2}$$

$$A = \frac{1}{4}\pi[D^2 - (D - 2a)^2] \tag{6-3}$$

式中　D——储罐直径,m;

　　　a——泡沫堰板与罐壁的距离,m。

(二)泡沫枪设计流量

固定式泡沫灭火系统的储罐区,应在其防火堤外设置一定数量用于扑救流散液体火灾的辅助泡沫枪,其辅助泡沫枪的数量和泡沫混合液连续供给时间应根据所保护储罐的直径确定,且不应小于表 6-6 的规定,每支辅助泡沫枪的泡沫混合液流量不应小于 240 L/min。

泡沫枪的泡沫混合液设计流量,应按同时使用的泡沫枪的流量之和确定,可按下式计算:

$$Q_q = n \times q_q \tag{6-4}$$

式中　Q_q——泡沫枪总的泡沫混合液设计流量,L/min;

　　　n——泡沫枪的数量,支;

　　　q_q——每支泡沫枪的泡沫混合液流量,L/min。

表 6-6　泡沫枪数量和泡沫混合液连续供给时间

储罐直径 D(m)	配备泡沫枪数量 n(支)	泡沫混合液连续供给时间(min)
$D \leqslant 10$	1	10
$10 < D \leqslant 20$	1	20
$20 < D \leqslant 30$	2	20

储罐直径 D（m）	配备泡沫枪数量 n（支）	泡沫混合液连续供给时间（min）
$30 < D \leq 40$	2	30
$D > 40$	3	30

（三）系统混合液设计流量

泡沫灭火系统泡沫混合液流量应按下式计算：

$$Q_x = K(Q_p + Q_q) \qquad (6\text{-}5)$$

式中　K——裕度系数，可取 1.05。

三、泡沫灭火剂用量

（一）泡沫混合液设计用量

储罐区泡沫灭火系统扑救一次火灾的泡沫混合液设计用量，应按罐内用量、该罐辅助泡沫枪用量、管道剩余量三者之和最大的储罐确定，可按下式计算：

$$V = Q_p T_1 + Q_q T_2 + V_s \qquad (6\text{-}6)$$

式中　V——扑救一次火灾的泡沫混合液设计用量，L；

　　　T_1——泡沫混合液连续供给时间，min；

　　　T_2——泡沫枪的混合液连续供给时间，min；

　　　V_s——系统管道内泡沫混合液剩余量，L。

（二）泡沫液用量

计算出泡沫混合液设计用量后，按其中泡沫液与水的比例即可确定泡沫液用量。在确定泡沫液实际用量时，应考虑泡沫液储罐的剩余量。

泡沫液的用量可按下式计算：

$$V_p = fV \qquad (6\text{-}7)$$

式中　V_p——泡沫灭火系统中泡沫液用量，L；

　　　f——泡沫液与水的混合比，当已知泡沫比例混合装置的混合比时，可按实际混合比计算泡 沫液用量，当不知泡沫比例混合装置的混合比时，3% 型泡沫液应按混合比 3.9% 计算泡沫液用量，6% 型泡沫液应按混合比 7% 计算泡沫液用量。

第四节　系统的检测

泡沫灭火系统的检测包括系统设备的选型和设置、安装质量的检查和消防产品市场准入有关规定的检查及泡沫灭火系统设备和系统基本功能的检查。

一、技术要求

（一）系统组件

泡沫灭火系统专用组件检查的技术要求见表 6-7。

表 6-7　泡沫灭火系统专用组件检查的技术要求

组件	技术要求
泡沫液储罐	罐体或铭牌、标志牌上应清晰注明泡沫灭火剂的型号、配比浓度、泡沫灭火剂的有效日期和储量；储罐的配件应齐全完好，液位计、呼吸阀、安全阀及压力表状态应正常；根据泡沫液储罐上设置的液位计，查看泡沫液储量是否满足要求
比例混合器	应符合设计选型，与管道连接处应完好，液流方向应正确，压力表应正常；实地查看其组件应无缺失、锈蚀等现象；环泵式比例混合器还应检查调节手柄是否灵活；管线式比例混合器还应检查吸液管连接处应无脱落、松动，安装高度不应发生改变；压力式比例混合装置还应检查有关阀门状态，进水阀应处于完全开启状态，出液阀应处于完全关闭状态
泡沫产生器	应符合设计选型；实地查看泡沫产生器本体，组件应完好，与管道连接处无松动、脱落；检查吸气孔、发泡网及暴露的泡沫喷射口，不得有杂物进入或堵塞，不得被防锈漆等涂覆，且周围保温、防腐材料不应影响吸气；液上空气泡沫产生器还应检查密封玻璃应完整，刻痕应清晰，喷射口挡板保持完好，并能保证泡沫沿罐壁喷放；当泡沫产生器安装在浮顶上时，还应检查泡沫产生器随浮顶能否正常上下浮动；高背压泡沫产生器还应检查其与罐体连接管路上阀门启闭状态，控制阀门应处于完全开启状态，周围不存在漏液现象；中、高倍数泡沫产生器应检查其泡沫喷射口下方、周围是否存在影响泡沫施放、流淌的障碍物
泡沫喷头	应符合设计选型；实地查看喷头本体应无变形现象；喷头与管道连接处应无松动、脱落；喷头周围不存在影响泡沫喷放的障碍物；吸气型泡沫喷头的吸气孔未被堵塞、发泡网未被涂覆；闭式喷头应检查其周围、本体上是否存在影响感温元件响应火灾的障碍物；喷雾喷头应检查管道上过滤器是否完好
泡沫枪	组件应无缺损；消防接口的密封垫应完好；导泡筒无变形、开裂；与泡沫枪配套使用的消防水带应完好，便于取用；自吸液泡沫枪的吸液管与泡沫枪的连接应严密；启闭开关的操作应灵活；吸液管应无开裂、老化现象；泡沫桶的取用、移动应方便，泡沫液应未过期、存量满足要求等

（二）系统功能

应能按设定的控制方式正常启动泡沫消防泵，查看泡沫消防泵、比例混合器、泡沫产生器、泡沫枪的压力表显示和正常发泡情况。

二、检测方法

（一）设备检测

1. 泡沫消防水泵的检测

（1）手动控制：在消防水泵房启动消防水泵，用秒表测量从启动到正常运行所需时间，消防水泵手动启动、停止应正常，并保证 55 s 内投入正常运行，各指示灯显示正确。

（2）手动机械启泵：检查手动机械启泵功能的设置，测量管理人员从消防控制室至水泵房启动水泵达到正常运行状态所需时间；保证当控制柜内控制线路发生故障时，能在报警后 5 min 内正常工作。

（3）消防控制室远程控制：在消防控制室进行启停试验，观察反馈信号，并检查直接启泵线路是否不受联动控制器的影响。

（4）备用泵设置，主备泵切换：在自动状态启动消防水泵，模拟主泵故障，检查系统能否自动转入备用泵运行，并用秒表测量从接收到启泵信号到水泵正常运行的时间不应大于2 min（含备用泵投入）。

（5）自动停泵：统计消防水泵的各种启动方式，查看其中是否存在自动停泵的现象。

2. 泡沫液泵的检测

（1）手动控制及运转：手动操控泡沫液泵的工作泵和备用泵，泡沫液泵应能按命令启动、停止，运行时状态稳定。

（2）控制室远程控制：在消防控制室利用手动直接控制装置控制泡沫液泵，泡沫液泵应能按命令启动、停止，运行时状态稳定。

（3）主、备泵切换：模拟工作泵故障，远程发出启泵命令，此时水泵控制柜应能自动启动备用泵。

（二）泡沫灭火系统检测

1. 低倍数泡沫灭火系统检测

低倍数泡沫灭火系统进行系统喷水试验，选最不利和最有利的两个防护区或储罐进行试验，用压力表检查。对储罐或不允许进行喷水试验的防护区，喷水口可设在靠近储罐或防护区的水平管道上。关闭非试验储罐或防护区的阀门，观察压力是否符合设计要求，即用秒表测量泡沫消防水泵或泡沫混合液泵启动后泡沫到达最远保护对象的试验接口的时间不应大于5 min。

2. 高、中倍数泡沫灭火系统检测

（1）控制方式：查看系统启动方式，自动控制的高倍数泡沫灭火系统应设有自动控制、手动控制和应急操作三种控制方式；手动控制的高倍数泡沫灭火系统应设有手动控制和应急操作两种控制方式。

（2）手动、自动状态的反馈和显示：转换手动、自动状态，观察消防联动控制器显示信息是否与状态一致。

（3）联动逻辑关系：查看系统联动逻辑关系，应满足在接收到首个火警信号后，启动设置在该防护区内的火灾声光报警器；在接收到同一防护区域内与首次报警的火灾探测器或手动火灾报警按钮相邻的感温火灾探测器、火焰探测器或手动火灾报警按钮的报警信号后，系统启动，并发出相澎备联动控制信号的要求。

（4）自动试验：将系统设定在自动状态，触发首个联动触发信号，该防护区内的声光报警器应动作；触发防护区内第二个联动触发信号，并用秒表开始计时，测量延时启动时间，查看防护区内通风和空调设施、防火阀关闭、开口封闭装置、排气口打开、入口处声光报警装置、选择阀以及泡沫灭火装置的动作情况。

（5）手动试验：触发防护区外的紧急启动信号，该区域的声光报警器应动作，通风和空调调节系统应停止,防护区开口应封闭,查看入口处声光报警装置、选择阀动作以及泡沫灭火装置的联动控制信号。

(6)信号反馈:查看泡沫灭火装置启动及喷发的各阶段的联动控制及反馈信号,应反馈至消防联动控制器。

3.泡沫－水喷淋系统和泡沫喷雾系统检测

(1)启动方式:查看泡沫－水雨淋、泡沫－水预作用及泡沫喷雾系统应同时具备自动、手动和应急机械手动启动方式。

(2)采用火灾自动报警设施控制的系统:在消防控制室远程打开电磁阀,用秒表测量系统的响应时间,雨淋阀应动作打开,压力开关应动作报警并启动喷淋泵,系统响应时间应符合设计要求,水力警铃应动作报警。

预作用系统:人为触发同一报警区域内两只及以上独立的感烟火灾探测器或一只感烟火灾探测器与一只手动火灾报警按钮的报警信号,作为预作用阀组开启的联动触发信号,应由消防联动控制器控制预作用阀组开启,使系统转变为湿式系统;当系统设有快速排气装置时,应联动控制排气阀前的电动阀开启。

雨淋系统:人为触发同一报警区域内两只及以上独立的感温火灾探测器或一只感温火灾探测器与一只手动火灾报警按钮的报警信号,作为雨淋阀组开启的联动触发信号,应由消防联动控制器控制雨淋阀组开启。

(3)采用传动管控制的系统:手动打开传动管末端试验装置,观察雨淋阀是否自动开启,查看压力开关、水力警铃是否报警,查看压力开关报警信号联动启动泡沫消防泵、打开泡沫液储罐出液阀的情况。

(4)采用湿式报警阀的系统:打开末端试验阀,观察湿式报警阀是否动作,查看压力开关、水力警铃是否报警,查看泡沫消防泵是否自动启动,查看泡沫液储罐的出液阀是否自动打开。

(5)信号反馈:手动转换泡沫灭火控制器的手动／自动状态,并在控制室的消防联动控制器上观察上述状态的反馈是否显示正确。

三、联动功能测试

(一)泡沫－水喷淋系统联动控制功能测试

泡沫－水喷淋系统的联动控制原理和自动喷水灭火系统基本相同,主要区别就是增加了和泡沫液供给装置的联动控制。以闭式泡沫－水喷淋系统为例,进行系统联动控制测试可采用末端试水装置、楼层试水阀或者泡沫液试验阀(系统试验阀)。如果仅测试联动控制功能,使用泡沫液试验阀即可。测试时,打开泡沫液试验阀,报警阀组应及时开启,然后压力水经延迟器进入报警管路,水力警铃应报警,压力开关应动作,并启动消防水泵。同时,报警管路一部分水进入压力释放阀,压力释放阀动作后,泡沫液控制阀自动开启,向系统供给泡沫液,系统试验阀随即有泡沫混合液流出。按闭式泡沫－水喷淋系统要求,在系统流量为

8 L/s 至最大流量区间内,系统的混合比应满足设计要求。因此,开启系统试验阀时,将流量控制在该流量区间,即可同时检测混合比是否符合要求。

(二)高倍数泡沫灭火系统联动控制功能测试

高倍数泡沫灭火系统的联动控制功能测试主要针对自动控制启动方式,主要测试内容如下:首先将火灾报警控制器的控制方式置于"自动"位置,使系统处于自动控制状态;然后模拟火灾首个探测器的报警信号,火灾报警控制器接收到第一个火灾探测器的信号后,应启动防护区内的声光报警装置,提示人员疏散;再后模拟第二个火灾探测器的报警信号,火灾报警控制器接收到第二个火灾探测器的报警信号后,联动关闭防护区内的门窗、开启排气口、切断生产及照明电源等,并发出启动灭火系统指令,延时一定时间后,应自动启动泡沫消防水泵、比例混合装置、分区阀及相关自动控制阀门,向防护区内喷洒泡沫灭火。

(三)泡沫喷雾系统联动控制功能测试

泡沫喷雾系统的联动控制功能测试主要针对自动控制启动方式,主要测试内容如下:首先将泡沫喷雾系统控制盘的控制方式置于"自动"位置;然后模拟首个火灾探测器的报警信号,当泡沫喷雾系统控制盘接收到第一个火警信号后,控制盘立即发出声光报警;再后模拟第二个火灾报警信号,泡沫喷雾系统控制盘接收到第二个火灾探测器的火灾信号后,应发出联动指令,经过延时(根据需要预先设定)后自动打开电磁型驱动装置及保护区对应的分区控制阀,动力瓶组储存的高压气体随即通过减压阀进入储液罐中,推动泡沫灭火剂经过分区控制阀、管网和水雾喷头喷向被保护区域,实施灭火。

第七章　气体灭火系统

为避免灭火时对保护对象造成次生危害,在特定场合需要安装气体灭火系统。气体灭火系统是以某些在常温、常压下呈气态的灭火介质,通过在整个防护区内或保护对象周围的局部区域建立起灭火浓度实现灭火。

第一节　概述

一、系统适用范围

(一)适宜用气体灭火系统扑救的火灾

(1)液体火灾或石蜡、沥青等可熔化的固体火灾。
(2)气体火灾。
(3)固体表面火灾及棉毛、织物、纸张等部分固体深位火灾。
(4)电气设备火灾。

(二)不适宜用气体灭火系统扑救的火灾

(1)硝化纤维、火药等含氧化剂的化学制品火灾。
(2)钾、钠、镁、钛、锆等活泼金属火灾。
(3)氢化钾、氢化钠等金属氢化物火灾。

二、系统类型

(一)按使用的灭火剂分类

按使用的灭火剂,气体灭火系统可分为二氧化碳灭火系统,由氮气、氩气和二氧化碳按52%、40% 和 8% 混合的 IG541 灭火系统,以及七氟丙烷灭火系统。

(二)按灭火方式分类

1. 全淹没式气体灭火系统

全淹没式气体灭火系统的喷头均匀布置在所保护房间的顶部,喷射的灭火剂能在封闭空间内迅速形成浓度比较均匀的灭火剂气体和空气的混合气体,并在灭火必需的"浸渍"时间内维持灭火浓度,即通过灭火剂气体将封闭空间淹没实施灭火的系统形式,如图 7-1 所示。该系统可对防护房间提供整体保护,不仅局限于房间内的某个设备。

这里所说的封闭空间是相对而言的,并不要求完全密闭,在顶棚、四壁允许存在一些缝隙或开口,但要符合一定的限制条件,以保证灭火剂的"浸渍"时间。

2.局部应用式气体灭火系统

局部应用式气体灭火系统的喷头均匀布置在所保护对象的四周,将灭火剂直接而集中地喷射到保护对象上,使其笼罩整个保护对象外表面,在其周围局部范围内建立起灭火剂气体浓度保护层的系统形式,如图 7-2 所示。该系统可保护房间内或室外的某一设备(局部区域),就整个房间而言,灭火剂气体浓度远远达不到灭火浓度。

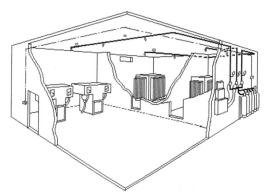

图 7-1　全淹没式气体灭火系统示意图　　　　图 7-2　局部应用式气体灭火系统示意图

(三)按管网的布置分类

1.组合分配灭火系统

用一套灭火剂储存装置同时保护多个场所的气体灭火系统称为组合分配灭火系统。组合分配灭火系统是通过选择阀的控制,实现灭火剂释放到着火的保护区,如图 7-3 所示。该系统适用于多个不会同时着火的相邻保护区或保护对象的保护,具有同时保护但不能同时灭火的特点。

组合分配灭火系统的灭火剂设计用量是按最大的一个保护区或保护对象确定的,对于较小的保护区或保护对象,若不需要释放全部的灭火剂量,可根据需要利用启动气瓶来控制打开储存容器的数量,以释放全部或部分灭火剂。

2.单元独立灭火系统

为确保万无一失,每个保护区各自设置气体灭火系统进行保护,称为单元独立灭火系统,如图 7-4 所示。很明显,采用单元独立灭火系统可提高其安全可靠性能,但投资较大。另外,单元独立灭火系统管路布置简单,维护管理较方便。

3.无管网灭火系统

将灭火剂储存容器、控制和释放部件等组合在一起的小型、轻便灭火系统,由于没有管网或仅有一段短管,因此称为无管网灭火系统,如图 7-5 所示。该系统多放置在防护区内,亦可放置在防护区的墙外,通过短管将喷头伸进防护区。

无管网灭火系统一般由工厂成系列生产,故又称预制系统。具体使用时,可根据保护区的大小直接选用,从而省去烦琐的设计计算,便于施工,适用于较小的、无特殊要求的保护区。

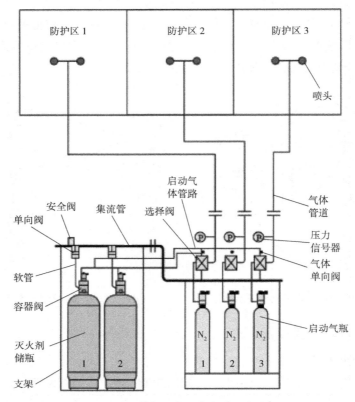

图 7-3　组合分配灭火系统示意图

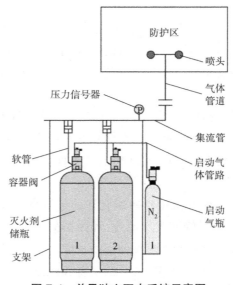

图 7-4　单元独立灭火系统示意图

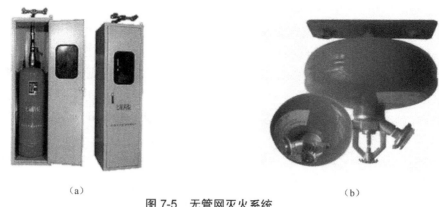

（a）　　　　　　　　　　　　　　　　　（b）

图 7-5　无管网灭火系统

（a）柜式　（b）悬挂式

三、系统组成及工作原理

（一）系统基本组成

气体灭火系统由灭火剂储存装置、启动分配装置、输送释放装置、监控装置等组成,如图 7-6 所示。

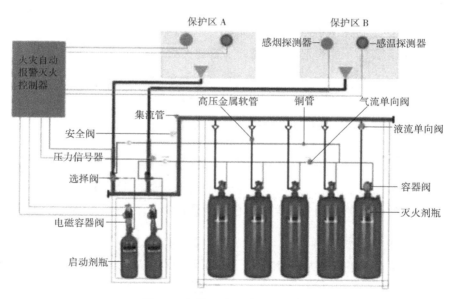

图 7-6　气体灭火系统组成示意图

（二）系统启动控制

为确保气体灭火系统在发生火灾时及时可靠地启动,系统的控制与操作应满足一定的要求。全淹没式气体灭火系统一般应具有自动控制和手动控制和机械应急操作三种启动方式,无管网灭火系统应具有自动控制、手动控制两种启动方式。局部应用式气体灭火系统用于经常有人的保护场所时,可不设自动控制。

(1)自动控制是利用火灾报警系统自动探测火灾,并由消防控制中心自动启动灭火系统的启动方式。为防止火灾自动报警系统误报并引起误喷,应在接收到两个独立的火灾报警信号后,才能启动系统,因此宜采用复合探测。自动控制应根据人员疏散要求,适当延迟启动,但延迟时间不应大于30 s。经常有人的场合还可设置紧急切断装置,关闭系统的自动控制启动功能,从而保证在误报情况下或在火势很小用灭火器即可扑灭的情况下,不启动气体灭火系统。

(2)手动控制是一种采用气动或电动远程控制的启动方式。手动控制操作装置设在保护区外便于操作的地方,使人容易识别,并应能在一处完成系统启动的全部操作。手动控制操作应不受自动控制的制约,在自动控制失灵或遭到破坏时能进行释放灭火剂操作。

(3)机械应急操作是一种应急手段,在电动或气动启动装置发生故障时,能够保证系统启动。机械应急操作应是直接启动灭火剂储存容器的容器阀,尽量减少中间环节。

不论采用何种启动方式,应保证每组系统所有的灭火剂储存容器全部一次开启。

(三)系统工作过程

防护区一旦出现火警,火灾探测器报警,消防控制中心接收火灾信号后,启动联动装置(关闭开口、停止空调等),延时30 s(保证防护区内人员的疏散)后,打开启动气瓶的瓶头阀,利用气瓶中的高压氮气将灭火剂储存容器上的容器阀打开,灭火剂经管道输送到喷头喷出实施灭火。另外,通过压力开关监测系统是否正常工作,若系统故障,值班人员听到事故报警,手动开启储存容器上的容器阀,实施人工启动灭火。

第二节　系统主要组件

一、储存装置

气体灭火系统储存装置包括灭火剂储存容器、容器阀、集流管、单向阀及连接软管等,通常是将它们组合在一起,放置在靠近防护区的专用储瓶间内。

(一)灭火剂储存容器

灭火剂储存容器在储存灭火剂的同时,又是系统的动力源,为系统正常工作提供足够的压力,对系统能否正常工作影响很大。各类气体灭火系统有其相应的灭火剂储存容器,如低压二氧化碳储存容器等。在灭火剂储存容器或容器阀上,应设安全泄压装置和压力表,以防止灭火剂储存容器内的压力超过允许的最高压力而引起事故,从而确保设备和人身安全。压力表应朝向操作面,安装高度和方向应一致。灭火剂储存容器上应设有耐久固定的金属标牌,标明每个储存容器的号码、灭火剂充装量、充装日期、储存压力等,安装时标牌应朝外,以便于进行验收、检查和维护。

（二）容器阀

容器阀是指安装在灭火剂储存容器出口的控制阀,平时用于封存灭火剂,发生火灾时自动或手动开启释放灭火剂。容器阀有电动型、气动型、机械型和电引爆型四类,其开启是一次性的,打开后不能关闭,需要重新更换膜片或重新支撑后才能关闭。容器阀上都安装有导液管,以保证液态灭火剂的喷出,如图 7-7 所示。

（三）集流管

集流管是将若干储瓶同时开启施放出的灭火剂汇集起来,然后通过分配管道输送至保护空间,如图 7-8 所示。集流管为一较粗的管道,工作压力不小于最高环境温度时灭火剂储存容器内的压力。集流管上应有安全泄压装置,可采用安全阀或泄压膜片,但泄压时不应造成人身伤害,尽量用管道将泄出物排至安全地带。装有泄压装置的集流管,其泄压方向不应朝向操作面。集流管应与灭火剂储存容器固定在支、框架上,且集流管外表面应涂红色油漆。

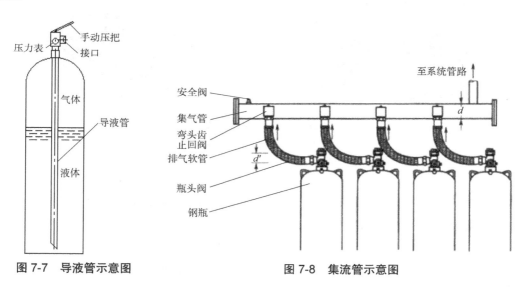

图 7-7　导液管示意图　　　　图 7-8　集流管示意图

（四）单向阀

单向阀是用来控制介质流向的。当气体灭火系统较大,灭火剂储存容器较多时,需成组布置,这种情况下每个灭火剂储存容器都应设有单向阀,防止灭火剂回流到空瓶或从卸下的储瓶接口处泄漏。单向阀可设置在连接软管的前边或后边。

（五）连接软管

为了便于灭火剂储存容器的安装与维护,减缓施放灭火剂时对管网系统的冲击力,一般在单向阀与容器阀或单向阀与集流管之间采用软管连接。连接软管应为钢丝编织的耐压胶管,两端装有接头,从而组成连接软管组。

二、启动分配装置

(一)启动气瓶

启动气瓶充有高压氮气,用以打开灭火剂储存容器上的容器阀及相应的选择阀。组合分配系统和灭火剂储存容器较多的单元独立系统,多采用设置启动气瓶启动系统的方式。

启动气瓶容积较小,通过其上的瓶头阀实现自动开启,常规选用的阀驱动装置为电磁驱动器、气动驱动器或机械驱动器。通常采用的电磁驱动器,可由火灾自动报警系统控制启动,其电磁铁芯扎破启动气瓶密封膜片,将启动气瓶中的启动气体放出,进而通过气动启动方式释放灭火剂储瓶中的灭火介质。电磁驱动装置如图 7-9 所示。

(a)   (b)

图 7-9　电磁驱动装置

(a)电磁驱动器　(b)铁芯

(二)选择阀

在组合分配系统中,应设置与每个防护区相对应的选择阀,以便在系统启动时能够将灭火剂输送到需要灭火的防护区。选择阀的功能相当于一个常闭的二位二通阀,平时处于关闭状态,系统启动时,与需要施放灭火剂的防护区相对应的选择阀被打开。

选择阀的启动方式有电动式和气动式两类。电动式一般是利用电磁铁通电时产生的吸力或推力打开阀门。气动式则是利用压缩气体推动气缸中的活塞打开阀门,压缩气体一般来自启动气瓶,也可采用其他的气源。无论是电动式或气动式选择阀,均设有手动操作机构,以便在自动启动失灵时,仍能将阀门打开,保证系统将灭火剂输送到需要灭火的防护区。操作手柄应布置在操作面一侧,安装高度超过 1.7 m 时应有便于操作的措施,其附近应有固定的永久性标志牌。选择阀的位置应靠近储存容器且便于手动操作,其公称直径应与所对应的防护区主管道的公称直径相等,采用螺纹连接时,与管网连接处宜采用活接头。

(三)启动气体管路

输送启动气体的管路多采用铜管,系统所选用的铜管应符合有关现行国家标准中对"拉制铜管"和"挤制铜管"的规定。

三、喷头

喷头的作用是保证灭火剂以特定的射流形式喷出,促使灭火剂迅速汽化,在保护空间内达到灭火浓度。

(一)类型

由于各种灭火剂的喷射性能不同,所应用的喷头结构形式有所不同,各类系统都有相应的喷头形式,不能相互代替。如图 7-10 所示为全淹没式二氧化碳灭火系统喷头,其构造适应二氧化碳灭火剂的汽化,并有一定的喷射范围,既不能用于其他灭火系统,也不能用作局部应用式二氧化碳灭火系统喷头。

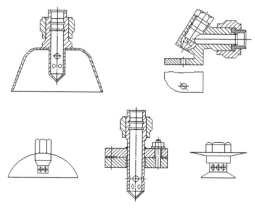

图 7-10　全淹没式二氧化碳灭火系统喷头

(二)布置与安装

喷头应均匀分布,以保证防护区内灭火剂分布均匀。局部应用式二氧化碳灭火系统采用面积法设计时,喷头宜等距布置;架空型喷头宜垂直于保护对象的表面,其瞄准点(喷头射流的轴中心)应是喷头保护面积的中心。

喷头一般向下安装,当封闭空间的高度很小时,可侧向安装或向上安装,如活动地板下及吊顶内。安装在吊顶下的不带装饰罩的喷头,其连接管管端螺纹不应露出吊顶。安装在吊顶下的带装饰罩的喷头,其装饰罩应紧贴吊顶。设置在有粉尘场所的喷头应增设不影响喷射效果的防尘罩。喷头安装时应逐个核对其孔口型号、规格和喷孔方向是否符合要求。

四、管道与管道连接件

对于有管网气体灭火系统,管道将储存容器释放出的灭火剂输送到保护场所,再经喷头喷出实施灭火。由于气体灭火系统工作压力较高,因此输送灭火剂的管道及管道连接件应能承受较高的压力。鉴于气体灭火系统的特点,系统的管网一般不是很大,但对管道材料、施工安装要求较高。

（一）管道

气体灭火系统使用的管道有无缝管和加厚管,当系统设计工作压力较高时,应采用无缝管。输送灭火剂的管道必须进行内外镀锌处理,当防护区有腐蚀镀锌层的气体、蒸气或粉尘存在时,应采用不锈钢管或铜管。管道布置与安装应符合下列要求。

（1）管道应尽量短、直,避免绕流。

（2）七氟丙烷灭火系统管网宜布置成均衡管网。在实际工程中,特别是较大的防护区,要设计成均衡系统是很困难的,因此多为非均衡系统。非均衡系统的管网要尽量对称布置,以增加喷射的均匀性,并减少管网剩余量。

（3）阀门之间的封闭管段应设置泄压装置。在设置安全卸荷装置时,应考虑卸荷时喷射物不会伤人或不会使人处于危险境地。如有必要的话,应该用管道将释放物输送到对人员无危险的地方。另外,在通向每个防护区的主管道上应设压力信号器或流量信号器。

（4）设置在有爆炸危险的可燃气体、蒸气或粉尘场所内的气体灭火系统,其管网应设防静电接地装置。管道系统的对地电阻不大于 $100\ \Omega$,管道上每对法兰或其他接头间的电阻值应不大于 $0.03\ \Omega$,如果大于 $0.03\ \Omega$,则应用金属线跨接使其不大于此电阻值。因为当释放液化气体时,不接地的导体可能产生静电荷,而通过导体可能向其他物体放电,产生足够量的电火花,在有爆炸危险的防护区内可能引起爆炸。

（5）二氧化碳管路不应采用"四通"分流。采用"三通"分流时,两个分流出口应在同一水平面上,而且两侧分流时任一侧的流量不能小于 40%（或不能大于 60%）；直侧分流时,直流部分的流量不能小于 60%（侧流部分的流量不能大于 40%）。

（6）对于管道的连接,公称直径小于或等于 80 mm 的管道宜采用螺纹连接,公称直径大于 80 mm 的管道应采用法兰连接,已镀锌的无缝钢管不宜采用焊接连接,与选择阀等个别连接部位需采用法兰焊接时,应对被焊接损坏的镀锌层另做防腐处理。

（二）管道连接件

气体灭火系统管道常用的管道连接件与水系统相同,有弯头、三通、接头等,应根据与其连接的管道材料和壁厚进行选择。管道连接件一般为 25 号、30 号钢,内外镀锌,管道连接件与管道连接后应具有良好的密封性能和强度。

五、其他装置

（一）监控装置

防护区应有火灾自动报警系统,通过其探测火灾并监控气体灭火系统的启动,实现气体灭火系统的自动启动、自动监控。气体灭火系统可单独设置火灾自动报警系统,也可以由整个建筑物的火灾自动报警系统集中控制。气体灭火系统的工作状态一般通过监测其流量或压力得到,常用的监测装置有压力开关。

（二）检漏装置

气体灭火系统在定期检查时,需要检查储存容器的压力和重量,以检查充压气体和灭火剂是否有泄漏。检漏装置包括压力显示器、称重装置和液位测量装置等。压力可通过压力表检查,重量需要通过称重检查。当灭火剂泄漏量超过标定值（一般为 10%）时自动报警。

第三节　防护区与储瓶间

一、防护区

防护区是指由全淹没式气体灭火系统保护的封闭空间。要发挥气体灭火系统的作用,确保灭火的可靠性,并最大限度减少气体灭火剂的毒性危害,防护区应满足一定的要求。

（一）建筑要求

1. 防护区的大小及划分

防护区不宜太大,若房间太大,应分成几个小的防护区。IG541 灭火系统和七氟丙烷灭火系统的防护区,当采用管网灭火系统时,一个防护区的面积不宜大于 800 m²,容积不宜大于 3 600 m³;当采用预制灭火装置时,一个防护区的面积不应大于 100 m²,容积不应大于 400 m³。

防护区应以固定的封闭空间来划分。几个相连的房间是各自作为独立的防护区还是作为一个防护区考虑,应视其是否符合对防护区的要求。

2. 防护区的结构

1）防护区承压能力

防护区围护结构及门、窗的允许压强不宜小于 1.2 kPa,使其能够承受气体灭火系统启动后房间内的气压增加。

2）防护区结构耐火要求

防护区围护结构及门、窗的耐火极限不应低于 0.50 h,吊顶的耐火极限不应低于 0.25 h。试验和大量的火场实践证明,完全扑灭火灾所需时间一般在 15 min 内。因此,二氧化碳扑救固体火灾的抑制时间为 20 min,这就要求防护区围护结构的耐火极限应在 20 min 以上。

3）防护区的开口规定

防护区不宜有敞开的孔洞,存在的开口应设置自动关闭装置。对可能发生气体、液体、电气设备和固体表面火灾的二氧化碳灭火系统防护区,若设自动关闭装置确有困难,允许存在不能自动关闭的开口,但其面积不应大于防护区内表面积的 3%,且开口不应设在底面。

开口的存在对灭火浓度的维持影响很大,不利于有效地扑灭火灾。因此,对开口问题一定要谨慎对待,一般情况下应遵循以下原则:防护区不宜开口,如必须开口应设自动关闭装置,当设置自动关闭装置确有困难时,应使开口面积减小到最低限度,考虑灭火剂的补偿。

3. 泄压口的设置

防护区应有泄压口,防止气体灭火剂从储存容器释放出来后对建筑结构造成破坏。泄压口宜设在防护区的外墙上,其高度应大于防护区净高的 2/3。当防护区设有防爆泄压孔或门、窗缝隙未设密封条时,可不单独设置泄压口。

4. 防护区联动要求

防护区所用的通风机(包括空调)、通风管道的防火阀及影响灭火效果的生产操作,在系统启动喷放灭火剂前应自动关闭,以避免造成气体灭火剂大量流失,保证所需气体灭火剂灭火浓度的形成和维持。

5. 局部应用式气体灭火系统对保护对象的要求

局部应用式气体灭火系统的保护对象,应符合下列要求:

(1)保护对象周围的空气流动速度不宜大于 3 m/s,必要时应采取挡风措施;

(2)在喷头与保护对象之间,喷头喷射角范围内不应有遮挡物;

(3)当保护对象为甲、乙、丙类液体时,液面至容器缘口距离不得小于 150 mm。

(二)安全要求

为防止灭火剂对停留在防护区内的人产生毒性危害,设置全淹没式气体灭火系统的防护区应采取一定的安全措施。

1. 报警

防护区应有火灾报警和灭火剂释放报警,并符合下列要求:

(1)防护区内应设火灾声报警器,必要时,防护区的入口处应设光报警器,其报警时间不宜少于灭火过程所需的时间,并应以手动方式解除报警信号;

(2)防护区入口处应设灭火剂喷放指示灯,提示人们不要误入防护区。

2. 标志

防护区入口处应设灭火系统防护标志,防护标志应标明灭火剂释放对人的危害,遇到火灾应采取的自我保护措施以及其他注意事项。

3. 疏散

(1)防护区应有能在 30 s 内使该区域人员疏散完毕的走道与出口,在疏散走道与出口处,应设火灾事故照明和疏散指示标志。

(2)防护区的门应向疏散方向开启,并能自行关闭,且保证在任何情况下均能从防护区内打开。

4. 通风

灭火后的防护区应通风换气,地下防护区和无窗或固定窗扇的地上防护区应设机械排风装置,排风口宜设在防护区的下部并应直通室外。

5. 应急切断

在经常有人的防护区内设置的无管网灭火系统,应有切断自动控制系统的手动装置。

6. 电气防火

（1）凡经过有爆炸危险及变电、配电室等场所的管网系统，应设防静电接地。

（2）气体灭火系统的组件与带电部件之间的最小间距应符合表7-1的规定。

表 7-1　气体灭火系统组件与带电部件之间的最小间距

标称线路电压（kV）	最小间距（m）
≤ 10	0.18
35	0.34
110	0.94
220	1.90
330	2.90
500	3.60

7. 其他

（1）设有气体灭火系统的建筑物，应配备专用的空气呼吸器或氧气呼吸器。

（2）有人工作的防护区，其灭火设计浓度或实际使用浓度不应大于最小可见损害作用水平浓度。

（3）储瓶间的门应向外开启，储瓶间内应设应急照明；储瓶间应具备通风条件，地下储瓶间应设机械排风装置，排风口应设在下部并直通室外。

二、储瓶间

气体灭火系统应有专用的储瓶间，用于放置系统设备，以便于系统的维护管理。储瓶间应靠近防护区，房间的耐火等级不应低于二级，房间出口应直接通向室外或疏散走道。气体灭火系统储瓶间的室内温度应在表7-2的给定范围内，并应保持干燥和通风良好。设在地下的储瓶间应设机械排烟装置，排风口应通往室外。

表 7-2　气体灭火系统储瓶间的室内温度

系统类型	温度范围（℃）
高压二氧化碳灭火系统	0~49
低压二氧化碳灭火系统	−23~49
IG541 灭火系统	−10~50
七氟丙烷灭火系统	−10~50

第四节　灭火剂用量计算

气体灭火系统是将灭火剂一次性地释放到被保护房间,通过建立灭火浓度灭火,这与水灭火系统连续不断地喷放水来灭火不同。其需要根据保护对象的燃烧特性、所处的环境和防护区的大小及封闭情况,精确计算灭火剂用量。本节以二氧化碳灭火剂用量计算为例进行详细介绍,其他气体灭火系统的灭火剂用量计算可参考二氧化碳灭火剂用量计算方法,利用《气体灭火系统设计规范》(GB 50370—2005)中的公式和相关规定进行计算。

一、气体灭火系统主要性能参数

为确保系统的安全可靠,相关的气体灭火系统设计规范提出了相应系统的技术性能参数,这些参数有的直接给出,并由此确定了系统的设计取值;有的需要通过验算来验证系统设计的合理性。

(一)充压压力

系统充压压力指气体灭火系统启动前灭火剂储存容器内具有的压力,其与环境温度有关,一般指特定温度下的压力。

高压二氧化碳灭火系统的充压压力按 20 ℃时的二氧化碳蒸气压考虑,一般为5.17 MPa,储存温度应为 0~49 ℃。低压二氧化碳灭火系统的充压压力按 -18 ℃时的二氧化碳蒸气压考虑,一般为 2.17 MPa。IG541 灭火系统的充压压力可分为两个等级,一级充压压力为 15 MPa,二级充压压力为 20 MPa。七氟丙烷灭火系统的充压压力可分为三个等级,一级充压系统为(2.5+0.1)MPa(表压),二级充压系统为(4.2+0.1)MPa(表压),三级充压系统为(5.6+0.1)MPa(表压)。

当管网较小时,宜选择较小的充压压力,当管网较大时,可选用较大的充压压力。充压压力选择是否合适,要通过管网的水力计算认定。

(二)充装量

充装量指灭火剂储存容器内灭火剂的质量与储存容器的容积之比,单位为 kg/m³ 或 kg/L,又称为充装密度。充装量的大小对储存容器的安全和系统灭火剂释放过程的压力变化有影响。充装量越小,对灭火剂释放越有利,但所需的灭火剂储存容器的容量应随之增加,系统总的造价就随之提高,因此要合理确定充装量。

为了确保储存容器的安全,二氧化碳灭火剂的充装量应为 0.6~0.67 kg/L,当储存容器工作压力不小于 20 MPa 时,其充装量可为 0.75 kg/L。对于 IG541 灭火系统,一级充压储瓶的充装量应不大于 211.15 kg/m³;二级充压储瓶的充装量应不大于 281.06 kg/m³。对于七氟丙烷灭火系统,一级增压储存容器的充装量应不大于 1 120 kg/m³;二级增压焊接结构储存容器的充装量,应不大于 950 kg/m³;二级增压无缝结构储存容器的充装量,应不大于 1 120 kg/m³;三级增压储存容器的充装量,应不大于 1 080 kg/m³。

（三）设计喷放时间

设计喷放时间指从全部喷嘴开始喷射液态灭火剂到其中任何一个喷嘴开始喷射驱动气体为止的一段时间间隔。对于全淹没式气体灭火系统来说，灭火剂设计喷放时间越小越好，以利于快速灭火；而对于局部应用式气体灭火系统来说，灭火剂设计喷射时间不能太短，以保证彻底灭火。因此，不同的气体灭火系统对灭火剂设计喷放时间有不同的要求。该参数是气体灭火系统设计计算的一个主要技术参数，设计时应根据系统类型和保护对象的具体情况合理选择。

全淹没式二氧化碳灭火系统的灭火剂喷放时间一般不应大于 1 min；当扑救固体深位火灾时，喷射时间不应大于 7 min，并应在前 2 min 内使二氧化碳的浓度达到 30%。 局部应用式二氧化碳灭火系统的灭火剂喷射时间一般不应小于 0.5 min；对于燃点温度低于沸点温度的液体（含可熔化的固体）火灾，灭火剂喷射时间不应小于 1.5 min。

IG541 灭火系统的灭火剂设计用量 95% 的喷放时间，应不大于 60 s 且不小于 48 s。七氟丙烷的喷放时间，在通信机房和电子计算机房等场合，应不大于 8 s；在其他场合，应不大于 10 s。

（四）灭火浸渍时间

灭火浸渍时间（或抑制时间）是指被保护物完全浸没在保持灭火剂设计浓度的混合气体中，使火灾完全熄灭所需的时间，其是全淹没式气体灭火系统所必须达到的，但这一参数与气体灭火系统本身无关，需要通过防护区的良好封闭实现。

1. 二氧化碳灭火系统

各种可燃物所需的二氧化碳灭火剂抑制（浸渍）时间见表 7-3。

表 7-3　二氧化碳灭火剂抑制（浸渍）时间

可燃物	抑制时间 /min
电缆间和电缆沟、电子计算机房、电气开关和配电室	10
纤维材料、棉花、纸张、塑料（颗粒）、数据储存间、数据打印设备间	20
带冷却系统的发电机	至停转止

2. IG541 灭火系统

扑救木材、纸张、织物等固体表面火灾时，预制（浸渍）时间宜采用 20 min；扑救通信机房、电子计算机房等防护区火灾及其他固体表面火灾时，预制（浸渍）时间宜采用 10 min。

3. 七氟丙烷灭火系统

扑救木材、纸张、织物等固体表面火灾，预制（浸渍）时间宜采用 20 min；扑救通信机房、电子计算机房内的电气设备火灾，预制（浸渍）时间应采用 5 min；扑救其他固体表面火灾，预制（浸渍）时间宜采用 10 min；扑救气体和液体火灾，预制（浸渍）时间应不小于 1 min。

（五）喷头最小工作压力

由于气体灭火系统的两相流特性，系统工作时需要控制储存容器及管道内的压力，以限制流体中气相部分的相对量，因此限定喷头工作压力不能小于规定值。在目前所应用的几类气体灭火系统中，喷头最小工作压力的限定方式不同，有采用绝对限制条件的，也有采用相对限制条件的。

1. 二氧化碳灭火系统

高压二氧化碳灭火系统喷头工作压力应不小于 1.4 MPa（绝对压力）；低压二氧化碳灭火系统喷头工作压力应不小于 1.0 MPa（绝对压力）。

2. IG541 灭火系统

IG541 灭火系统喷头工作压力，一级充压系统应大于或等于 2.0 MPa（绝对压力），二级充压系统应大于或等于 2.1 MPa（绝对压力）。

3. 七氟丙烷灭火系统

七氟丙烷灭火系统喷头工作压力，一级充压系统大于或等于 0.6 MPa（绝对压力），二级充压系统大于或等于 0.7 MPa，（绝对压力），三级充压系统大于或等于 0.8 MPa（绝对压力）；当受条件限制难以满足要求时，应大于或等于中期容器压力的 1/2（绝对压力）。

二、全淹没式二氧化碳灭火系统灭火剂用量计算

全淹没式二氧化碳灭火系统灭火剂用量包括设计用量和剩余量。

（一）设计用量

全淹没式二氧化碳灭火系统的灭火剂设计用量应按下式计算：

$$W = K_b(0.2A + 0.7V) \tag{7-1}$$

其中

$$A = A_v + 30A_0$$

$$V = V_v - V_g$$

式中　W——全淹没式二氧化碳灭火系统灭火剂设计用量，kg；

　　　K_b——物质系数，见《二氧化碳灭火系统设计规范（2010 年版）》（GB/T 50193—1993）附表 A；

　　　A——折算面积，m²；

　　　A_v——防护区的内侧、底面、顶面的总面积（包括其中的开口），m²；

　　　A_0——开口总面积，m²；

　　　V——防护区的净容积，m³；

　　　V_v——防护区容积，m³；

　　　V_g——防护区内非燃烧体和难燃烧体的总体积，m³。

式（7-1）是全淹没式二氧化碳灭火系统设计用量基本计算公式，包括灭火用量和开口流失补偿量。其中，系数 0.2 是二氧化碳设计用量的面积系数（kg/m²）；系数 0.7 是二氧化碳

设计用量的体积系数（kg/m³）；系数 30 是开口面积的补偿系数。

二氧化碳的设计浓度应不小于灭火浓度的 1.7 倍，并不得低于 34%。当防护区存在两种或两种以上的可燃物时，该防护区的二氧化碳设计浓度应按这些可燃物中最大的考虑。

另外，防护区的环境温度对二氧化碳设计用量也有影响。当防护区环境温度超过 100 ℃时，二氧化碳设计用量应在式（7-1）计算值的基础上，每超过 5 ℃增加 2%；当防护区环境温度低于 −20 ℃时，二氧化碳设计用量应在式（7-1）计算值的基础上，每降低 1 ℃增加 2%。

（二）剩余量

二氧化碳灭火系统的灭火剂剩余量包括储存容器剩余量和管道剩余量两部分。

储存容器内的二氧化碳剩余量应由产品制造商提供。

高压二氧化碳灭火系统管道内的剩余量可视为零，不予考虑；低压二氧化碳灭火系统管道内的剩余量可按下式计算：

$$W_r = \sum V_i \rho_i \tag{7-2}$$

式中　W_r——管道内的二氧化碳剩余量，kg；

　　　V_i——管网中第 i 段管道的容积，m³；

　　　ρ_i——管网第 i 段管道内二氧化碳的平均密度，kg/m³。

（三）储存量

二氧化碳灭火系统的灭火剂储存量可按下式计算：

$$W_C = W + W_s + W_r \tag{7-3}$$

式中　W_C——全淹没式二氧化碳灭火系统灭火剂储存量，kg；

　　　W——全淹没式二氧化碳灭火系统灭火剂设计用量，kg；

　　　W_s——储存容器内的二氧化碳剩余量，kg；

　　　W_r——管道内的二氧化碳剩余量，kg。

【例 7-1】一散装乙醇储存库，侧墙上有一个 2 m×1 m 的不能关闭的开口，库房尺寸为长 16 m、宽 10 m、高 3.5 m，采用全淹没式二氧化碳灭火系统保护，试计算二氧化碳灭火剂设计用量。

解：从《二氧化碳灭火系统设计规范（2010 年版）》（GB/T 50193—1993）附表 A 中可查得 K_b=1.34，则有：

防护区净容积为

　　V=16×10×3.5−0=560 m³

总表面积为

　　A_v=（16×10+16×3.5+10×3.5）×2=502 m²

开口总面积为

　　A_0=2×1=2 m²

折算面积为

$A=502＋30\times2=562\ m^2$

设计用量为

$W=K_b(0.2A+0.7V)=1.34\times(0.2\times562+0.7\times560)=675.9\ kg$

三、局部应用式二氧化碳灭火系统灭火剂用量计算

局部应用式二氧化碳灭火系统灭火剂用量包括设计用量、管道蒸发量和剩余量,计算方法有面积计算法和体积计算法两种,根据保护对象的具体情况确定。

(一)面积计算法

当保护对象为油盘等液体时,局部应用式二氧化碳灭火系统宜采用面积法设计,二氧化碳灭火剂设计用量应按下式计算:

$$W=nQ_it \qquad\qquad (7-4)$$

式中　W——二氧化碳灭火剂设计用量,kg;

　　　n——喷头数量;

　　　Q_i——单个喷头设计流量,kg/min;

　　　t——二氧化碳灭火剂喷射时间,min。

(二)体积计算法

当保护对象为变压器及其类似物体时,局部应用式二氧化碳灭火系统宜采用体积法设计,二氧化碳灭火剂设计用量应按下式计算:

$$W=V_iq_vt \qquad\qquad (7-5)$$

式中　W——二氧化碳灭火剂设计用量,kg;

　　　V_i——保护对象的计算体积,m³;

　　　q_v——二氧化碳体积喷射强度,kg/(min·m³);

　　　t——二氧化碳喷射时间,min。

保护对象的计算体积应采用设定的封闭罩体积。封闭罩体积为假想将保护对象包围起来的设定空间,其封闭面为实体面或想定面。在确定计算体积时,封闭罩的底应为保护对象下边的实际地面,各个侧面和顶面与被保护对象的距离不小于 0.6 m。在这个设定空间内的物体体积不能被扣除。

第五节　系统的操作使用与维护管理

一、系统的操作使用

气体灭火系统的启动方式有自动、手动和机械应急操作。平时应使其处于"自动"状态,可操作气体灭火控制器操作面板上的手动/自动转换开关,选择"自动状态",此时相应的状态指示灯亮。若自动启动失效或进行测试时可转换至"手动状态",利用气体灭火控制

器上的"手动启动"按钮进行启动。需要注意的是,如果是检查测试,通常将电磁阀和驱动瓶组的连接拆开;或拆开启动装置与灭火控制器启动输出端的连接导线,连接与启动装置功率相同的测试。防护区门外也设有手动启/停按钮,可进行手动启动,在延迟时间内还可进行紧急停止操作。

当自动和手动启动均失效时,需要进行机械应急操作。

(1)关闭通风口和通风空调系统。

(2)到储瓶间内确认喷放区域对应的启动气瓶组。

(3)拔出与着火区域对应驱动气瓶上电磁阀的安全插销或安全卡套,压下手柄或圆头把手,启动容器阀,释放启动气体。

(4)若启动气瓶的机械应急操作失败,进行如下操作。

①对于单元独立系统,操作该系统所有灭火剂储存装置上的机械应急操作装置,开启灭火剂容器阀,释放灭火剂,即可实施灭火。

②对于组合分配系统,首先开启对应着火区域的选择阀,再手动打开对应着火区域所有灭火剂储瓶的容器阀,即可实施灭火。

二、系统的维护管理

气体灭火系统应由经过专门培训,并经考试合格的专职人员负责定期检查和维护,应按检查类别规定对气体灭火系统进行检查,并做好检查记录,检查中发现问题应及时处理。

气体灭火系统使用中的注意事项如下:

(1)气体灭火系统使用中应当注意防毒、防冻伤,若听到预警警报声,保护区内人员应当立即撤离保护区;

(2)全淹没式气体灭火系统动作后,在进入内部侦察时,应当注意防止火势复燃。

气体灭火系统进行设备维护时需执行的技术规程如下:

(1)低压二氧化碳灭火剂储存容器的维护管理应按现行国家标准《固定式压力容器安全技术监察规程》(TSG 21—2016)的规定执行;

(2)钢瓶的维护管理应按现行国家标准《气瓶安全监察规程》的规定执行;

(3)灭火剂输送管道耐压试验周期应按《压力管道安全管理与监察规定》的规定执行。

气体灭火系统的每日巡检和周期性检查维护要求应符合《气体灭火系统施工及验收规范》(GB 50263—2007)相关维护管理的要求。

第八章　其他灭火系统

第一节　水喷雾灭火系统

水喷雾灭火系统是利用水雾喷头在一定水压下将水流分解成细小水雾滴进行灭火或防护冷却的灭火系统。该系统不仅能扑救固体火灾、液体火灾和电气火灾，还可为液化烃储罐等火灾危险性大、火灾扑救难度大的设施或设备提供防护冷却，在石化、电力和冶金等行业应用广泛。

一、系统适用范围

水喷雾灭火系统有灭火和防护冷却两种防护目的，系统的设置可参照以下要求。

（一）系统用于灭火的适用范围

水喷雾灭火系统扑救各类设备火灾特别是露天设备火灾效果较好，主要应用于以下范围及保护对象：

（1）固体物质火灾，如输送机皮带等的火灾；

（2）丙类液体和饮料酒火灾，如燃油锅炉、发电机油箱、输油管道等的火灾；

（3）电气火灾，如油浸式电力变压器、电缆隧道、电缆沟、电缆井、电缆夹层等的火灾。

（二）系统用于防护冷却的适用范围

水喷雾灭火系统的防护冷却一般应用于可燃气体和甲、乙、丙类液体储罐及装卸设施的冷却，且在冷却的同时，可有效稀释泄漏的气体或液体，主要应用于以下范围及保护对象：

（1）可燃气体、液体生产、储存、装卸、使用设施；

（2）气体储罐和甲、乙、丙类液体储罐；

（3）火灾危险性大的化工装置及管道，如加热器、反应器、蒸馏塔等。

（三）不适用的范围

水喷雾灭火系统不得用于扑救遇水能发生化学反应造成燃烧、爆炸的火灾，以及水雾会对保护对象造成明显损害的火灾。

二、系统基本组成及工作原理

水喷雾灭火系统由水源、供水设备、管道、雨淋报警阀（或电动控制阀、气动控制阀）、过滤器和水雾喷头等组成，与雨淋系统的组成基本相同，如图8-1所示。

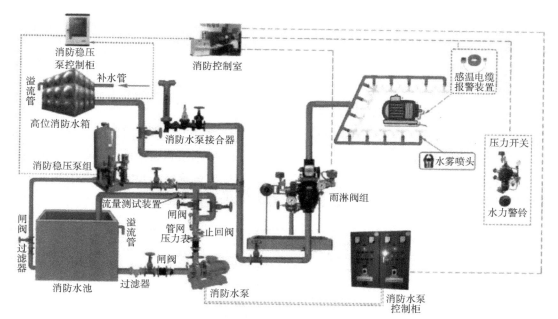

图 8-1 水喷雾灭火系统组成示意图

发生火灾时,通过雨淋阀开启装置探测到的火灾信号自动打开雨淋报警阀(也可以通过手动的方式将雨淋报警阀打开),同时压力开关将雨淋报警阀开启的信号传送给报警控制器,启动消防水泵,通过管网将水输送至水雾喷头,喷雾灭火。

三、系统类型

(一)按启动方式分类

1. 电动启动水喷雾灭火系统

电动启动水喷雾灭火系统以火灾报警系统作为火灾探测系统,利用设置在防护区域内的点式感温、感烟或缆式火灾探测器探测火灾和启动系统。发生火灾时,火灾探测器将火警信号传给火灾报警控制器,通过火灾报警控制器联动开启雨淋报警阀控制腔的电磁阀以打开雨淋报警阀,同时启动水泵供水。

2. 传动管启动水喷雾灭火系统

传动管启动水喷雾灭火系统以传动管作为火灾探测系统,利用传动管路上安装的闭式喷头探测火灾和启动系统。传动管内充满压缩空气或压力水,并与雨淋报警阀的控制腔相连。当设置在防护区域内的闭式喷头遇火灾爆破后,传动管内的压力迅速下降,从而打开雨淋报警阀;同时,压力开关将电信号传送给火灾报警控制器,火灾报警控制器启动水泵,通过管网将水送至水雾喷头。按传动管内的充压介质不同,可分为充液传动管和充气传动管。传动管启动水喷雾灭火系统一般适用于防爆场所,不适用于安装普通火灾探测器的场所。

（二）按组合应用形式分类

1. 独立的水喷雾灭火系统

独立的水喷雾灭火系统指单独设置的水喷雾灭火系统,工程中的大部分水喷雾灭火系统均为独立设置。

2. 自动喷水 - 水喷雾混合配置系统

自动喷水 - 水喷雾混合配置系统是在自动喷水灭火系统的配水干管或配水管上连接局部的水喷雾灭火系统,如图 8-2 所示。该混合配置系统中,水喷雾灭火系统的火灾探测系统可与自动喷水灭火系统合并或单独设置。发生火灾时,该系统供水先通过自动喷水灭火系统的湿式报警阀组,再通过水喷雾灭火系统的雨淋阀组,才能输送至水雾喷头。

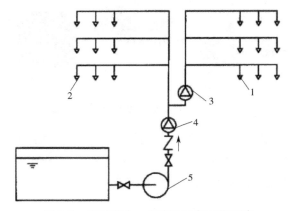

图 8-2　自动喷水 - 水喷雾混合配置系统

1—水雾喷头;2—闭式喷头;3—雨淋阀组;4—湿式报警阀组;5—消防水泵

当建筑内已经设置自动喷水灭火系统,且水喷雾灭火系统的保护对象比较单一、系统较小、用水量较少时,可采用自动喷水 - 水喷雾混合配置系统。

3. 泡沫 - 水喷雾联用系统

泡沫 - 水喷雾联用系统是在水喷雾系统的雨淋阀前连接泡沫液储罐和泡沫比例混合装置,可先喷泡沫灭火,再喷水雾冷却或灭火。

泡沫 - 水喷雾联用系统适用于采用泡沫灭火比采用水灭火效果更好的某些保护对象,或灭火后需要进行冷却,防止火灾复燃的场所。

四、系统主要组件

（一）水雾喷头

水雾喷头是水喷雾灭火系统中的一个重要组成元件,它在一定的压力作用下,在设定的区域内将水流分解为直径 1 mm 以下的水滴,按照一定的雾化角均匀喷射并覆盖在相应射程范围内保护对象的表面上,从而达到控火、灭火和冷却保护的目的。

1. 水雾喷头的类型

1）按结构分类

水雾喷头按结构可分为 A 型、B 型、C 型,如图 8-3 所示。A 型和 B 型为离心雾化型喷头,压力水流进入喷头后,被分解成沿内壁运动的旋转水流,在离心力作用下由喷口喷出而形成雾化。A 型喷头的进水口与出水口成一定角度,又称为角式水雾喷头;B 型喷头的进水口与出水口在一条直线上,又称为高速水雾喷头;C 型喷头为撞击雾化型喷头,又称为中速水雾喷头,其是由于压力水流与溅水盘撞击分解而形成雾化。

2）按压力分类

水雾喷头按压力可分为中速水雾喷头和高速水雾喷头两类。中速水雾喷头压力为 0.15~0.50 MPa,为撞击雾化型水雾喷头,水滴直径为 0.4~0.8 mm,主要用于对需要保护的设备提供整体冷却保护,以及对火灾区附近的建筑物、构筑物连续喷水进行冷却。高速水雾喷头压力为 0.25~0.80 MPa,为离心雾化型水雾喷头,水滴直径为 0.3~0.4 mm,主要作用是灭火和控火,具有雾化均匀、喷出速度高和贯穿力强的特点,主要用于扑救电气设备火灾和可燃液体火灾,也对可燃液体储罐进行冷却保护。

3）闭式水雾喷头

常用的水雾喷头都是开式喷头,闭式水雾喷头较少使用。闭式水雾喷头由溅水盘、感温玻璃球、框架本体和过滤器组成,如图 8-4 所示。发生火灾时,喷头感温玻璃球受热爆破,压力水顶开喷头密封座,撞击到溅水盘上,形成细小的雾化水滴。

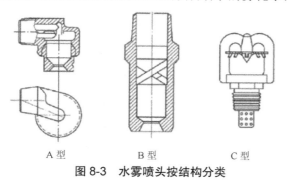

A 型　　　　　　　B 型　　　　　　　C 型

图 8-3　水雾喷头按结构分类　　　　　　**图 8-4　闭式水雾喷头**

2. 水雾喷头的主要性能参数

1）工作压力

水雾喷头的雾化效果不仅受喷头类型影响,而且还与喷头的工作压力有直接关系。一般来说,同一种喷头,喷头工作压力越高,其水雾粒径越小,雾化效果越好。水雾喷头的工作压力,用于灭火时,应大于或等于 0.35 MPa;用于防护冷却时,应大于或等于 0.15 MPa。

2）水雾锥和雾化角

水雾喷头喷出的水雾形成围绕喷头轴心线扩展的圆锥体,其锥顶角为水雾喷头的雾化角。水雾喷头常见的雾化角有五个规格,即 45°、60°、90°、120° 和 150°。

3）有效射程

水雾喷头有效射程是指喷头水平喷洒时,水雾达到的最高点与喷口所在垂直于喷头轴心线的平面的水平距离。在有效射程范围内的水雾比较密集，且雾滴细，可保证灭火和防护冷却效果。因此，水雾喷头与保护对象之间的距离不得大于水雾喷头的有效射程。

3. 水雾喷头的选择

根据保护对象的不同，应选用不同规格、类型的水雾喷头，一个保护对象可以选用不同规格的水雾喷头，总的原则是以均匀的设计喷雾强度完整地包围保护对象。

（1）扑救电气火灾应选用离心雾化型水雾喷头。离心雾化型水雾喷头喷射出的雾状水滴是不连续的间断水滴，因此具有良好的电绝缘性能，它不仅可以有效扑救电气火灾，而且不导电，适合在保护电气设施的水喷雾灭火系统中使用。

（2）腐蚀性环境应选用防腐型水雾喷头。不符合防腐要求的水雾喷头如果长期暴露在腐蚀性环境中就会很容易被腐蚀，当发生火灾时必然影响水雾喷头的使用效率。

（3）粉尘场所应选用带防尘罩的水雾喷头。水雾喷头长期暴露于散发粉尘的场所，很容易被堵塞，因此要设置防尘罩。发生火灾时，防尘罩应能在水压作用下打开或脱落，不影响水雾喷头的正常工作。此外，防尘罩的材料也应符合防腐要求。

（4）离心雾化型水雾喷头应带柱状过滤网，主要是防止喷头堵塞。

4. 水雾喷头的布置

水雾喷头的布置首先应保证喷头的雾化角、有效射程能满足喷雾直接喷向并覆盖保护对象，同时还应满足有关要求，当不能满足要求时应增设水雾喷头。

1）基本要求

水雾喷头的布置应满足以下基本要求。

（1）系统部件与电气设备带电（裸露）部分的安全净距应符合国家现行有关标准的规定。

（2）水雾喷头与保护对象之间的距离不得大于水雾喷头的有效射程。在水雾喷头的有效射程内，喷雾的粒径小且均匀，灭火和防护冷却的效率高；超出有效射程后，喷雾性能明显下降，且可能出现漂移的现象。

（3）水雾喷头的平面布置方式主要是矩形或菱形。矩形布置时，水雾喷头之间的距离不应大于 1.4 倍水雾锥底圆半径；菱形布置时，水雾喷头之间的距离不应大于 1.7 倍水雾锥底圆半径，如图 8-5 所示。

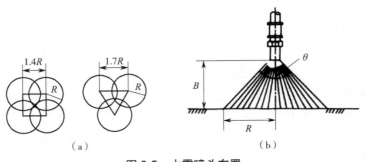

图 8-5　水雾喷头布置

（a）布置形式　（b）水雾锥底圆半径

2）保护油浸式电力变压器的布置要求

油浸式电力变压器的形状不规则且需考虑喷雾与高压电器之间的最小距离，因此喷头布置的难度较大。通常在变压器周围设置环状管道，喷头安装在由环管引出的支管上，其典型布置如图 8-6 所示。具体布置时应注意：

（1）水雾喷头应布置在变压器的周围，不宜布置在变压器顶部；

（2）保护变压器顶部的水雾不应直接喷向高压套管；

（3）水雾喷头之间的水平距离与垂直距离应满足水雾锥相交的要求；

（4）变压器绝缘子升高座孔口、油枕、散热器、集油坑应设水雾喷头保护。

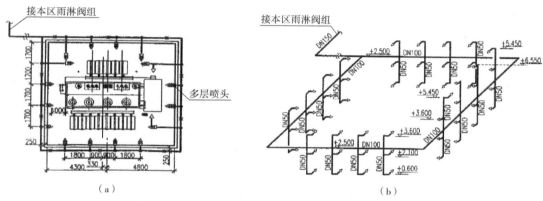

图 8-6　保护油浸式电力变压器的水雾喷头典型布置

（a）平面图　（b）系统图

3）保护可燃气体和甲、乙、丙类液体储罐的布置要求

当保护对象为可燃气体和甲、乙、丙类液体储罐时，水喷雾灭火系统的主要作用是在发生火灾时冷却着火罐和相邻罐，保护储罐在受热条件下不被破坏，降低燃烧速率和遮断辐射热的传递。此外，在炎热季节还可对储罐进行冷却降温。在这种情况下，水雾喷头的布置应符合以下要求。

（1）水雾喷头与储罐外壁之间的距离不应大于 0.7 m。通过控制水雾喷头与储罐外壁间的最大距离，可保证水对罐壁的冲击作用，以利于水膜的形成，减少火焰的热气流与风对水雾的影响，减少水雾在穿越被火焰加热的空间时的汽化损失。

（2）当保护对象为球罐时，为保证喷雾在罐壁均匀分布形成完整连续的水膜，能够覆盖容器和可能发生泄漏的地方，水雾喷头的喷口应面向球心；水雾锥沿纬线方向应相交，沿经线方向应相接；当球罐的容积不小于 1 000 m³ 时，水雾锥沿纬线方向应相交，沿经线方向宜相接，但赤道以上环管之间的距离不应大于 3.6 m；无防护层的球罐钢支柱和罐体液位计、阀门等处应设水雾喷头保护。其水雾喷头典型布置如图 8-7 所示。

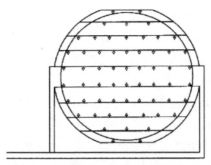

图 8-7 保护球罐的水雾喷头典型布置

（3）当保护对象为卧式储罐时，水雾喷头的布置应使水雾完全覆盖裸露表面，罐体液位计、阀门等处也应设水雾喷头保护。

4）保护电缆的布置要求

保护电缆时，水雾喷头的布置应使水雾完全包围电缆。电缆水平敷设或垂直敷设时，都按平面保护对象考虑。水平敷设的电缆，水雾喷头宜布置在其上方；垂直敷设的电缆，水雾喷头可沿其侧面布置。

5）保护输送机皮带的布置要求

当保护对象为输送机皮带时，水雾喷头的布置应使水雾完全包络输送机的机头、机尾和上行皮带上表面。由于输送机皮带是一种平面的往返运动的保护对象，在没有停机前，皮带的着火部位可能随之往返运动，极易造成火灾蔓延，故水雾喷头的布置应采用包围式，使水雾覆盖上行皮带、输送物、下行返回皮带以及支架构件等全部表面。

6）保护其他对象的水雾喷头的布置要求

当保护对象为室内燃油锅炉、电液装置、氢密封油装置、发电机、油断路器、汽轮机油箱、磨煤机润滑油箱时，水雾喷头宜布置在保护对象的顶部周围，并应使水雾直接喷向并完全覆盖保护对象。

（二）控制阀

（1）对于响应时间不大于 120 s 的水喷雾灭火系统，报警控制阀应采用雨淋报警阀组，由雨淋报警阀、电磁阀、压力开关、水力警铃、压力表以及配套的通用阀门等组成。其功能和设置应满足以下要求：

①接收电控信号的雨淋报警阀组应能电动开启，接收传动管信号的雨淋报警阀组应能液动或气动开启；

②应具有远程手动控制和现场应急机械启动功能；

③在控制盘上应能显示雨淋报警阀开、闭状态；

④宜驱动水力警铃报警；

⑤雨淋报警阀进出口应设置压力表；

⑥电磁阀前应设置可冲洗的过滤器。

（2）当系统供水控制阀采用电动控制阀或气动控制阀时，应符合下列要求：

①应能显示阀门的开、闭状态；

②应具备接收控制信号开、闭阀门的功能；

③阀门的开启时间不宜大于 45 s；

④应能在阀门故障时报警，并显示故障原因；

⑤应具备现场应急机械启动功能；

⑥当阀门安装在阀门井内时，宜将阀门的阀杆加长，并宜使电动执行器高于井顶；

⑦气动阀宜设置储备气罐，气罐的容积可按与气罐连接的所有气动阀启闭 3 次所需气量计算。

（3）雨淋报警阀、电动控制阀、气动控制阀宜布置在靠近保护对象并便于人员安全操作的位置。在严寒与寒冷地区室外设置的雨淋报警阀、电动控制阀、气动控制阀及其管道，应采取伴热保温措施。

（三）过滤器

过滤器是水喷雾灭火系统必不可少的组件，能够保障水流的畅通和防止杂物破坏雨淋报警阀的严密性，以及堵塞电磁阀、水雾喷头内部的水流通道。离心雾化型水雾喷头前应安装整体或分体过滤器，雨淋报警阀组的电磁阀前、雨淋报警阀前应设置过滤器，当水雾喷头无滤网时，雨淋阀后的管道也应设过滤器。过滤器滤网应采用耐腐蚀金属材料制作，网孔基本尺寸为 0.600~0.710 mm（4.0~4.7 目 /cm^2）。

五、系统控制方式

水喷雾灭火系统应设有自动控制、手动控制和应急机械启动三种控制方式。当响应时间大于 120 s 时，可采用手动控制和应急机械启动两种控制方式。自动控制指水喷雾灭火系统的火灾探测、报警部分与供水设备、雨淋阀组等部件自动连锁操作的控制方式。手动控制指人为远距离操纵供水设备、雨淋阀组等系统组件的控制方式。应急机械启动指人为现场操纵供水设备、雨淋阀组等系统组件的控制方式。

（1）与系统联动的火灾自动报警系统的设计应符合现行国家标准《火灾自动报警系统设计规范》（GB 50116—2013）的规定。当自动水喷雾灭火系统误动作会对保护对象造成不利影响时，应采用两个独立火灾探测器的报警信号进行连锁控制；当保护油浸式电力变压器的水喷雾灭火系统采用两路相同的火灾探测器时，系统宜采用火灾探测器的报警信号和变压器的断路器信号进行连锁控制。

（2）传动管的长度不宜大于 300 m，公称直径宜为 15~25 mm。传动管上闭式喷头之间的距离不宜大于 2.5 m。电气火灾不应采用液动传动管；在严寒与寒冷地区，不应采用液动传动管；当采用压缩空气传动管时，应采取防止冷凝水积存的措施。

（3）对于保护液化烃储罐的系统，在启动着火罐雨淋报警阀的同时，应能启动需要冷却的相邻储罐的雨淋报警阀。

（4）用于保护甲$_B$、乙、丙类液体储罐的系统，在启动着火罐雨淋报警阀（或电动控制阀、气动控制阀）的同时，应能启动需要冷却的相邻储罐的雨淋报警阀（或电动控制阀、气动控制阀）。

（5）分段保护输送机皮带的系统,在启动起火区段的雨淋报警阀的同时,应能启动起火区段下游相邻区段的雨淋报警阀,并应能同时切断皮带输送机的电源。

六、系统检查与维护

系统应按要求进行日检、周检、月检、季检和年检,检查中发现的问题应及时按规定要求处理。

（一）日检

每日应对系统的下列项目进行一次检查:

（1）应对水源控制阀、雨淋报警阀进行外观检查,阀门外观应完好,启闭状态应符合设计要求;

（2）寒冷季节,应检查消防储水设施是否有结冰现象,储水设施的任何部位均不得结冰。

（二）周检

每周应对消防水泵和备用动力进行一次启动试验。当消防水泵为自动控制启动时,应每周模拟自动控制的条件启动运转一次。

（三）月检

每月应对系统的下列项目进行一次检查:

（1）应检查电磁阀,并进行启动试验,动作失常时应及时更换;

（2）应检查手动控制阀门的铅封、锁链,当有破坏或损坏时应及时修理更换,系统上所有手动控制阀门均应采用铅封或锁链固定在开启或规定的状态;

（3）应检查消防水池（罐）、消防水箱及消防气压给水设备,确保消防储备水位及消防气压给水设备的气体压力符合设计要求;

（4）应检查保证消防用水不作他用的技术措施,发现故障应及时进行处理;

（5）应检查消防水泵接合器的接口及附件,保证接口完好、无渗漏、闷盖齐全;

（6）应检查喷头,当喷头上有异物时应及时清除。

（四）季检

每季度应对系统的下列项目进行一次检查:

（1）应对系统进行一次放水试验,检查系统启动、报警功能以及出水情况是否正常;

（2）应检查室外阀门井中进水管上的控制阀门,核实其处于全开启状态。

（五）年检

每年应对系统的下列项目进行一次检查:

（1）应对消防储水设备进行检查,修补缺损和重新油漆;

（2）应对水源的供水能力进行一次测定。

第二节　细水雾灭火系统

细水雾灭火系统利用专用的细水雾喷头,通过特定的雾化方法将水分解为细小雾滴,充满整个防护空间或包裹并充满保护对象的空隙实现灭火。与火焰相互作用时,细水雾灭火机理比较复杂,主要是气相冷却、湿润冷却燃料表面、稀释氧气和气态可燃物等多种灭火原理共同发挥作用。细水雾不仅具有突出的灭火效果,还具有一定的烟气洗涤作用,且对人体无害、对环境无影响,是水灭火技术的发展方向之一。

一、细水雾的定义

细水雾指水在最小设计工作压力下,经喷头喷出并在喷头轴线下方 1.0 m 处的平面上形成的直径 $D_{v0.50}$ 小于 200 μm、$D_{v0.99}$ 小于 400 μm 的水雾滴。

细水雾由大小不一的微小水雾滴组成,这些水雾滴的直径可能相差几十倍甚至上百倍,一般用特征直径(用 D_{vf} 表示,也称为代表性直径)来描述细水雾滴的大小。例如,$D_{v0.99}$ 表示喷雾液体总体积中,1% 是直径大于该数值的雾滴,99% 是直径小于或等于该数值的雾滴。

二、系统适用范围

细水雾灭火系统用水量少、水渍损失小、传递到火焰区域以外的热量少,通常可替代气体灭火系统。

细水雾灭火系统适用于下列火灾的扑救:

(1)可燃固体表面火灾,细水雾可以有效抑制和扑灭一般 A 类燃烧物的表面火灾,对纸张、木材和纺织品等,以及对塑料泡沫、橡胶等危险固体火灾等也具有一定的抑制作用;

(2)可燃液体火灾,细水雾可以有效抑制和扑灭池火、射流火等状态的可燃液体火灾,适用范围包括正庚烷和汽油等低闪点可燃液体到润滑油和液压油等中、高闪点可燃液体;

(3)电气火灾,细水雾可有效扑灭电缆火灾、控制柜等电子电气设备火灾和变压器火灾等电气火灾。

细水雾灭火系统不适用于扑救下列火灾:

(1)可燃固体的深位火灾;

(2)能与水发生剧烈反应或产生大量有害物质的活泼金属及其化合物的火灾;

(3)可燃气体火灾。

三、系统类型

(一)按供水方式分类

1. 泵组式细水雾灭火系统

泵组式细水雾灭火系统由消防泵组、细水雾喷头、储水箱、分区控制阀、过滤器和管路系统等部件组成,通过消防泵组加压供水,如图 8-8 所示。

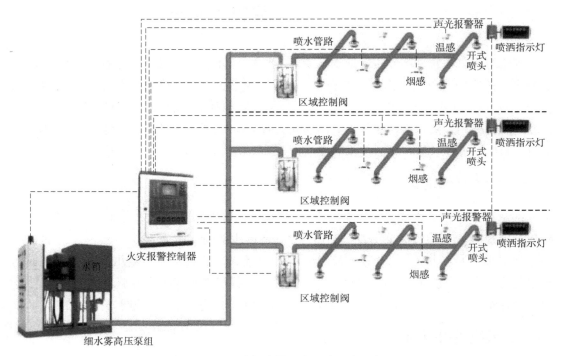

图 8-8　泵组式细水雾灭火系统组成示意图

2. 瓶组式细水雾灭火系统

瓶组式细水雾灭火系统由储水瓶组、储气瓶组、细水雾喷头、分区控制阀、安全泄放装置、集流管、过滤器和管路系统等部件组成,如图 8-9 所示。通过储气瓶组储存的高压气体驱动储水瓶组中的水喷出灭火,在难以设置泵房或消防供电不能满足系统工作要求的场所,宜选用该类系统。

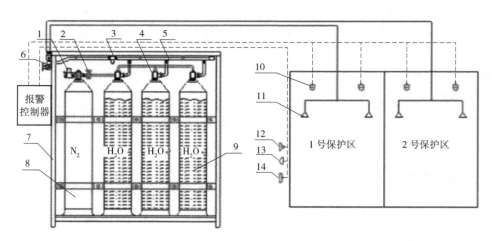

图 8-9　瓶组式细水雾灭火系统组成示意图

1—电控式瓶头阀;2—减压阀;3—过滤器;4—容器阀;5—集流管;6—分区控制阀;7—瓶组支架;8—储气瓶;
9—储水瓶;10—火灾探测器;11—细水雾喷头;12—声光报警器;13—喷放指示灯;14—紧急启停按钮

（二）按流动介质类型分类

1. 单流体细水雾灭火系统

单流体细水雾灭火系统是只向细水雾喷头供给水的细水雾灭火系统。这类系统一般是通过向细水雾喷头提供较高的工作压力,使水从喷头喷出雾化的。其供水方式既可以是泵组式也可以是瓶组式。

2. 双流体细水雾灭火系统

双流体细水雾灭火系统是向细水雾喷头分别供给水和高压氮气等雾化气体的细水雾灭火系统,可分为气水同管和气水异管两种形式。气水同管式系统的雾化气体与水在管道内混合,通过喷头喷出水雾;气水异管式系统的雾化气体和水分别通过两条管路与喷头相连,在喷头内混合后,喷出水雾。双流体细水雾灭火系统的工作压力较低,但系统结构复杂。

（三）按动作方式分类

1. 开式细水雾灭火系统

开式细水雾灭火系统采用开式细水雾喷头,由火灾自动报警系统控制,自动开启分区控制阀和启动水泵后,向开式细水雾喷头供水。开式系统的应用方式可分为全淹没应用和局部应用两种。全淹没应用方式是向整个防护区内喷放细水雾,保护其内部所有的保护对象,由于微小的雾滴粒径以及较高的喷放压力使得细水雾雾滴能像气体一样具有一定的流动性和弥散性,可以充满整个空间,并对防护区内的所有保护对象实施保护。局部应用方式是直接向保护对象喷放细水雾,用于保护空间内某具体保护对象。

液压站,配电室、电缆隧道、电缆夹层,电子信息系统机房,文物库,以密集柜存储的图书库、资料库和档案库,宜选择全淹没应用方式的开式系统;油浸变压器室、涡轮机房、柴油发电机房、润滑油站和燃油锅炉房、厨房内烹饪设备及其排烟罩和排烟管道部位,宜采用局部应用方式的开式系统。

2. 闭式细水雾灭火系统

闭式细水雾灭火系统采用闭式细水雾喷头,有湿式、干式和预作用细水雾系统三种形式,其工作原理和控制方式与自动喷水灭火系统相同,适用于火灾的水平蔓延速度慢以及闭式系统能够及时启动控火、灭火的场所。

采用非密集柜储存的图书库、资料库和档案库,可选择闭式系统。

四、系统控制

瓶组式细水雾灭火系统应具有自动、手动和机械应急操作控制方式,其机械应急操作应能在瓶组间内直接手动启动系统。泵组式细水雾灭火系统应具有自动和手动控制方式。开式系统的自动控制应能在接收到两个独立的火灾报警信号后自动启动。闭式系统的自动控制应能在喷头动作后,由动作信号反馈装置直接连锁自动启动。

手动启动装置和机械应急操作装置的设置要求如下:

（1）在消防控制室内和防护区入口处,应设置系统手动启动装置;

（2）手动启动装置和机械应急操作装置应能在一处完成系统启动的全部操作，并应采取防止误操作的措施；

（3）手动启动装置和机械应急操作装置上应设置与所保护场所对应的明确标识。

五、系统主要组件

（一）细水雾喷头

细水雾喷头是细水雾灭火系统最为关键的部件，为满足其抗冲击性能和耐腐性能的要求，一般用黄铜或不锈钢制成。

1. 喷头类型

根据雾化原理不同，目前细水雾喷头主要分为压力雾化喷头和双流体雾化喷头两种类型。

压力雾化喷头主要是通过较高的工作压力，使射流以高速从直径很小的出口喷出形成细水雾，其内部一般还装有旋流装置，以降低喷头的工作压力和增强雾化效果。压力雾化喷头主要有多头式和多孔式两种，如图 8-10 所示。压力雾化喷头工作稳定、雾化效果好，但工作压力高、喷口直径小、较易堵塞。

（a）

（b）

图 8-10　压力雾化喷头

（a）多头式　（b）多孔式

双流体雾化喷头有两个进口，分别与供水管路和供气管路连接，通过气液两相在喷头内的碰撞、混合形成细水雾，并由喷口喷出，如图 8-11 所示。双流体雾化喷头工作压力低、雾化效果好、喷口直径较大，但必须由两套管线分别供水和供气，在固定系统中较少应用。

闭式细水雾喷头是以其感温元件作为启动部件的细水雾喷头，如图 8-12 所示。

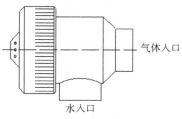

气体入口

水入口

图 8-11　双流体雾化喷头

图 8-12　闭式细水雾喷头

2.喷头选择

（1）对于环境条件易使喷头喷孔堵塞的场所,应选用具有相应防护措施且不影响细水雾喷放效果的喷头。

（2）对于电子信息系统机房的地板夹层,宜选择适用于低矮空间的喷头。

（3）对于闭式系统,应选择响应时间指数（RTI）不大于$50(m \cdot s)^{0.5}$的喷头,其公称动作温度宜高于环境最高温度30 ℃,且同一防护区内应采用相同热敏性能的喷头。

3.喷头设置要求

细水雾灭火系统的细水雾喷头设置应符合下列规定:

（1）应保证细水雾喷放均匀,并完全覆盖保护区域;

（2）与遮挡物的距离应能保证遮挡物不影响喷头正常喷放细水雾,不能保证时应采取补偿措施;

（3）对于使用环境可能使喷头堵塞的场所,喷头应采取相应的防护措施。

（二）供水装置

供水装置提供的水质除应符合制造商的技术要求外,对于泵组系统的水质不应低于现行国家标准《生活饮用水卫生标准》（GB 5749—2022）的有关规定;对于瓶组系统的水质不应低于现行国家标准《食品安全国家标准　包装饮用水》（GB 19298—2014）的有关规定;系统补水水源的水质应与系统的水质要求一致。

1.泵组系统

（1）泵组系统需要有能不间断自动补水的可靠水源,为保证供水的水质和水量,一般会设置专用的储水箱来储存系统所需的消防用水量。其应满足以下要求:

①储水箱应采用密闭结构,并应采用不锈钢或其他能保证水质的材料制作;

②储水箱应具有防尘、避光的技术措施;

③储水箱应具有保证自动补水的装置,并应设置液位显示、高低液位报警装置和溢流、透气及放空装置。

（2）泵组式细水雾灭火系统一般为中、高压系统,要求水泵扬程高,消防水泵可采用柱塞泵、高压离心泵或气动泵等。其应满足以下要求:

①系统应设置独立的水泵;

②水泵应采用自灌式引水或其他可靠的引水方式;

③水泵出水总管上应设置压力显示装置、安全阀和泄放试验阀;

④每台泵的出水口均应设置止回阀;

⑤水泵的控制装置应布置在干燥、通风的部位,并应便于操作和检修;

⑥水泵采用柴油机泵时,应保证其能持续运行60 min。

（3）闭式系统的泵组系统应设置稳压泵,稳压泵的流量不应大于系统中水力最不利点一只喷头的流量,其工作压力应满足工作泵的启动要求。

（4）泵组系统的工作泵及稳压泵均需要设置备用泵。备用泵的工作性能应与最大一台工作泵相同,主、备用泵应具有自动切换功能,并应能手动操作停泵。主、备用泵的自动切换时间不应小于 30 s。

2. 瓶组系统

储气瓶组由储气容器、分区控制阀(容器阀)、安全泄放装置、压力显示装置等组成。储水瓶组由储水容器、安全泄放装置、瓶接头及虹吸管等组成。其应满足以下要求:

(1)同一系统中的储水容器或储气容器,其规格、充装量和充装压力应分别一致;

(2)储水容器、储气容器均应设置安全阀;

(3)储水容器组及其布置应便于检查、测试、重新灌装和维护,其操作面与墙或操作面之间的距离不宜小于 0.8 m;

(4)瓶组系统的储水量和驱动气体储量,应根据保护对象的重要性、维护恢复时间等设置备用量,对于恢复时间超过 48 h 的瓶组系统,应按主用量的 100% 设置备用量。

(三)控制阀组

控制阀是细水雾灭火系统的重要组件,是执行火灾自动报警系统控制器启停指令的重要部件。

1. 控制阀的选择

中、低压细水雾灭火系统的控制阀可以采用雨淋报警阀,但细水雾灭火系统中使用的雨淋阀的工作压力应满足系统工作的压力要求。

高压细水雾灭火系统的控制阀组通常采用分配阀,它类似于气体灭火系统中的选择阀,但它不仅具备选择阀的功能,而且具有启动系统和关闭系统的双重功能,如图 8-13 所示;也可采用电动阀和手动阀组合的方式完成控水阀组的功能。

图 8-13　分配阀(分区控制阀)

2. 控制阀的设置

开式系统应按防护区设置分区控制阀,闭式系统应按楼层或防火分区设置分区控制阀。分区控制阀宜靠近防护区设置,并应设置在防护区外便于操作、检查和维护的位置。

开式系统可选用电磁阀、电动阀、气动阀、雨淋阀等自动控制阀组作为分区控制阀,平时保持关闭,发生火灾时能够接收控制信号自动开启,使细水雾向对应的防护区或保护对象喷放。开式系统分区控制阀的设置应符合下列规定：

（1）应具有接收控制信号实现启动、反馈阀门启闭或故障信号的功能；

（2）应具有自动、手动启动和机械应急操作启动功能，关闭阀门应采用手动操作方式；

（3）应在明显位置设置对应于防护区或保护对象的永久性标识，并应标明水流方向。

闭式系统采用具有明显启闭标志的阀门或专用于消防的信号阀作为分区控制阀，平时保持开启，主要用于切断管网的供水水源，以便系统排空、检修管网及更换喷头等。使用信号阀作为分区控制阀时，其开启状态应能够反馈到消防控制室；使用普通阀门时，须用锁具锁定阀板位置，防止误操作，而造成配水管道断水。

（四）管网

细水雾灭火系统管道应采用冷拔法制造的奥氏体不锈钢钢管，或其他耐腐蚀和耐压性能相当的金属管道。一方面，细水雾灭火系统的工作压力高，对管道的承压能力要求高；另一方面，细水雾喷头喷孔较小，为防止喷头堵塞，而影响灭火效果，需要采用能防止管道锈蚀、不利于微生物滋生的管材。

（五）过滤器

为防止细水雾喷头被杂质堵塞，在储水箱进水口处、出水口处或控制阀前应设置过滤器。对于安装在储水箱入口的过滤器，要满足系统补水时间和通过流量的要求；对于储水箱出口及控制阀前设置的过滤器，要满足系统正常工作时的压力和流量要求。过滤器的设置位置应便于维护、更换和清洗等，并应符合下列规定：

（1）过滤器的材质应为不锈钢、铜合金或其他耐腐蚀性能相当的材料；

（2）过滤器的网孔孔径不应大于喷头最小喷孔孔径的80%。

（六）泄放试验阀与试水阀

细水雾灭火系统中应设置能够在平时对系统进行检查的专用试验阀，通过试水试验检查系统能否正常启动和工作。

在开式系统中，起试验阀作用的阀门为泄放试验阀，设置于每个分区控制阀上或阀后邻近位置，不仅用于试水，也具有阀门检修时的泄放功能。其出口需要设置可接泄水口和可接试水喷头的接口。

在闭式系统中，起试验阀作用的阀门为试水阀，设置于每个分区控制阀后的管网末端，并应符合下列规定：

（1）试水阀前应设置压力表；

（2）试水阀出口的流量系数应与一只喷头的流量系数等效；

（3）试水阀的接口大小应与管网末端的管道一致，测试水的排放不应对人员和设备等造成危害。

（七）动作信号反馈装置

为了反馈系统是否喷放细水雾的信号，分区控制阀上宜设置压力开关等系统动作信号反馈装置。当系统选择雨淋阀组等本身带有压力开关的阀组作为分区控制阀时,不需增设压力开关。当分区控制阀上无系统动作信号反馈装置时,应在分区控制阀后的配水干管上设置系统动作信号反馈装置。

此外,系统启动时,应联动切断带电保护对象的电源,并应同时切断或关闭防护区内或保护对象的可燃气体、液体或粉体供给等影响灭火效果或因灭火可能带来次生危害的设备和设施。

六、系统检查与维护

系统应按要求进行日检、月检、季检和年检,检查中发现的问题应及时按规定要求处理。

(一)日检

每日应对系统的下列项目进行一次检查:

(1)应检查控制阀等各种阀门的外观及启闭状态是否符合设计要求;

(2)应检查系统的主备电源接通情况;

(3)寒冷和严寒地区,应检查设置储水设备的房间温度,房间温度不应低于 5 ℃;

(4)应检查报警控制器、水泵控制柜(盘)的控制面板及显示信号状态;

(5)应检查系统的标志和使用说明等标识是否正确、清晰、完整,并应处于正确位置。

(二)月检

每月应对系统的下列项目进行一次检查:

(1)应检查系统组件的外观,应无碰撞变形及其他机械性损伤;

(2)应检查分区控制阀动作是否正常;

(3)应检查阀门上的铅封或锁链是否完好、阀门是否处于正确位置;

(4)应检查储水箱和储水容器的水位及储气容器内的气体压力是否符合设计要求;

(5)对于闭式系统,应利用试水阀对动作信号反馈情况进行试验,观察其是否正常动作和显示;

(6)应检查喷头的外观及备用数量是否符合要求;

(7)应检查手动操作装置的保护罩、铅封等是否完整无损。

(三)季检

每季度应对系统的下列项目进行一次检查:

(1)应通过泄放试验阀对泵组系统进行一次放水试验,并应检查泵组启动、主备泵切换及报警联动功能是否正常;

(2)应检查瓶组系统的控制阀动作是否正常;

(3)应检查管道和支、吊架是否松动,以及管道连接件是否变形、老化或有裂纹等现象。

(四)年检

每年应对系统的下列项目进行一次检查:

（1）应定期测定一次系统水源的供水能力；

（2）应对系统组件、管道及管件进行一次全面检查，并应清洗储水箱、过滤器，同时应对控制阀后的管道进行吹扫；

（3）储水箱应每半年换水一次，储水容器内的水应按产品制造商的要求定期更换；

（4）应进行系统模拟联动功能试验。

第三节　自动跟踪定位射流灭火系统

自动跟踪定位射流灭火系统是以水为射流介质，利用探测装置对初期火灾进行自动探测、跟踪、定位，并运用自动控制方式实现射流灭火的固定灭火系统，其是近年来由我国自主研发的一种新型自动灭火系统。该系统以水为喷射介质，利用红外线、紫外线、数字图像或其他火灾探测装置对烟、温度、火焰等的探测，对早期火灾进行自动跟踪定位，并运用自动控制方式实施射流灭火。该系统是将红外、紫外传感技术，烟雾传感技术，计算机技术，机电一体化技术有机融合，实现集火灾监控和自动灭火为一体的固定消防系统，尤其适用于空间高度高、容积大、火场温升较慢、难以设置闭式自动喷水灭火系统的高大空间场所。

一、系统适用范围

（一）适用场所

自动跟踪定位射流灭火系统可用于扑救民用建筑和丙类生产车间、丙类库房中火灾类别为 A 类的下列场所的火灾：

（1）净空高度大于 12 m 的高大空间场所；

（2）净空高度大于 8 m 且不大于 12 m，难以设置自动喷水灭火系统的高大空间场所。

（二）不适用场所

自动跟踪定位射流灭火系统不适用于下列场所：

（1）经常有明火作业；

（2）不适宜用水保护；

（3）存在明显遮挡

（4）火灾水平蔓延速度快；

（5）高架仓库的货架区域；

（6）火灾危险等级为现行国家标准《自动喷水灭火系统设计规范》（GB 50084—2017）规定的严重危险级。

二、系统组成及工作原理

自动跟踪定位射流灭火系统主要由灭火装置、探测装置、控制装置、水流指示器、模拟末端试水装置以及管网、供水设施等组成，如图 8-14 所示。

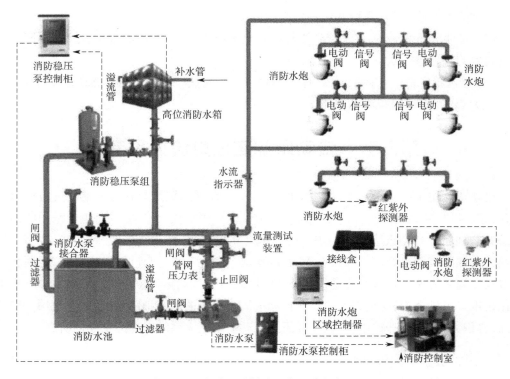

图 8-14　自动跟踪射流灭火系统示意图

自动跟踪定位射流灭火系统全天候实时监测保护场所,对现场的火灾信号进行采集和分析。当有疑似火灾发生时,探测装置捕获相关信息并对信息进行处理,如果发现火源,则对火源进行自动跟踪定位,准备定点(或定区域)射流(或喷洒)灭火,同时发出声光报警和联动控制命令,自动启动消防水泵,开启相应的控制阀门,对应的灭火装置射流灭火。

三、系统类型及选型

(一)系统类型

自动跟踪定位射流灭火系统按灭火装置流量大小及射流方式可分为自动消防炮灭火系统、喷射型自动射流灭火系统和喷洒型自动射流灭火系统。

1. 自动消防炮灭火系统

自动消防炮灭火系统是指灭火装置的流量大于 16 L/s 的自动跟踪定位射流灭火系统。

2. 喷射型自动射流灭火系统

喷射型自动射流灭火系统是指灭火装置的流量不大于 16 L/s 且不小于 5 L/s、射流方式为喷射型的自动跟踪定位射流灭火系统。

3. 喷洒型自动射流灭火系统

喷洒型自动射流灭火系统是指灭火装置的流量不大于 16 L/s 且不小于 5 L/s、射流方式为喷洒型的自动跟踪定位射流灭火系统。

（二）系统选型

自动跟踪定位射流灭火系统的选型,应根据设置场所的火灾类别、火灾危险等级、环境条件、空间高度、保护区域特点等因素确定。设置场所的火灾危险等级可按现行国家标准《自动喷水灭火系统设计规范》(GB 50084—2017)的规定划分。

自动跟踪定位射流灭火系统的选型宜符合下列规定:

（1）轻危险级场所宜选用喷射型自动射流灭火系统或喷洒型自动射流灭火系统;

（2）中危险级场所宜选用喷射型自动射流灭火系统、喷洒型自动射流灭火系统或自动消防炮灭火系统;

（3）丙类库房宜选用自动消防炮灭火系统;

（4）同一保护区内宜采用一种系统类型,当确有必要时,可采用两种类型系统组合设置。

四、系统操作与控制

（一）系统控制方式

自动跟踪定位射流灭火系统应具有自动控制、消防控制室手动控制和现场手动控制三种控制方式。消防控制室手动控制和现场手动控制相对于自动控制应具有优先权。

自动控制功能是系统在自动状态下能够自动完成火灾探测、报警,系统控制主机在接收到火警信号并确认火灾后能自动启动消防水泵、打开自动控制阀、启动系统灭火装置射流灭火,同时启动声光报警器和其他联动设备。

手动控制功能需要在消防控制室远程手动控制或人工现场手动控制实现。这种功能均需要由人工确认火灾后,手动启动系统喷射灭火介质实施灭火。其中,消防控制室的远程手动控制由值班人员在确认火灾后,通过操作消防控制室内火灾自动报警系统的联动控制装置上的启动按钮,启动消防水泵、打开控制阀门,调整灭火装置瞄准火源实施灭火;现场手动控制由着火现场人员发现火情并确认需要启动系统后,通过现场联动控制箱手动启动消防水泵、打开控制阀门,调整灭火装置瞄准火源实施灭火。

（二）灭火装置启动数量

（1）自动消防炮灭火系统和喷射型自动射流灭火系统在自动控制状态下,当探测到火源后,应至少有 2 台灭火装置对火源进行扫描定位,并应至少有 1 台且最多 2 台灭火装置自动开启射流,且其射流应能到达火源进行灭火。系统在自动状态下,可能出现以下三种情况。

①有 2 台及以上的灭火装置同时扫描、定位到火源,能够射流到火源的 2 台灭火装置同时开启灭火。此时,其他灭火装置即使同样定位到火源,不论其射流是否能够到达火源,均不应开启射流。

②有 2 台及以上的灭火装置开始扫描,由于灭火装置与火源的相对距离、角度不同,其中一台先定位到火源,并实施射流灭火;另一台后定位到火源,再参与射流灭火,投入射流灭火的灭火装置也是 2 台。此时,不应再开启第 3 台灭火装置。

③有 2 台及以上的灭火装置开始扫描,其中一台先定位到火源,并实施射流灭火,在其他灭火装置还未定位到火源时,火已经被扑灭,其他的灭火装置不再射流灭火。这种情况下,实际启动的灭火装置数量为 1 台。

因此,系统在自动状态下,启动扫描、定位的灭火装置可以是多台,但启动射流的灭火装置最多为 2 台。

（2）喷洒型自动射流灭火系统在自动控制状态下,当探测到火源后,发现火源的探测装置对应的灭火装置应自动开启射流,且其中应至少有一组灭火装置的射流能到达火源进行灭火。喷洒型自动射流灭火系统通过探测装置探测到着火点,发现火源的探测装置联动对应的灭火装置同时开启射流灭火。系统中探测装置和灭火装置通常为分体式安装,一台探测装置可能对应 1~4 台灭火装置,探测装置的覆盖面积往往大于灭火装置的保护区域。根据喷洒型自动射流灭火系统的特点,探测装置不具备对火源距离信息的反馈功能,有必要保证至少有一组灭火装置的射流喷洒到火源,以保证系统有效灭火。

对于喷洒型自动射流灭火系统,当某台探测装置探测到火源时,该台探测装置对应的灭火装置将会同时开启射流喷水灭火。当火灾发生在探测装置的交叉覆盖区域内时,探测到火源的两个（或多个）探测装置对应的所有灭火装置会同时开启射流。为了避免造成同时开启的灭火装置数量过大,系统控制设计应优先考虑采用探测装置与灭火装置一一对应的布置形式,使系统的设计流量不至于过大。

（三）系统自动停止

系统自动启动后应能连续射流灭火。当系统探测不到火源时,对于自动消防炮灭火系统和喷射型自动射流灭火系统应连续射流不小于 5 min 后停止喷射,对于喷洒型自动射流灭火系统应连续喷射不小于 10 min 后停止喷射。当系统停止射流后再次探测到火源时,应能再次启动射流灭火。

五、系统主要组件

（一）灭火装置

自动跟踪定位射流灭火系统的灭火装置可分为自动消防炮、喷射型自动跟踪定位射流灭火装置和喷洒型自动跟踪定位射流灭火装置三种,如图 8-18 所示,其性能参数见表 8-1。

（a）   （b）   （c）

图 8-15　自动跟踪定位射流灭火系统的灭火装置

（a）自动消防炮　（b）喷射型　（c）喷洒型

灭火装置应满足相应使用环境和介质的防腐蚀要求,并应符合下列规定:

(1)自动消防炮和喷射型自动射流灭火装置的俯仰和水平回转角度应满足使用要求;

(2)自动消防炮应具有直流/喷雾的转换功能。

表 8-1 自动跟踪定位射流灭火系统的灭火装置性能参数

类型	额定流量(L/s)	额定工作压力上限(MPa)	额定工作压力时的最大保护半径(m)	定位时间(s)	最小安装高度(m)	最大安装高度(m)
自动消防炮	20	1.0	42	≤60	8	35
	30		50			
	40		52			
	50		55			
喷射型自动射流灭火装置	5	0.8	20	≤30		20
	10		28			
喷洒型自动射流灭火装置	5	0.6	6			25
	10		7			

（二）探测装置

自动跟踪射流灭火系统的探测装置用于发现和定位起火点,其探测方式、种类较多,如感烟、图像、红外、紫外等。探测装置的设置应符合下列规定:

(1)应采用复合探测方式,并应能有效探测和判定保护区域内的火源;

(2)监控半径应与对应灭火装置的保护半径或保护范围相匹配;

(3)探测装置的布置应保证保护区域内无探测盲区;

(4)探测装置应满足相应使用环境的防尘、防水、抗现场干扰等要求。

（三）水流指示器

水流指示器的设置应符合下列规定:

(1)每台自动消防炮及喷射型自动射流灭火装置、每组喷洒型自动射流灭火装置的供水支管上应设置水流指示器,且应安装在手动控制阀的出口之后;

(2)水流指示器的公称压力不应小于系统工作压力的1.2倍;

(3)水流指示器应安装在便于检修的位置,当安装在吊顶内时,吊顶应预留检修孔;

(4)水流指示器的公称直径应与供水支管的管径相同。

（四）模拟末端试水装置

每个保护区的管网最不利点处应设模拟末端试水装置,并应便于排水。模拟末端试水装置应由探测部件、压力表、自动控制阀、手动试水阀、试水接头及排水管等组成,如图8-16所示。其设置应符合下列规定:

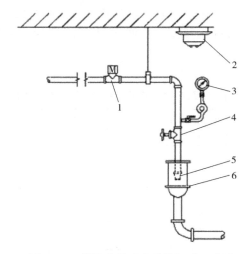

图 8-16 模拟末端试水装置组成示意图

1—自动控制阀；2—探测部件；3—压力表；4—手动试水阀；5—试水接头；6—排水阀

（1）探测部件应与系统所采用的型号规格一致，自动控制阀和手动试水阀的公称直径应与灭火装置前供水支管的管径相同，试水接头的流量系数（K 值）应与灭火装置相同；

（2）模拟末端试水装置的出水，应采取孔口出流的方式排入排水管道。排水立管宜设伸顶通气管，管径应经计算确定，且不应小于 75 mm；

（3）模拟末端试水装置宜安装在便于进行操作测试的地方；

（4）模拟末端试水装置应设置明显的标识，试水阀距地面的高度宜为 1.5 m，并应采取不被他用的措施。

第四节　干粉灭火系统

干粉灭火系统是一种由干粉供应源通过输送管道连接到固定的喷嘴上，通过喷嘴喷放干粉的灭火系统。干粉灭火系统依靠高压驱动气体（氮气、二氧化碳或固体燃料燃烧产生）的压力，携带干粉形成气粉两相混合流，经管道输送至喷嘴（或喷枪）喷出，通过化学抑制和物理灭火共同作用来实施灭火。

干粉灭火系统具有灭火速度快、效率高、不导电、可长距离输送、无须防冻、可长期保存、对环境条件要求不严格等特点，主要可用于扑救易燃可燃液体、可燃气体和电气设备的火灾，适用于港口、列车栈桥输油管线、甲类可燃液体生产线、石化生产线、天然气储罐、储油罐、汽轮机组及淬火油槽和大型变压器等场合。

一、干粉灭火剂

干粉灭火剂是一种干燥的、易于流动的固体细微粉末，又称为化学粉末灭火剂，一般由基料和添加剂组成。其中，基料泛指易于流动的干燥微细粉末，可借助有一定压力的气体喷成粉末形式灭火的物质,一般为无机盐,如碳酸氢钠、碳酸氢钾等;添加剂主要用于改善干粉灭火剂的流动性、防潮性、防结块性能等,一般含有流动促进剂和防结块剂,如滑石粉、云母粉、有机硅油等。干粉灭火剂按其应用范围可分为以下几类。

(一)普通干粉灭火剂

普通干粉灭火剂主要用于扑救 B 类(可燃液体)火灾、C 类(可燃气体)火灾和带电设备火灾,因此又称为 BC 干粉。普通干粉灭火剂主要有以下几类。

(1)以碳酸氢钠为基料的干粉,也称为小苏打干粉灭火剂或钠盐干粉灭火剂。其一般为白色,特点是产品成本低、应用范围广、灭火速度快,但其流动性和斥水性差,经全硅化防潮工艺处理后可得以改善。

(2)以碳酸氢钠为基料,又添加增效基料的改性钠盐干粉,一般为黑灰色,其灭火效率比钠盐干粉高出近一倍。

(3)以碳酸氢钾为基料的紫钾盐干粉,一般为淡紫色,其灭火效率比钠盐干粉高一倍。此外,还有以氯化钾、硫酸钾为基料的钾盐干粉。

(4)以尿素和碳酸氢钠(或碳酸氢钾)的反应产物为基料的氨基干粉(或称毛耐克斯 Monnex 干粉),其灭火效率比钾盐干粉高一倍。

(二)多用型干粉灭火剂

多用型干粉灭火剂既可用来扑救可燃液体、可燃气体和带电设备火灾,还可用于扑救一般固体物质火灾,因此又称为 ABC 干粉。多用型干粉灭火剂多以磷酸盐为基料,一般为淡红色,主要有:

(1)以磷酸盐(如磷酸二氢铵、磷酸氢二铵、磷酸铵和焦磷酸盐)为基料的干粉;

(2)以硫酸铵与磷酸铵盐的混合物为基料的干粉;

(3)以聚磷酸铵为基料的干粉。

多用型干粉灭火剂虽然可以扑救一般固体物质火灾,但是对一般固体物质深层火或阴燃火,由于其抗复燃性差、喷射时间短,不能达到满意的灭火效果。

(三)金属干粉灭火剂

金属干粉灭火剂又称为 D 类干粉或特种干粉灭火剂,主要用于扑救钾、钠、镁等活泼金属火灾,其通常是以氯化钠、石墨、干砂为基料,有的金属干粉也可以用于扑救 B、C 类火灾。

二、系统基本组成与原理

干粉灭火系统一般由干粉储存容器、驱动组件、输送管道、喷放组件、探测和控制器件等组成,如图 8-17 所示。

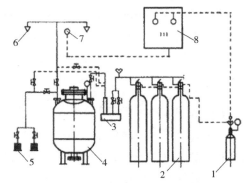

图 8-17 干粉灭火系统(储气式)示意图

1—启动气体瓶组;2—高压驱动气体瓶组;3—减压器;4—干粉罐;
5—干粉枪及卷盘;6—喷嘴;7—火灾探测器;8—控制装置

干粉灭火系统的工作流程:当防护区或保护对象着火后,温度迅速上升达到规定数值,探测器发出火灾信号,消防控制中心自动控制启动或由消防人员手动启动气瓶;启动机械动作后,高压储气瓶的瓶头阀被打开,高压气体进入减压阀,经减压后进入干粉储罐,使干粉储罐内的压力迅速上升,并使罐中的干粉灭火剂疏松,以便于流动;当干粉灭火剂储存罐中的压力升高到规定数值时,定压动作机构开始动作,经减压后的部分气体推动控制气缸打开干粉储罐出口的总阀门,并根据控制盘的指令,打开通向着火对象输粉管上的选择阀;干粉灭火剂在气体的带动下,经过选择阀和固定管路到达喷头,并由喷头把干粉灭火剂喷射到着火物上,或经过干粉输送软带送至干粉喷枪,由消防员操作,把干粉喷到着火物上。

三、系统类型

(一)按驱动气体储存方式分类

1. 储气式干粉灭火系统

储气式干粉灭火系统指将驱动气体(氮气或二氧化碳气体)单独储存在储气瓶中,灭火使用时再将驱动气体充入干粉储罐,进而携带驱动干粉喷射实施灭火。这类系统装填粉末比较容易,对干粉储罐的永久密封要求不太严格,且储气钢瓶容易密封。干粉灭火系统大多数采用该种系统形式,其实物图如图 8-18 所示。

2. 储压式干粉灭火系统

储压式干粉灭火系统指将驱动气体与干粉灭火剂同储存于一个容器,灭火时直接启动干粉储罐。这种系统结构比储气系统简单,但要求驱动气体不能泄漏。

3. 燃气式干粉灭火系统

燃气式干粉灭火系统指驱动气体不采用压缩气体,而是系统有一种以固体燃料为动力的干粉灭火设备。固体燃料密封储存在燃气发生器中,在发生火灾时点燃燃气发生器内的固体燃料,通过其燃烧生成的燃气压力驱动干粉喷射实施灭火。这种系统的优点是启动快,发生器不工作时,其内无压力,不必担心漏气问题,但点火装置一定要绝对可靠,即无误点火现象,点火时要 100% 的成功。该系统的组成如图 8-19 所示。

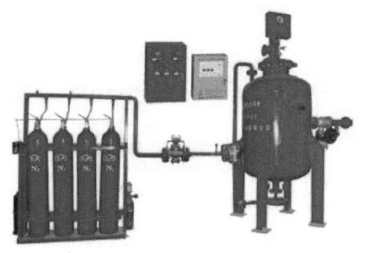

图 8-18　储气式干粉灭火系统实物图

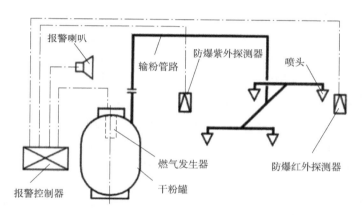

图 8-19　燃气式干粉灭火系统组成示意图

（二）按应用方式分类

1. 全淹没式干粉灭火系统

全淹没式干粉灭火系统是指在规定时间内向防护区喷射一定浓度的干粉,并使其均匀地充满整个防护区的灭火系统,如图 8-20 所示。全淹没式干粉灭火系统可对防护区提供整体保护,主要用于扑救封闭空间火灾,一般用于房间较小、火灾燃烧表面不宜确定且不会复燃的场合,如油泵房等。该系统的灭火剂设计浓度不得小于 0.65 kg/m³,干粉喷射时间应不大于 30 s。

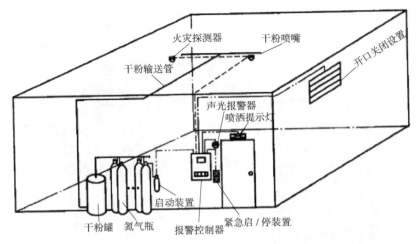

图 8-20　全淹没式干粉灭火系统

2. 局部应用式干粉灭火系统

局部应用式干粉灭火系统是通过喷嘴直接向火焰或燃烧表面喷射灭火剂,并能在火焰周围的局部范围建立起较高浓度(大于灭火浓度)实施灭火的系统。当不宜在整个房间建立灭火浓度或仅保护某一局部范围、某一设备、或室外火灾危险场所等,可选择局部应用式干粉灭火系统,如可用于保护甲、乙、丙类液体的敞顶罐(或槽)或不怕粉末污染的电气设备以及其他场所。当该系统用于保护房间内的某个局部范围或室外的某一设备,应使保护对象与其他物品必须隔开,以保证火不会蔓延到保护区以外的地方,同时应确保灭火剂能够覆盖整个保护对象的表面。室内局部应用灭火系统的干粉喷射时间应不小于 30 s;室外或有复燃危险的室内局部应用灭火系统的干粉喷射时间应不小于 60 s。

局部应用式干粉灭火系统示意图如图 8-21 所示。

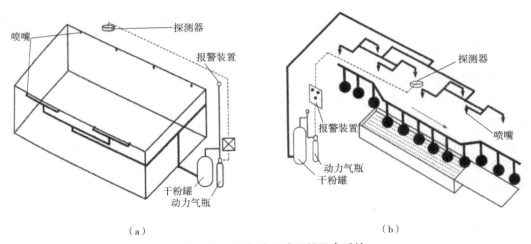

（a）　　　　　　　　　　　　　　　　　　　（b）

图 8-21　局部应用式干粉灭火系统

（a）侧面喷射方式　（b）高架喷射方式

3. 预制干粉灭火装置

预制干粉灭火装置是按一定的应用条件,将灭火剂储存装置和喷嘴等部件预先组装起来的成套灭火装置,通常可分为柜式和悬挂式。其规格是通过试验后预先设计好的,使用时只需根据保护对象的需求进行选型,不必进行复杂的设计计算,当保护对象不大且场所无特殊要求时,可选择预制型系统。

柜式干粉灭火装置如图 8-22 所示,它主要由柜体、干粉储罐、驱动气体瓶组、输粉管道和干粉喷嘴以及与之配套的火灾探测器、火灾报警控制器等组成。

图 8-22　柜式干粉灭火装置

（三）按系统保护情况分类

1. 组合分配系统

当一个区域有几个保护对象,且每个保护对象发生火灾后又不会蔓延时,可选用组合分配系统,即用一套灭火剂储存装置保护两个及以上防护区或保护对象的灭火系统。

2. 单元独立系统

若火灾的蔓延情况不能预测,则每个保护对象应单独设置一套系统保护,即应选用单元独立系统。

四、系统主要组件

（一）储存装置

干粉储存装置一般由干粉储罐、容器阀、安全泄压装置、驱动气体储瓶、瓶头阀、集流管、减压阀、信号反馈装置、压力报警及控制装置等组成。为确保系统工作的可靠性,必要时系统还需设置选择阀。储存装置宜设在专用的储存装置间内,且应靠近防护区,出口应直接通向室外或疏散通道,耐火等级不应低于二级,宜保持干燥和通风良好,并应设应急照明。储存装置的布置应方便检查和维护,并宜避免阳光直射,环境温度应为 −20~50 ℃。

1. 干粉储罐

干粉储罐是储存干粉灭火剂的耐压不可燃容器,多为两端是椭圆封头的钢质圆柱形容器或球形钢质容器,一般由罐体、装粉口、出粉管、进气口、排气口、清扫口、安全阀、压力表等组成,如图 8-23 所示。

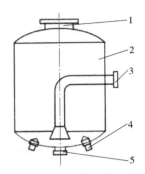

图 8-23　干粉罐构造示意图

1—装粉口;2—罐体;3—出粉管;4—进气口;5—清扫口

干粉储罐平时密封储存干粉,发生灭火时加压气体(即高压不燃气体,如氮气、二氧化碳等)进入罐内,使罐内干粉剧烈搅动,当罐内气压上升至工作压力时,便自动打开出粉管上的阀门,干粉即被加压气体冲出形成粉气混合流,再经输粉管由喷嘴喷出灭火剂。

2.驱动气体储瓶

干粉灭火剂是由动力气体驱动并携带喷射出去实施灭火的。驱动气体储瓶是用来储存驱动气体的高压钢瓶,一般由瓶体和瓶头阀组成。

驱动气体应选用惰性气体,宜选用氮气且二氧化碳含水率不应大于 0.015%（m/m）,其他气体含水率不得大于 0.006%（m/m）,其驱动压力不得大于干粉储存容器的最高工作压力。

3.出粉管和进气管

出粉管是将干粉储罐内的干粉导出,再通过输粉管输送至防护区。出粉管的出口一般在干粉储罐圆柱体的上部或顶部。出粉管的进粉嘴都设在干粉储罐内中心下部。进粉嘴有直管形、锐管形、喇叭形三种,如图 8-24 所示。在出粉管上应装有安全膜或阀门,以便在干粉放出之前形成适当的工作压力。

进气管是向干粉储罐加注动力气体的,其数量为一根或几根。进气管一般位于干粉储罐的底部,沿出粉管进粉嘴周围均匀布置,但与进粉嘴的相对位置要适当,因为其距离的远近将影响粉气混合比。进气管的末端有排气孔,在排气孔上要加橡胶套,如图 8-25 所示。

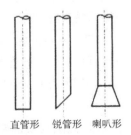

直管形　锐管形　喇叭形

图 8-24　进粉嘴结构示意图

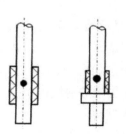

图 8-25　进气管结构示意图

4. 阀门

干粉灭火系统上安装有多个阀门,以控制系统正常工作,如驱动气瓶上的瓶头阀、减压阀、干粉控制球阀、安全阀、单向阀、泄放阀、放气阀等。

(二)选择阀

在组合分配式干粉灭火系统中,每个防护区或保护对象应设一个选择阀。选择阀的设置应满足以下要求。

(1)选择阀上应设有标明防护区的永久性铭牌,其位置宜靠近干粉储存容器,并便于手动操作,方便检查和维护;

(2)选择阀应采用快开型阀门,其公称直径应与连接管道的公称直径相等,其公称压力不应小于干粉储存容器的设计压力;

(3)选择阀可采用电动、气动或液动驱动方式,并应有机械应急操作方式;

(4)系统启动时,选择阀应在输出容器阀动作之前打开。

(三)喷嘴

喷嘴的作用是将粉气流均匀地喷出,并完全覆盖着火物表面,以实现灭火。为了适应不同保护场所的需要,干粉喷嘴主要有直流喷嘴、扩散喷嘴和扇形喷嘴三种形式,如图8-26所示。直流喷嘴的出口粉气流呈柱形,随着喷射距离的增加逐渐分散开来,射程比较远,可使粉气流喷射到保护对象的各个部位,一般可用于化工装置、变压器的保护;扩散喷嘴射出的粉气流似伞状,有效射程短,一般用于热油泵房、可燃液体散装库等场所,安装在泵房、库房的顶部;扇形喷嘴的出口粉气流呈扇形,覆盖面大,射程较更短,一般用于油罐、油槽等部位,安装在其上部边缘。

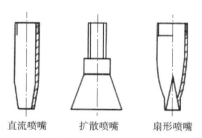

直流喷嘴　　扩散喷嘴　　扇形喷嘴

图8-26　干粉喷嘴示意图

干粉喷嘴的工作压力一般为0.05~0.7 MPa。由于喷嘴口径和喷嘴压力不同,每个喷嘴的喷粉量可为9~470 kg/min,喷射距离为1~12 m。干粉喷嘴应有防止灰尘或异物堵塞喷孔的防护装置,防护装置在干粉灭火剂喷放时应能被自动吹掉或打开,喷头的单孔直径不得小于6 mm。

(四)管道及附件

干粉灭火系统的管道有气体管道和干粉管道,气体管道又可分为启动气体管道和驱动气体管道。管道及附件应能承受最高环境温度下的工作压力,并应符合下列规定:

（1）管道应采用无缝钢管，其质量应符合现行国家标准《输送流体用无缝钢管》（GB/T 8163—2018）的规定；

（2）管道及附件应进行内外表面防腐处理，并宜采用符合环保要求的防腐方式，对防腐层有腐蚀的环境，管理及附件可采用不锈钢、钢或其他耐腐蚀的不燃材料；

（3）输送启动气体的管道宜采用铜管，其质量应符合现行国家标准《铜及铜合金拉制管》（GB/T 1527—2017）的规定；

（4）管道变径时应使用异径管，管道分支不应使用四通管件，管道转弯时宜选用弯管，干管转弯处不应紧接支管等，以避免这种分离流动对系统正常工作产生影响；

（5）管道可采用螺纹连接、沟槽（卡箍）连接、法兰连接或焊接，公称直径小于或等于80 mm 的管道宜采用螺纹连接，公称直径大于 80 mm 的管道宜采用沟槽（卡箍）或法兰连接。

五、系统控制与操作

（一）基本要求

干粉灭火系统应设有自动控制、手动控制和机械应急操作三种启动方式。当局部应用式干粉灭火系统用于经常有人的保护场所时，可不设自动控制启动方式，具体还应满足以下要求。

（1）设有火灾自动报警系统时，灭火系统的自动控制应在接收到两个独立火灾探测信号后才能启动，并应延迟喷放，延迟时间应不大于 30 s，且不得小于干粉储存容器的增压时间。

（2）全淹没式干粉灭火系统的手动启动装置应设置在防护区外邻近出口或疏散通道便于操作的地方；局部应用式灭火系统的手动启动装置应设置在保护对象附近的安全位置。手动启动装置的安装高度宜使其中心位置距地面 1.5 m。所有手动启动装置都应明显地标示出其对应的防护区或保护对象的名称。

（3）在紧靠手动启动装置的部位应设置手动紧急停止装置，其安装高度应与手动启动装置相同。手动紧急停止装置应确保灭火系统能在启动后和喷放灭火剂前的延迟阶段中止。在使用手动紧急停止装置后，应保证手动启动装置可以再次启动。

（4）当采用气动动力源时，应保证系统操作与控制所需要的气体压力和用气量。

（二）操作步骤

切换干粉灭火系统控制装置状态和手动启／停干粉灭火系统的具体操作步骤如下。

（1）将干粉灭火系统控制装置的启动输出端与干粉灭火系统相应防护区驱动装置连接，驱动装置应与阀门的动作机构脱离，也可以用一个启动电压、电流与驱动装置的启动电压、电流相同的负载代替驱动装置。

（2）检查干粉灭火系统控制盘上有无报警、故障及其他异常信息，若正常就进行下一步操作，若有异常则应该先排查并消除异常信息后再进行下一步操作。

（3）查看防护区内有无工作人员，确定没有人员后，将干粉灭火系统的操控开关置于

"自动"状态。

（4）观察干粉灭火系统有无联动及反馈情况，判断灭火系统是否工作正常。

（5）将干粉灭火系统的操控开关置于"手动"状态。

（6）找到手动紧急启动/停止装置，按下手动"启动"按钮，观察相关动作信号是否正常（如发出声光报警等）。

（7）在干粉灭火剂喷放延迟时间内（一般不超过 30 s），按下手动紧急"停止"按钮，装置应能在干粉灭火剂喷放前的延迟阶段中止，观察驱动装置（或替代负载）是否动作及其他设备有无联动情况。

（8）将系统复位（对平时没有人员的防护区，应设置在"自动"状态）。

若干粉灭火系统操作失效或者联动设备动作后，应该对整个系统进行全面检查，排除故障并复位。操作完成后应将驱动装置与阀门的动作机构重新连接，打开通风口以及防护区内气体、液体的供应源等。

六、系统检测

干粉灭火系统的检测包括系统的选型和设置、安装质量的检查和消防产品市场准入有关规定的检查及干粉灭火系统设备和系统基本功能的检查。

（一）设备检查

1. 钢瓶检查

核对产品设计文件，检查钢瓶钢印、公称工作压力、充装介质、生产日期等应符合设计要求。

2. 压力检查

打开压力表开关，检查驱动气体瓶组、启动气体瓶组内压力是否符合设计要求，以及是否在绿区范围内。

（二）系统功能检测

干粉灭火系统基本功能检测应包括操作与控制功能检测、模拟自动启动、模拟手动启动、机械应急启动和响应时间差以及模拟喷放测试等项目。

1. 操作与控制功能检测

设有储气瓶型或储压型干粉灭火系统的场所，应具有自动控制、手动控制和机械应急操作三种启动方式，控制器上应具有自动和手动状态切换功能及各种故障状态显示功能。

设有柜式干粉灭火装置的场所，应有自动控制和手动控制两种启动方式，控制器应具有自动和手动状态切换功能及各种故障状态显示功能。

2. 模拟启动测试

1）模拟自动启动

模拟自动启动的检测要求是设备处于自动状态，模拟火灾探测器信号接入，设备应能按设计要求联动阀驱动装置动作，各报警及反馈状态正常。其检测的主要项目见表 8-2。

表 8-2　模拟自动启动功能检测的主要内容

检测项目	检测内容
启动信号	控制盘应在接收到两个火灾信号后才能启动干粉灭火系统;控制器在接收到第一个火灾信号后,应发出预警信号,并有声光指示;控制器接收到同一防护区的另一个火灾信号后,应发出火警信号,启动灭火系统,并发出声光指示
紧急停止	紧急停止功能应能在灭火系统启动后和灭火剂喷放前的延迟阶段中止动作
声光报警	防护区有正常的声光报警信号
开口关闭装置	应具有联动控制防护区域开口关闭的功能

其具体检测方法如下:

(1)在控制盘上选择"自动"状态;

(2)对某一防护区的火灾探测器施加模拟信号,并使其动作;

(3)检查对应防护区阀驱动装置、干粉储罐出口阀门的动作情况、系统报警状态及反馈情况。

2)模拟手动启动

模拟手动启动的检测要求是设备处于手动状态,按下手动启动按钮,设备应能按设计要求联动阀驱动装置动作,各报警及反馈状态正常。其检测的主要项目见表 8-3。

表 8-3　模拟手动启动功能检测的主要内容

检测项目	检测内容
启动信号	按下控制盘上的手动操作按钮,对应防护区的灭火系统应能启动,并能输出反馈信号
紧急停止	紧急停止功能应能在灭火系统启动后和灭火剂喷放前的延迟阶段中止动作
声光报警	防护区有正常的声光报警信号
开口关闭装置	应具有联动控制防护区域开口关闭的功能

其具体检测步骤如下:

(1)在控制盘上选择"手动"状态;

(2)按下某一防护区的手动启动按钮,使其动作;

(3)检查对应防护区阀驱动装置、干粉储罐出口阀门的动作情况、系统报警状态及反馈情况。

3. 机械应急启动和响应时间差

机械应急启动操作时,通过手动启动机械应急启动装置,干粉灭火系统应能可靠启动并正常喷射。对于柜式干粉灭火装置,应检查一个防护区或保护对象所用多台柜式灭火装置应同时启动,且其动作响应时间差应不大于 2 s。

4. 模拟喷放测试

模拟喷放测试是手动启动干粉灭火系统,气体瓶组应能正常动作,喷嘴应有气体喷出。其具体测试方法如下:

(1)将灭火系统组件按设计要求连接,干粉储罐内不充装干粉灭火剂;

（2）取1~2只充满气体的驱动气体瓶组连接在集流管上,并使其安装紧固,集流管其他位置用单向阀或堵头堵住;

（3）将启动气体瓶组、启动管路与驱动气体瓶组正确连接;

（4）手动启动灭火系统;

（5）观察系统及各组件动作情况,确定喷嘴处是否有气体喷出,启动程序为阀驱动装置使驱动气体瓶组动作,驱动气体瓶组内气体通过灭火剂释放管路流动,并从喷嘴喷出,各部件应按设定程序动作。

第五节　固定消防炮灭火系统

消防炮是指连续喷射时水、泡沫混合液流量大于16 L/s或干粉喷射量大于8 kg/s,脉冲喷射时单发喷射水、泡沫混合液量不低于8 L的装置。消防炮灭火具有流量大、射程远、射流集中的特点,应对大规模火灾具备一定优势。固定消防炮灭火系统是由固定消防炮和相应配置的系统组件组成的固定灭火系统。该系统一般用于保护难以设置自动喷水灭火系统的高大空间场所,如甲、乙类可燃气体、可燃液体设备的高大构架和设备群等。

一、系统类型

（一）按喷射介质分类

固定消防炮灭火系统按喷射介质可分为水炮灭火系统、泡沫炮灭火系统和干粉炮灭火系统。

1.水炮灭火系统

水炮灭火系统是指喷射水灭火剂的固定消防炮灭火系统,主要由水源、消防泵组、管道、阀门、水炮、动力源和控制装置等组成,如图8-27所示。

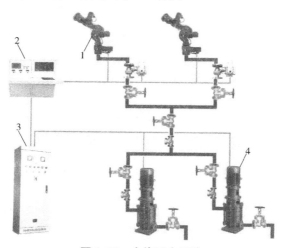

图8-27　水炮灭火系统

1—消防水炮;2—控制装置;3—消防水泵控制柜;4—消防水泵

发生火灾时,开启消防泵组及管路阀门,消防水经消防水泵加压获得的压能在消防炮喷嘴处转换为动能,高速水流由喷嘴射向火源,能够隔绝空气并冷却燃烧物,起到迅速扑灭或抑制火灾的作用。消防炮能够做水平或俯仰回转,以调节喷射角度,从而提高灭火效果。带有直流/喷雾转换功能的消防水炮能够喷射雾化型射流,其液滴细小、喷射面积大,对近距离的火灾有更好的扑救效果。

水炮灭火系统适用于一般固体可燃物火灾的扑救,在大型商场、剧院、展馆、仓库、体育场馆、堆场等消防重点场所有广泛的应用。水炮灭火系统不得用于扑救遇水发生化学反应而引起燃烧、爆炸等物质的火灾。

2. 泡沫炮灭火系统

泡沫炮灭火系统是指喷射泡沫灭火剂的固定消防炮灭火系统,主要由水源、泡沫液罐、消防泵组、泡沫比例混合装置、管道、阀门、泡沫炮、动力源和控制装置等组成,如图 8-28 所示。

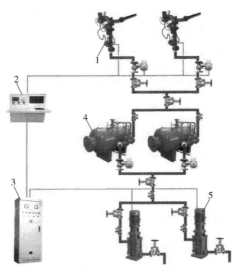

图 8-28　泡沫炮灭火系统

1—消防泡沫炮;2—控制装置;3—消防水泵控制柜;4—泡沫比例混合装置;5—消防水泵

发生火灾时,开启消防泵组及管路阀门,消防压力水流经泡沫比例混合装置时按照一定的比例与泡沫液混合,形成泡沫混合液,并在消防炮喷嘴处以高速射流喷出。泡沫混合液射流在消防炮喷嘴处及空中卷吸入空气,与空气混合、发泡形成空气泡沫液。空气泡沫液被投射到火源,覆盖在燃烧物表面形成泡沫层,能够隔氧阻燃、阻隔辐射热、吸热冷却,从而起到迅速扑灭或抑制火灾的作用。消防炮能够做水平或俯仰回转,以调节喷射角度,从而提高灭火效果。

泡沫炮灭火系统适用于甲、乙、丙类液体及固体可燃物火灾的扑救,在石化企业、输油码头、展馆、仓库、飞机库、船舶等消防重点场所应用广泛。泡沫炮灭火系统不得用于扑救遇水发生化学反应而引起燃烧、爆炸等物质的火灾。

3. 干粉炮灭火系统

干粉炮灭火系统是指喷射干粉灭火剂的固定消防炮系统,主要由干粉罐、氮气瓶组、管道、阀门、干粉炮、动力源和控制装置等组成,如图 8-29 所示。

图 8-29 干粉炮灭火系统

发生火灾时,开启氮气瓶组,其内的高压氮气经过减压阀减压后进入干粉储罐,其中一部分氮气被送入储罐顶部与干粉灭火剂混合,另一部分氮气被送入储罐底部对干粉灭火剂进行松散。随着系统压力的建立,混合有高压气体的干粉灭火剂积聚在干粉炮阀门处。当管路压力达到一定值时,开启干粉炮阀门,固、气两相态的干粉灭火剂通过消防干粉炮高速射向火源,切割火焰、破坏燃烧链,从而起到迅速扑灭或抑制火灾的作用。消防炮能够做水平或俯仰回转,以调节喷射角度,从而提高灭火效果。

干粉炮灭火系统适用于液化石油气、天然气等可燃气体火灾的扑救,在石化企业、输油码头、堆场仓库等消防重点场所应用广泛。

(二)按控制和操作方式分类

固定消防炮灭火系统按控制和操作方式可分为远控消防炮灭火系统(简称远控炮系统)和手动消防炮灭火系统(简称手动炮系统)。

1. 远控炮系统

远控炮系统是指可远距离控制消防炮的固定消防炮灭火系统。远控炮可通过电驱动、液压驱动或气压驱动实现有线或无线远距离控制,同时配有手动机构,需要时也可就地手动控制。

远控炮系统应具有对消防泵组、远控炮及相关设备等进行远程控制的功能。该系统一般采用联动控制方式,各联动控制单元设有操作指示信号。在远控炮系统中,消防泵组(包括电动机或柴油机泵组),消防水泵进、出水阀门,压力传感器,系统控制阀门,动力源,远控炮等均为被控设备,根据使用要求,被控设备之间存在一定的逻辑关系,若由人工来操作,其操作过程复杂,操作人员的安全会受到一定的威胁,对操作人员的素质要求也较高。发生火灾时,现场操作人员由于心情紧张,容易发生误操作。为使系统具有可靠性高、响应速度快、操作简单、避免发生误操作,采用联动控制方式实行远程控制,既可保证系统开通的可靠性和防止误操作,又可确保操作人员的安全。联动控制单元操作指示信号的设置是使操作人员能确认其操作的正确与否,同时还能指示该单元是否已被启动。

设置在下列场所的固定消防炮灭火系统宜选用远控炮系统:

（1）有爆炸危险性的场所；

（2）有大量有毒气体产生的场所；

（3）燃烧猛烈，产生强烈辐射热的场所；

（4）火灾蔓延面积较大，且损失严重的场所；

（5）高度超过 8 m，且火灾危险性较大的室内场所；

（6）发生火灾时，灭火人员难以及时接近或撤离固定消防炮位的场所。

2. 手动炮系统

手动炮系统是指只能在现场手动操作消防炮的固定消防炮灭火系统。设置固定消防炮的场所，当不需设置远控炮系统时，可设置手动炮系统。

二、系统设置要求

（1）室内固定水炮灭火系统应采用湿式给水系统，且消防炮安装处应设置消防水泵启动按钮。为水炮和泡沫炮灭火系统供水的临时高压消防给水系统应具有自动启动功能。

（2）室内固定消防炮的设置应保证消防炮的射流不受建筑结构或设施的遮挡。

（3）室外固定消防炮应符合下列规定：

①消防炮的射流应完全覆盖被保护场所及被保护物，喷射强度应满足灭火或冷却的要求；

②消防炮应设置在被保护场所常年主导风向的上风侧；

③炮塔应采取防雷击措施，并设置防护栏杆和防护水幕，防护水幕的总流量应大于或等于 6 L/s。

（4）固定消防炮平台和炮塔应具有与环境条件相适应的耐腐蚀性能或防腐蚀措施，其结构应能同时承受消防炮喷射反力和使用场所最大风力，满足消防炮正常操作使用的要求。

（5）固定水炮或泡沫炮灭火系统从启动至炮口喷射水或泡沫的时间应小于或等于 5 min，固定干粉炮灭火系统从启动至炮口喷射干粉的时间应小于或等于 2 min。

（6）固定水炮灭火系统的水炮射程、供给强度、流量、连续供水时间等应符合下列规定：

①灭火用水的连续供给时间，对于室内火灾应大于或等于 1.0 h，对于室外火灾应大于或等于 2.0 h；

②灭火及冷却用水的供给强度应满足完全覆盖被保护区域和灭火、控火的要求；

③水炮灭火系统的总流量应大于或等于系统中需要同时开启的水炮流量之和、灭火用水计算总流量与冷却用水计算总流量之和两者的较大值。

（7）固定泡沫炮灭火系统的泡沫混合液流量、泡沫液储存量等应符合下列规定：

①泡沫混合液的总流量应大于或等于系统中需要同时开启的泡沫炮流量之和、灭火面积与供给强度的乘积两者的较大值；

②泡沫液的储存总量应大于或等于其计算总量的 1.2 倍；

③泡沫比例混合装置应具有在规定流量范围内自动控制混合比的功能。

（8）固定干粉炮灭火系统的干粉存储量、连续供给时间等应符合下列规定：

①干粉的连续供给时间应大于或等于 60 s;

②干粉的储存总量应大于或等于其计算总量的 1.2 倍;

③干粉储罐应为压力储罐,并应满足在最高使用温度下安全使用的要求;

④干粉驱动装置应为高压氮气瓶组,氮气瓶的额定充装压力应大于或等于 15 MPa;

⑤干粉储罐和氮气驱动瓶应分开设置。

(9)固定消防炮灭火系统中的阀门应设置工作位置锁定装置和明显的指示标志。

三、系统功能验收要求

(一)系统手动启动功能验收要求

使系统电源处于接通状态,各控制装置的操作按钮处于手动状态,逐个按下各消防泵组的手动操作启停按钮,观察消防泵组的动作及反馈信号情况是否正常;逐个按下各电控阀门的手动操作启停按钮,观察阀门的启闭动作及反馈信号情况是否正常;用手动按钮或手持式无线遥控发射装置逐个操控相对应的消防炮做俯仰和水平回转动作,观察各消防炮的动作及反馈信号是否正常,观察消防炮在设计规定的回转范围内是否与消防炮塔干涉,消防炮塔的防腐涂层是否完好;对带有直流/喷雾转换功能的消防炮,还应检验其喷雾动作控制功能。

(二)主、备电源的切换功能验收要求

主电源供电,备电源处于接通状态;切断主电源,备电源应能自动投入运行;恢复主电源应能自动投入运行。

(三)消防泵组功能验收要求

1. 消防泵组运行验收要求

按系统设计要求,启动消防泵组,观察该消防泵组及相关设备动作是否正常;若正常,消防泵组在设计负荷下连续运转应不小于 2 h。

2. 主用、备用泵组自动切换功能验收要求

接通控制装置电源,并使消防泵组控制装置处于自动状态,人工启动一台消防泵组,观察该消防泵组及相关设备动作是否正常;若正常,则在消防泵组控制装置内模拟消防泵组故障,使之停泵,此时备用消防泵组应能自动投入运行。消防泵组在设计负荷下,连续运转应不小于 30 min。

(四)联动控制功能验收要求

按设计的联动控制单元进行逐个检查。接通系统电源,使待检联动控制单元的被控设备均处于自动状态,按下对应的联动启动按钮,该单元应能按设计要求自动启动消防泵组,打开阀门等相关设备,直至消防炮喷射灭火剂,且该单元设备的动作与信号反馈应符合设计要求。

（五）系统喷射功能验收要求

1. 验收试验条件要求

（1）水炮和水幕保护系统采用消防水进行喷射。

（2）泡沫炮系统的比例混合装置及泡沫液的规格应符合设计要求。

（3）消防泵组供水达到额定供水压力。

（4）干粉炮系统的干粉型号、规格、储量和氮气瓶组的规格、压力应符合系统设计要求。

（5）系统手动启动和联动控制功能正常。

（6）系统中参与控制的阀门工作正常。

2. 试验结果要求

（1）水炮、泡沫炮的实际工作压力应不小于相应的设计工作压力。

（2）水炮、泡沫炮、干粉炮的水平和俯仰回转角应符合设计要求,带直流/喷雾转换功能的消防水炮的喷雾角应符合设计要求。

（3）泡沫炮系统的泡沫比例混合装置提供的混合液的混合比应符合设计要求。

（4）水炮系统或泡沫炮系统自启动至喷出水或泡沫的时间应不大于 5 min,干粉炮系统自启动至喷出干粉的时间应不大于 2 min。

四、系统维护检查要求

严格的管理、正确的操作、精心的维护和仔细认真的检查是保证固定消防炮灭火系统发挥正常作用的关键因素。因此,应加强日常的检查和维护管理,及时查找消防炮系统运行安全隐患,使其保持正常状态。

（一）基本要求

（1）系统验收合格后方可投入运行。

（2）系统应由经过专门培训,并经考试合格的专人负责定期检查和维护。

（3）系统投入使用时应具备下列文件资料。

①施工、验收阶段所出具的文件资料;

②系统的维护管理规程及记录表。

（4）对检查和试验中发现的问题应及时解决,对损坏或不合格者应立即更换,并应复原系统。

（5）固定消防炮灭火系统发生故障时,应向主管值班人员报告,取得维护负责人的同意并采取防范措施后方能修理。

（6）干粉储罐与氮气瓶组的维护应按照《固定式压力容器安全技术监察规程》（TSG 21—2016）的规定执行;应对干粉灭火剂的使用有效期进行定期检查,对超出使用期限的灭火剂应及时更换。

（二）系统周期性检查项目及要求

（1）周检应符合下列要求：

①阀门启闭正常；

②消防炮的回转机构等动作正常；

③系统组件及配件外观完好。

（2）月检应符合下列要求：

①消防泵组启动运转正常；

②氮气瓶的储压应不小于设计压力的90%；

③供水水源及水位指示装置正常；

④控制装置运行正常；

⑤泡沫液罐内泡沫液的液位正常。

（3）半年检要求：泡沫炮、水炮系统喷水应正常。

（4）系统运行每隔两年，应按下列规定进行检查和试验：

①进行系统喷射试验，试验完毕应对泡沫管道、干粉管道进行冲洗；

②对于干粉炮系统，可用氮气进行模拟喷射试验，试验压力取设计压力，并对系统所有的设备、设施、管道及附件进行全面检查，结果应符合设计要求；

③冲洗系统管道，清除锈渣，并进行涂漆处理。

第九章　火灾自动报警系统与消控室

火灾自动报警系统是探测火灾早期特征、发出火灾报警信号，为人员疏散、防止火灾蔓延和启动自动灭火设备提供控制和指示的消防系统。火灾自动报警系统一般设置在工业与民用建筑内部和其他可对生命及财产造成危害的火灾危险场所，与自动灭火系统、防排烟系统以及防火分隔设施等其他消防设施一起构成完整的建筑消防系统。火灾自动报警系统能通过自动化方式实现早期火灾探测、火灾报警和消防设备联动控制。

第一节　概述

火灾自动报警系统由火灾探测报警系统、消防联动控制系统、可燃气体探测报警系统及电气火灾监控系统组成，如图 9-1 所示。

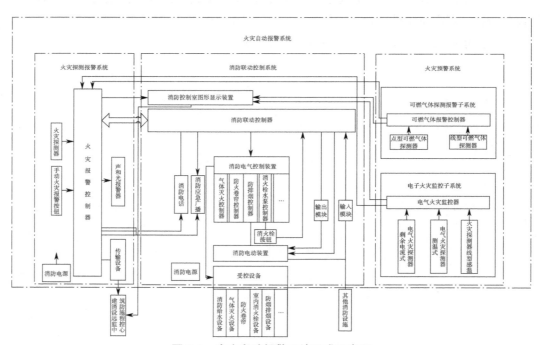

图 9-1　火灾自动报警系统组成示意图

一、火灾探测报警系统

火灾探测报警系统能及时、准确地探测被保护对象的初起火灾，并做出报警响应，从而使建筑物中的人员有足够的时间在火灾尚未发展蔓延到危害生命安全的程度时疏散至安全地带,其是保障人员生命安全的最基本的建筑消防系统。

发生火灾时,安装在保护区域现场的火灾探测器,将火灾产生的烟雾、热量和光辐射等火灾特征参数转变为电信号,经数据处理后,将火灾特征参数信息传输至火灾报警控制器;或直接由火灾探测器做出火灾报警判断,将报警信息传输到火灾报警控制器。火灾报警控制器在接收到探测器的火灾特征参数信息或报警信息后,经报警确认判断,显示报警探测器的部位,记录探测器火灾报警的时间。处于火灾现场的人员,在发现火灾后也可触动安装在现场的手动火灾报警按钮,手动火灾报警按钮便将报警信息传输到火灾报警控制器,火灾报警控制器在接收到手动火灾报警按钮的报警信息后,经报警确认判断,显示动作的手动火灾报警按钮的部位,记录手动火灾报警按钮报警的时间。火灾报警控制器在确认火灾探测器和手动火灾报警按钮的报警信息后,驱动安装在被保护区域现场的火灾警报装置,发出火灾警报,向处于被保护区域内的人员警示火灾的发生。火灾探测报警系统的工作原理如图 9-2所示。

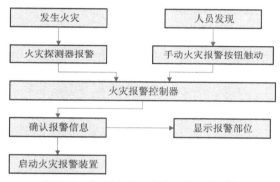

图 9-2　火灾探测报警系统的工作原理

二、消防联动控制系统

消防联动控制系统是火灾自动报警系统中的一个重要组成部分。在发生火灾时,火灾探测器和手动火灾报警按钮的报警信号等联动触发信号传输至消防联动控制器,消防联动控制器按照预设的逻辑关系对接收到的触发信号进行识别判断,在满足逻辑关系条件时,消防联动控制器按照预设的控制时序启动相应的消防水泵、防火卷帘、防排烟风机等消防设备,实现预设的防火和灭火功能。消防控制室的消防管理人员也可以通过操作消防联动控制器的手动控制盘直接启动相应的消防系统(设施),从而实现相应消防系统(设施)预设的消防功能。

当消防设备动作后,由消防联动控制器将动作信号反馈给消防控制室并显示,实现对建筑消防设施的状态监视功能,即接收来自消防联动现场设备以及火灾自动报警系统以外的其他系统的火灾信息或其他信息的触发和输入功能。消防联动控制系统的工作原理如图9-3所示。

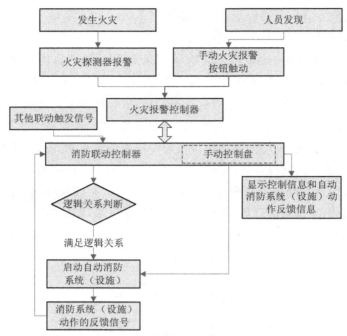

图 9-3　消防联动控制系统的工作原理

三、可燃气体探测报警系统

可燃气体探测报警系统能够在可燃气体低于爆炸极限的条件下提前报警,从而预防由于可燃气体泄漏引发的火灾和爆炸事故发生。

发生可燃气体泄漏时,安装在保护区域现场的可燃气体探测器会将泄漏可燃气体的浓度参数转变为电信号,经数据处理后,将可燃气体浓度参数信息传输至可燃气体报警控制器;或直接由可燃气体探测器做出泄漏可燃气体浓度超限报警判断,将报警信息传输到可燃气体报警控制器。可燃气体报警控制器在接收到探测器的可燃气体浓度参数信息或报警信息后,经报警确认判断,显示泄漏报警探测器的部位并发出泄漏可燃气体浓度信息,记录探测器报警的时间,同时驱动安装在保护区域现场的声光报警装置,发出声光报警,警示人员采取相应的处置措施;必要时可以控制并关断燃气的阀门,防止燃气进一步泄漏。可燃气体探测报警系统的工作原理如图 9-4 所示。

四、电气火灾监控系统

电气火灾监控系统能在低压供配电系统的电气线路及电气设备发生电气故障并产生一定电气火灾隐患的条件下发出报警,提醒专业人员排除电气火灾隐患,实现电气火灾的早期预防,避免电气火灾的发生,因此具有很强的电气防火预警功能。

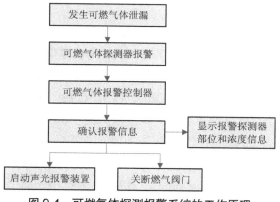

图 9-4　可燃气体探测报警系统的工作原理

　　发生电气故障时,电气火灾监控探测器将保护线路中的剩余电流、温度等电气故障参数转变为电信号,经数据处理后,探测器做出报警判断,将报警信息传输到电气火灾监控器。电气火灾监控器在接收到探测器的报警信息后,经报警确认判断,显示电气故障报警探测器的部位信息,记录探测器报警的时间,同时驱动安装在保护区域现场的声光报警装置,发出声光报警,警示人员采取相应的处置措施,排除电气故障、消除电气火灾隐患,防止电气火灾的发生。电气火灾监控系统的工作原理如图 9-5 所示。

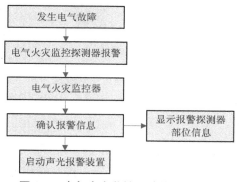

图 9-5　电气火灾监控系统的工作原理

第二节　系统主要组件

一、火灾探测报警系统主要组件

　　火灾探测报警系统主要由触发器件、火灾警报装置、火灾报警装置和电源组成。

(一)触发器件

　　在火灾自动报警系统中,自动或手动产生火灾报警信号的器件称为触发器件,它主要包括火灾探测器和手动火灾报警按钮。不同类型的火灾探测器适用于不同类型的火灾和不同的场所,在实际应用中应当按照现行有关国家标准的规定合理选择。

1. 火灾探测器

火灾探测器是火灾自动报警系统的基本组成部分之一,它至少含有一个能够连续或以一定频率周期监视与火灾有关的适宜的物理和/或化学现象的传感器,并且至少能够向控制和指示设备提供一个合适的信号,可由探测器或控制和指示设备对是否报火警或操纵自动消防设备做出判断。火灾探测器根据探测火灾特征参数的不同,可分为感烟、感温、感光、气体、复合五种基本类型。常见的点型火灾探测器如图 9-6 所示。

(1)感温火灾探测器,即响应异常温度、温升速率和温差变化等参数的探测器。

(2)感烟火灾探测器,即响应悬浮在大气中的燃烧和/或热解产生的固体或液体微粒的探测器,进一步可分为离子感烟、光电感烟、红外光束、吸气型等类型。

(3)感光火灾探测器,即响应火焰发出的特定波段电磁辐射的探测器,又称为火焰探测器,进一步可分为紫外、红外及复合式等类型。

(4)气体火灾探测器,即响应燃烧或热解产生的气体的火灾探测器。

(5)复合火灾探测器,即将多种探测原理集中于一身的探测器,进一步可分为烟温复合、红外紫外复合等类型。

（a）　　　　　　　　　　（b）　　　　　　　　　　（c）

图 9-6　点型火灾探测器

（a）感烟火灾探测器　（b）感温火灾探测器　（c）感光火灾探测器

2. 手动火灾报警按钮

手动火灾报警按钮是用手动方式产生火灾报警信号、启动火灾自动报警系统的器件,也是火灾自动报警系统中不可缺少的组成部分之一。按照操作方式的不同,手动火灾报警按钮分为击碎型(不可复位)和按压型(可复位)两类。确认火灾发生后,敲碎有机玻璃片或按下按钮,即可向消防控制室发出火灾报警信号。当发生火灾时,为了便于及时报警,手动火灾报警按钮应设置在明显和便于操作的部位,即各楼层的电梯间、电梯前室、主要通道等经常有人通过的地方;大厅、过厅、主要公共活动场所的出入口;餐厅、多功能厅等处的主要出入口。手动火灾报警按钮如图 9-7 所示。

图 9-7　手动火灾报警按钮

（二）火灾报警装置

在火灾自动报警系统中,用以接收、显示和传递火灾报警信号,并能发出控制信号和具有其他辅助功能的控制指示设备称为火灾报警装置,它是火灾自动报警系统中的核心组成部分。

1. 火灾报警控制器

火灾报警控制器的功能主要有:主电源、备用电源自动转换;备用电源充电;电源故障检测;电源工作状态指示;为探测器回路供电;控制器或系统故障声光报警;火灾声光报警;火灾报警记忆;火灾报警优先故障报警;声报警、音响消音及再次声响报警、自动巡检和自动打印、部位的开放及关闭、显示被关闭的部位以及联动控制功能等。火灾报警控制器如图9-8所示。

(a)　　　　　　　(b)　　　　　　　(c)

图9-8　火灾报警控制器

(a)壁挂式　(b)柜式　(c)琴台式

2. 火灾显示盘

火灾显示盘是显示报警区域内的各种报警设备火警及故障信息的设备,火灾显示盘信号来自火灾报警控制器,其一般采用四线制连接,适用于各防火分区或楼层。当火警或故障信号送入时,将发出两种不同的报警声(火警为变调音响,故障为长音响)。当用一台火灾报警控制器同时监控数个楼层或防火分区时,可在每个楼层或防火分区设置火灾显示盘取代区域报警控制器。火灾显示盘如图9-9所示。

（三）火灾警报装置

在火灾自动报警系统中,用以发出区别于环境声、光的火灾警报信号的装置称为火灾警报装置。声光报警器就是一种最基本的火灾警报装置,通常与火灾报警控制器(如区域显示器、火灾显示盘、集中火灾报警控制器)组合在一起,以声、光方式向报警区域发出火灾警报信号,以提醒人们展开安全疏散、灭火救灾等行动。声光报警器如图9-10所示。声光报警报器通常安装在公共走廊、各层楼梯口、消防电梯前室口等处。

图9-9　火灾显示盘

图9-10　声光报警器

（四）电源

火灾自动报警系统应设置交流电源和蓄电池备用电源。火灾自动报警系统属于消防用电设备，交流电源应接入消防电源，因为普通民用电源可能在火灾条件下被切断；备用电源如采用集中设置的消防设备应急电源，应进行独立回路供电，防止由于接入其他设备的故障而导致回路供电故障；消防设备应急电源的容量应能保证在系统处于最大负载状态下不影响火灾报警控制器和消防联动控制器的正常工作。

二、消防联动控制系统主要组件

按照现行国家标准《消防联动控制系统》（GB 16806—2006），消防联动控制系统通常由消防联动控制器、消防联动模块、消防电气控制装置、消防设备应急电源、消防应急广播设备、消防电话、传输设备、消防控制室图形显示装置、消防电动装置、消火栓按钮等全部或部分设备组成。

（一）消防联动控制器

消防联动控制器是消防联动控制系统的核心组件，它通过接收火灾报警控制器发出的火灾报警信息，按内部预设逻辑对自动消防设备实现联动控制和状态监视。消防联动控制器可直接发出控制信号，通过驱动装置控制现场的受控设备。对于控制逻辑复杂，在消防联动控制器上不便实现直接控制的情况，可通过消防电气控制装置（如防火卷帘控制器、气体灭火控制器等）间接控制受控设备。实际工程中，各厂家大多将火灾自动报警控制器与消防联动控制器的功能集中到一个控制器上，称为火灾报警控制器（联动型）。

（二）消防联动模块

消防联动模块是用于消防联动控制器与其所连接的受控设备之间进行信号传输、转换的一种器件，包括消防联动中继模块、消防联动输入模块、消防联动输出模块和消防联动输入/输出模块，它是消防联动控制设备完成对受控消防设备联动控制功能所需的一种辅助器件。当前工程中常见的一般多为输入模块、输出模块和输入/输出模块。

1. 输入模块

消防联动输入模块用于把消防联动控制器所连接的消防设备、器件的工作状态信号输入相应的消防联动控制器。消防联动输入模块的工作原理：消防联动输入模块内部的信号电路将上述消防设备、器件的工作状态转换为电信号，并传送给消防联动输入模块的主控电路；主控电路一般通过分析与判断，确认消防设备的工作状态，同时通过信号总线传送给相应的消防联动控制器。某厂家输入模块如图9-11所示。

2. 输出模块

消防联动输出模块用于将消防联动控制器的控制信号传输给其连接的消防设备、器件。消防联动输出模块的工作原理：当消防联动控制设备发出启动信号后，根据预置逻辑，通过总线将联动控制信号输送到消防联动输出模块，启动需要联动的消防设备、器件，如消防水泵、防排烟阀、送风阀、防火卷帘、风机、警铃等。

3. 输入／输出模块

消防联动输入／输出模块是同时具有消防联动输入模块和消防联动输出模块功能的消防联动模块,其作用、组成和工作原理等同上。某厂家输入／输出模块如图 9-12 所示。

图 9-11　输入模块

图 9-12　输入／输出模块

(三)消防电气控制装置

消防电气控制装置用于对建筑消防自动喷水灭火设备、室内消火栓设备、防排烟设备、防火门窗、防火卷帘等各类自动消防设施进行控制,具有控制受控设备执行预定动作、接收受控设备反馈信号、监视受控设备状态、与消防联动控制器进行通信、向使用人员发出声光提示信息等功能。常见的消防电气控制装置有消火栓泵控制柜、喷淋泵控制柜、气体灭火控制盘、防火卷帘控制箱、防排烟风机控制箱等。

(四)消防电动装置

消防电动装置由消防联动控制装置进行管理,其作用是在火灾情况下使人员较好地疏散并减少伤亡。消防电动装置主要有消防泵、喷淋泵、电梯、电动防火门、电动卷帘门、正风压机、排烟阀、防火阀、空调机、新风机等。

(五)消防电话

消防电话是与普通电话分开的独立系统,主机设在消防控制室,分机分设在其他各个部位。当发生火灾报警时,消防电话可以提供方便快捷的通信手段,它是消防控制及其报警系统中不可缺少的通信设备。消防电话系统有专用的通信线路,在现场人员可以通过现场设置的固定电话和消防控制室进行通话,也可以用便携式电话插入插孔式手报或者电话插孔与控制室直接进行通话。消防电话的主要组成设备有消防电话主机、分机和插孔,如图 9-13 所示。

图 9-13　消防电话主机、分机和插孔

(六)消防应急广播设备

消防应急广播设备是发生火灾或意外事故时指挥现场人员进行疏散的设备。在发生火灾时,应急广播信号通过音源设备发出,经过功率放大后,由广播切换模块切换到广播指定区域的音箱实现应急广播消防应急广播设备。消防应急广播设备与火灾警报装置(包括警铃、警笛、警灯等)相比,虽然两者在设置范围上有些差异,但使用目的统一,即都是为了及时向人们通报火灾,指导人们安全、迅速地疏散。消防应急广播设备的主要设备有消防广播主机和扬声器,如图9-14所示。

图9-14　消防广播主机和扬声器

(七)消防控制室图形显示装置

消防控制室图形显示装置是消防联动控制系统的一个重要组件,如图9-15所示。消防控制室图形显示装置与火灾报警控制器和消防联动控制器进行通信,及时接收消防系统中的设备火警信号、联动信号和故障信号,并通过图形终端把火警信息、故障信息和联动信息直观地显示在建筑平面图上,从而使消防管理人员能够方便及时地处理火灾事故。

图9-15　消防控制室图形显示装置

三、可燃气体探测报警系统主要组件

可燃气体探测报警系统由可燃气体报警控制器、可燃气体探测器和火灾声光报警器等组成,如图9-16所示。

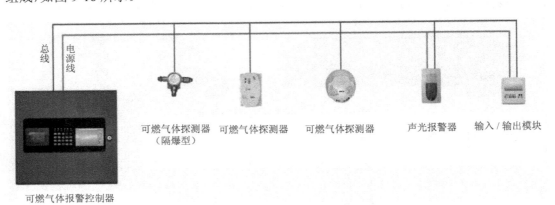

图9-16　可燃气体探测报警系统组成

（一）可燃气体报警控制器

可燃气体报警控制器用于为所连接的可燃气体探测器供电，接收来自可燃气体探测器的报警信号，发出声光报警信号和控制信号，指示报警部位，记录并保存报警信息的装置。

（二）可燃气体探测器

可燃气体探测器是能对泄漏可燃气体产生响应，自动产生报警信号，并向可燃气体报警控制器传输报警信号及泄漏可燃气体浓度信息的器件。可燃气体探测器主要有 7 个品种，即测量范围为 0~100%LEL 的点型可燃气体探测器；测量范围为 0~100%LEL 的独立式可燃气体探测器；测量范围为 0~100%LEL 的便携式可燃气体探测器；测量人工煤气的点型可燃气体探测器；测量人工煤气的独立式可燃气体探测器；测量人工煤气的便携式可燃气体探测器；线型可燃气体探测器。

四、电气火灾监控系统主要组件

电气火灾监控系统由电气火灾监控器和电气火灾监控探测器组成。

（一）电气火灾监控器

电气火灾监控器用于为所连接的电气火灾监控探测器供电，接收来自电气火灾监控探测器的报警信号，发出声光报警信号和控制信号，指示报警部位，记录并保存报警信息的装置。

（二）电气火灾监控探测器

电气火灾监控探测器是能够对保护线路中的剩余电流、温度等电气故障参数产生响应，自动产生报警信号，并向电气火灾监控器传输报警信号的器件。电气火灾监控探测器按工作原理可分为剩余电流保护式、测温式和故障电弧式三种，如图 9-17 所示。

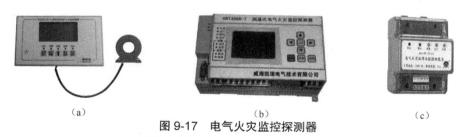

（a）　　　　　　　　　　　　（b）　　　　　　　　　　　（c）

图 9-17　电气火灾监控探测器

（a）剩余电流保护式　（b）测温式　（c）故障电弧式

（1）剩余电流保护式电气火灾监控探测器，当被保护线路的相线直接或通过非预期负载对大地接通，而产生近似正弦波形且其有效值呈缓慢变化的剩余电流，当该电流大于预定数值时即自动报警的电气火灾监控探测器。

（2）测温式（过热保护式）电气火灾监控探测器，当被保护线路的温度高于预定数值时即自动报警的电气火灾监控探测器。

（3）故障电弧式电气火灾监控探测器，当被保护线路上发生故障电弧时即发出报警信号的电气火灾监控探测器。

第三节 系统的应用

一、系统运行要求

（一）系统运行条件

（1）火灾自动报警系统必须经验收合格后方可使用，任何单位和个人都不得擅自决定使用。该系统正式启用时，使用单位必须具备下列文件资料：

①检测、验收合格资料；

②建（构）筑物竣工后的总平面图、建筑消防系统平面布置图、建筑消防设施系统图及安全出口布量图、重点部位位置图、危化品位置图；

③消防安全管理规章制度、灭火预案、应急疏散预案；

④消防安全组织机构图，包括消防安全责任人、管理人以及专职、义务消防人员；

⑤消防安全培训记录、灭火和应急疏散预案的演练记录；

⑥值班情况、消防安全检查情况及巡查情况的记录；

⑦火灾自动报警系统设备现场设置情况记录；

⑧消防系统联动控制逻辑关系说明、联动编程记录、消防联动控制器手动控制单元编码设置记录；

⑨系统设备使用说明书、系统操作规程、系统和设备维护保养制度。

（2）火灾自动报警系统启动后，应保持连续正常运行，不得随意中断。正常工作状态下，报警联动控制设备应处于自动控制状态。严禁将自动灭火系统和联动控制的防火卷帘等防火分隔措施设置在手动控制状态。其他联动控制设备需要设置在手动状态时，应有火灾时能迅速将手动控制转换为自动控制的可靠措施。

（3）不同类型的探测器、手报、模块等现场部件应有不少于设备总数 1% 的备品。

（4）在火灾探测器开始投入使用后，具有报脏功能的探测器，在报脏时应及时清洗保养；没有报脏功能的探测器，应按产品说明书的要求进行清洗保养；产品说明书没有明确要求的，应每两年清洗或标定一次。

（二）操作维护人员

（1）火灾自动报警系统的操作维护人员应由经过专门培训，并经消防监督机构组织考试合格的专门人员担任，无关人员不得随意触动。

（2）操作维护人员要保持相对稳定，应熟练掌握本系统的工作原理及操作规程，应清楚了解本单位报警区域及探测区域的划分和火灾自动报警系统的报警部位号。

（3）当系统更新时，要对操作维护人员重新进行培训，使其熟练掌握新系统的工作原理及操作规程后方可上岗。

（三）火警处置程序

（1）当消防控制室值班人员接到火灾自动报警系统发出的火灾报警信号后，应按下"消音"键，确认火灾信号部位，并通过无线对讲或单位内部电话立即通知巡查人员或报警区域的楼层值班和工作人员迅速赶往现场实地查看。

（2）确认火情后，要立即通过报警按钮、楼层电话或无线对讲向消防控制室反馈信息。

（3）消防控制室接到查看人员确认的火情报告后要做到：立即确认火灾报警联动控制开关处于自动状态，同时拨打"119"报警，报警时应说明着火单位地点、起火部位、着火物种类、火势大小、报警人姓名和联系电话。

（4）值班人员应立即启动单位内部应急疏散和灭火预案，并同时报告单位负责人。

（5）若现场核实为火警误报，要及时通知消防控制室，留在消防控制室的值班人员应将系统恢复到正常工作状态，并在值班记录中对误报的时间、部位、原因及处理情况进行详细记录，及时将系统误报的原因及处理情况向上级领导汇报。

（四）档案管理

火灾自动报警系统使用单位应建立系统的技术档案，并应有电子备份档案。技术档案应包含基本情况和动态管理情况，其中基本情况包括火灾自动报警系统的验收文件和产品、系统使用说明书、系统调试记录等原始技术资料；动态管理情况包括火灾自动报警系统的值班记录、巡查记录、单项检查记录、联动检查记录、故障处置记录等。并将上述所列的文件资料及其他有关资料归档保存，《消防控制室值班记录》和《火灾自动报警系统日常巡查记录》的存档时间不应少于 1 年，《检测记录表》和《故障维修记录表》等存档时间不应少于 5 年。

二、系统常见故障分析及处置

火灾自动报警系统常见故障主要表现为系统组件故障和系统误报及漏报，其常见故障的原因分析和处置措施见表 9-1。

表 9-1　火灾自动报警系统的常见故障原因分析及处置措施

常见故障	主要原因	处置措施
1. 主电源和备用电源故障	（1）输入电源发生问题； （2）熔丝烧断； （3）电路接触不良； （4）充电装置有误； （5）电池损坏或电压不足； （6）连线不通等	（1）检查和处置输入电源存在的问题； （2）更换保险丝或保险管； （3）修整好电路接触不良的部位； （4）检查充电装置； （5）开机充电 24 h 后，备用电源仍故障，应更换电池； （6）接通连线等

常见故障	主要原因	处置措施
2. 火灾探测器故障	(1) 探测器与底座脱落或接触不良; (2) 探测器总线与底线接触不良; (3) 探测器总线损坏、断裂或接地性能不良造成短路; (4) 探测器本身损坏; (5) 控制器接口故障	(1) 重新拧紧探测器或增大底座与探测器卡簧的接触面积; (2) 重新压总线,使之与底座有良好接触; (3) 用"优选法"查出故障的总线位置,予以更换; (4) 更换探测器; (5) 维修或更换接口板
3. 手动报警按钮故障	环境因素(如湿度过大)引起按钮内的线路板发霉腐蚀失效	及时进行维修或更换
4. 控制器通信故障	(1) 火灾报警控制器或火灾报警显示器故障或未通电、开启; (2) 消防控制室报警控制器通信接口故障,全部通信故障; (3) 通信线路故障,如接地性能不良或短路断路等; (4) 探测器或模块设备故障	(1) 使设备供电正常,开启报警器; (2) 检查通信板,若有故障进行更换; (3) 检查报警控制器间的通信线路是否存在短路、断路、接触不良等故障,如有故障进行更换、连接; (4) 更换或维修故障探测器、模块
5. 误报警	(1) 探测器质量问题,灵敏度达不到要求,或灵敏度不合理; (2) 探测器所选用类型不当或场所使用性质改变未考虑探测器类型的改变; (3) 定温探测器定温点标定过低; (4) 环境因素如电磁干扰、气流、蒸气、粉尘等的存在对火灾探测器的正常工作产生了干扰,如感温探测器位置距离高温光源灯具过近等	(1) 更换合格的探测器,选择合适的灵敏度; (2) 根据现场情况合理选择探测器的类型; (3) 重新标定定温点; (4) 对环境的干扰情况,应采取措施加以排除,如误报频繁而又无其他干扰影响正常工作的火灾探测器,应及时进行更换,以免影响正确的报警
6. 漏报或延误报警	(1) 差温探测器的选用与火灾特征和环境特征不符,如火灾温度升高过慢,探测器无反应; (2) 环境因素,如感烟探测器距空调送风口、电风扇或开启式门窗过近,存放物品距探测器太近	(1) 更换合适的探测器; (2) 对环境的干扰情况,应采取措施加以排除或重新按标准要求进行安装

第四节　消防控制室

消防控制室是设有火灾自动报警设备和消防设施控制设备,用于接收、显示、处理火灾报警信号,并控制相关消防设施的重要设备用房。消防控制室是建筑消防系统的信息中心、控制中心、日常远程管理中心和各自动消防系统运行状态监视中心,也是日常火灾演练和建筑火灾扑救时的信息和指挥中心,同时消防控制室内的某些报警控制装置的核心部件可为其后开展的火灾原因调查提供强有力的帮助。目前,在有城市远程监控系统的地区,消防控制室也是建筑与监控中心的接口,因此消防控制室在建筑物消防安全工作中的地位十分重要。《建筑设计防火规范(2018 年版)》(GB 50016—2014)规定,设置火灾自动报警系统和需要联动控制消防设备的建筑(群)应设置消防控制室。《火灾自动报警系统设计规范》

（GB 50116—2013）规定,具有消防联动功能的火灾自动报警系统的保护对象中应设置消防控制室。

一、防火安全要求

为了保证消防控制室发挥应有的作用,发生火灾时不受到威胁,才能确保建筑消防设施的可靠运行,以便于消防人员扑救火灾时进行联系,且其设置的位置应能方便进出。因此,消防控制室的设置应符合下列规定:

（1）单独建造的消防控制室,其耐火等级不应低于二级;

（2）附设在建筑内的消防控制室,宜设置在建筑内首层或地下一层,并宜布置在靠外墙部位,且应采用耐火极限不低于 2.00 h 的防火隔墙和 1.50 h 的楼板与其他部位分隔;

（3）为保证报警设备正常运行,消防控制室不应设置在电磁场干扰较强及其他可能影响消防控制设备正常工作的设备用房附近;

（4）消防控制室开向建筑内的门应采用乙级防火门,疏散门应直通室外或安全出口;

（5）消防控制室应采取防水淹的技术措施;

（6）消防控制室送、回风管的穿墙处应设防火阀,以阻止火灾烟气沿送、回风管道窜进消防控制室,进而危及工作人员及设备的安全,该防火阀应能在消防控制室内手动或自动关闭,且应能反馈动作信号。

此外,为了便于消防人员扑救火灾时进行联系,消防控制室门上应设置明显标志。如果消防控制室设在建筑物的首层,消防控制室门的上方应设标志牌或标志灯,设在地下室内的消防控制室门上的标志必须是带灯光的装置。设标志灯的电源应从消防电源上接入,以保证标志灯电源可靠。

二、主要设备配置

作为消防控制室,应对建筑内的所有消防设施包括火灾报警和其他联动控制装置的状态信息都能集中控制、显示和管理,并能将状态信息通过网络或电话传输到城市建筑消防设施远程监控中心。由于每个建筑的使用性质和功能不完全一样,消防系统及其相关设备的组成及设置位置也不尽相同。但消防控制室作为建筑火灾防御的中心,应能对其组成设备实施准确控制,并显示相关信息。因此,消防控制室内设置的消防设备应包括:

（1）火灾报警控制器;

（2）消防联动控制器;

（3）消防控制室图形显示装置;

（4）消防专用电话总机;

（5）消防应急广播控制装置;

（6）消防应急照明和疏散指示系统控制装置;

（7）消防电源监控器等设备或具有相应功能的组合设备;

（8）用于火灾报警的外线电话。

消防控制室内设置的消防设备应能监控并显示建筑消防设施运行状态信息,具体内容见表 9-2;同时还应具有向城市消防远程监控中心(以下简称监控中心)传输这些信息的功能。

表 9-2　建筑消防设施运行状态信息

设施名称		内容
火灾探测报警系统		火灾报警信息、可燃气体探测报警信息、电气火灾监控报警信息、屏蔽信息、故障信息
消防联动控制系统	消防联动控制器	动作状态、屏蔽信息、故障信息
	消火栓系统	消防水泵电源的工作状态,消防水泵的启停状态和故障状态,消防水箱(池)水位、管网压力报警信息及消火栓按钮的报警信息
	自动喷水灭火系统、水喷雾(细水雾)灭火系统(泵供水方式)	喷淋泵电源工作状态,喷淋泵的启停状态和故障状态,水流指示器、信号阀、报警阀、压力开关的正常工作状态和动作状态
	气体灭火系统、细水雾灭火系统(压力容器供水方式)	系统的手动、自动工作状态及故障状态,阀驱动装置的正常工作状态和动作状态,防护区域中的防火门(窗)、防火阀、通风空调等设备的正常工作状态和动作状态,系统的启停信息,紧急停止信号和管网压力信号
	泡沫灭火系统	消防水泵、泡沫液泵电源的工作状态,系统的手动、自动工作状态及故障状态,消防水泵、泡沫液泵的正常工作状态和动作状态
	干粉灭火系统	系统的手动、自动工作状态及故障状态,阀驱动装置的正常工作状态和动作状态,系统的启停信息,紧急停止信号和管网压力信号
	防排烟系统	系统的手动、自动工作状态,防排烟风机电源的工作状态,风机、电动防火阀、电动排烟防火阀、常闭送风口、排烟阀(口)、电动排烟窗、电动挡烟垂壁的正常状态和动作状态
	防火门及卷帘系统	防火卷帘控制器、防火门控制器的工作状态和故障状态,卷帘门的工作状态,具有反馈信号的各类防火门、疏散门的工作状态和故障状态等动态信息
	消防电梯	消防电梯的停用和故障状态
	消防应急广播	消防应急广播的启动、停止和故障状态
	消防应急照明和疏散指示系统	消防应急照明和疏散指示系统的故障状态和应急工作状态信息
	消防电源	系统内各消防用电设备的供电电源和备用电源工作状态和欠压报警信息

具有两个或两个以上消防控制室时,应确定主消防控制室和分消防控制室。主消防控制室的消防设备应对系统内共用的消防设备进行控制,并显示其状态信息;主消防控制室内的消防设备应能显示各分消防控制室内消防设备的状态信息,并可对分消防控制室内的消防设备及其控制的消防系统和设备进行控制;各分消防控制室的消防设备之间可以互相传输、显示状态信息,但不应互相控制。

三、安全管理资料与信息

消防控制室应有能全面反映单位消防安全管理信息的资料,即应保存纸质和电子档案资料,还应能显示图形。其主要包括以下内容:

(1)建(构)筑物竣工后的总平面布局图、建筑消防设施平面布置图、建筑消防设施系统图及安全出口布置图、重点部位位置图等；

（2）消防安全管理规章制度、应急灭火预案、应急疏散预案等；

（3）消防安全组织结构图，包括消防安全责任人、管理人、专职和义务消防人员等内容；

（4）消防安全培训记录、灭火和应急疏散预案的演练记录；

（5）值班情况、消防安全检查情况及巡查情况的记录；

（6）消防设施一览表，包括消防设施的类型、数量、状态等内容；

（7）消防系统控制逻辑关系说明、设备使用说明书、系统操作规程、系统和设备维护保养制度等；

（8）设备运行状况、接报警记录、火灾处理情况、设备检修检测报告等资料，这些资料应能定期保存和归档；

（9）消防控制室应能导入并显示表9-3中的各类消防安全管理信息。

表 9-3　消防安全管理信息

序号	名称		内容
1	基本情况		单位名称、编号、类别、地址、联系电话、邮政编码，消防控制室电话；单位职工人数、成立时间、上级主管（或管辖）单位名称、占地面积、总建筑面积、单位总平面图（含消防车道、毗邻建筑等）；单位法人代表、消防安全责任人、消防安全管理人及专兼职消防管理人的姓名、身份证号码、电话
2	主要建（构）筑物等信息	建（构）筑	建筑物名称、编号、使用性质、耐火等级、结构类型、建筑高度、地上层数及建筑面积、地下层数及建筑面积、隧道高度及长度等，建造日期、主要储存物名称及数量、建筑物内最大容纳人数、建筑立面图及消防设施平面布置图；消防控制室位置，安全出口的数量、位置及形式（指疏散楼梯）；毗邻建筑的使用性质、结构类型、建筑高度、与本建筑的间距
		堆场	堆场名称、主要堆放物品名称、总储量、最大堆高、堆场平面图（含消防车道、防火间距）
		储罐	储罐区名称、储罐类型（指地上、地下、立式、卧式、浮顶、固定顶等）、总容积、最大单罐容积及高度，储存物名称、性质和形态、储罐区平面图（含消防车道、防火间距）
		装置	装置区名称、占地面积、最大高度、设计日产量，主要原料，主要产品，装置区平面图（含消防车道、防火间距）
3	单位（场所）内消防安全重点部位信息		重点部位名称、所在位置、使用性质、建筑面积、耐火等级、有无消防设施、责任人姓名、身份证号码及电话

续表

序号	名称		内容
4	室内外消防设施信息	水喷雾(细水雾)灭火系统	设置部位、报警阀位置及数量、水喷雾(细水雾)灭火系统图
		气体灭火系统	系统形式(指有管网、无管网,组合分配,独立式,高压、低压等)、系统保护的防护区数量及位置、手动控制装置的位置、钢瓶间位置、灭火剂类型、气体灭火系统图
		泡沫灭火系统	设置部位、泡沫种类(指低倍、中倍,高倍,抗溶、氟蛋白等)、系统形式(指液上、液下,固定、半固定等)、泡沫灭火系统图
		干粉灭火系统	设置部位、干粉储罐位置、干粉灭火系统图
		防排烟系统	设置部位、风机安装位置、风机数量、风机类型、防排烟系统图
		防火门及防火卷帘	设置部位、数量
		消防应急广播	设置部位、数量,消防应急广播系统图
		应急照明和疏散指示系统	设置部位、数量,应急照明和疏散指示系统图
		消防电源	设置部位、消防主电源在配电室是否有独立配电柜供电、备用电源形式(市电、发电机、EPS 等)
		灭火器	设置部位、配置类型(指手提式、推车式等)、数量、生产日期、更换药剂日期
5	消防设施定期检查及维护保养信息		检查人姓名、检查日期、检查类别(指日检、月检、季检、年检等)、检查内容(指各类消防设施相关技术规范规定的内容)及处理结果,维护保养日期、内容
6	日常防火巡查记录	基本信息	值班人员姓名、每日巡查次数、巡查时间、巡查部位
		用火用电	用火、用电、用气有无违章情况
		疏散通道	安全出口、疏散通道、疏散楼梯是否畅通,是否堆放可燃物;疏散走道、疏散楼梯、顶棚装修材料是否合格
		防火门、防火卷帘	常闭防火门是否处于正常工作状态,是否被锁闭;防火卷帘是否处于正常工作状态,防火卷帘下方是否堆放物品影响使用
		消防设施	疏散指示标志、应急照明是否处于正常完好状态;火灾自动报警系统探测器是否处于正常完好状态;自动喷水灭火系统喷头、末端放(试)水装置、报警阀是否处于正常完好状态;室内、室外消火栓系统是否处于正常完好状态;灭火器是否处于正常完好状态
7	火灾信息		起火时间、起火部位、起火原因、报警方式(指自动、人工等)、灭火方式(指气体、喷水、水喷雾、泡沫、干粉灭火系统,灭火器,消防队等)

四、管理要求

消防控制室的管理应符合以下要求。

(1)实行每日 24 h 值班制度,每班不应少于 2 人,值班人员应持有消防控制室操作职业资格证书。

(2)消防设施日常维护管理应符合《建筑消防设施的维护管理》(GB 25201—2010)的要求。

(3)应确保火灾自动报警系统、灭火系统和其他联动控制设备处于正常工作状态,不得将应处于自动状态的设在手动状态。

（4）应确保高位消防水箱、消防水池、气压水罐等消防储水设施水量充足，确保消防水泵出水管阀门、自动喷水灭火系统管道上的阀门常开；确保消防水泵、防排烟风机、防火卷帘等消防用电设备的配电柜启动开关处于自动位置（通电状态）。

（5）消防控制室的值班应急程序，应符合下列要求：

①接到火灾警报后，值班人员应立即以最快方式确认；

②火灾确认后，值班人员应立即确认火灾报警联动控制开关处于自动状态，同时拨打"119"报警，报警时应说明着火单位地点、起火部位、着火物种类、火势大小、报警人姓名和联系电话；

③值班人员应立即启动单位内部应急疏散和灭火预案，并同时报告单位负责人。

五、消防控制室的检查

（一）建筑耐火等级、设置位置、安全疏散、设备布置的检查

1. 建筑耐火等级

对照建筑工程竣工图纸、资料，现场核实消防控制室建筑构件、防火门耐火极限；打开消防控制室吊顶上的检修盖板、地板，使用照明灯具查看控制室隔墙应砌至顶板、地坪，隔墙上孔洞应封堵严实；打开吊顶上检修口盖板，模拟触发防火阀自动关闭的触发信号，检查防火阀自动关闭功能应正常；正常通风时，还应在控制室内使用布条等检查阀门关闭后的气密性是否良好。

2. 设置位置

对照建筑工程竣工图纸、资料，现场核实防火间距、设置位置、周围设备用房性质。

3. 安全疏散

检查核实消防控制室的门应向疏散方向开启，消防控制室指示标志应醒目、保持完好，通向室外的通道应保持畅通。

4. 设备布置

现场检查消防控制室设备的布置，应便于操作、维修，且室内无其他无关设备。

切断正常照明供电电源，使用照度计检查消防应急照明照度；模拟消防主电故障，查看备用电源自动切入功能，使用秒表检查消防主、备电源切换时间；使用接地电阻测量仪检测消防控制室接地电阻，或通过查阅有关证明资料进行检查。

使用消防控制室外线电话，拨打"119"报警，测试其登记信息、通话质量。

（二）消防管理档案的检查

现场查阅消防控制室存放的各类资料、台账，控制室应按照《消防控制室通用技术要求》（GB 25506—2010）配齐有关资料、台账，并落实专人保管；相关安全制度、操作规程应上墙；翻阅有关资料、台账，核实更新时间。

（三）消防控制室设备运行的检查

检查火灾报警控制器、消防联动控制器、消防控制室图形显示装置、电气火灾监控置、可燃气体报警控制器等是否处于探测器、线路故障报警状态、电源故障状态、屏蔽状态、通信故障状态等。

检查各类设备在自检情况下声、光、文本显示、打印等功能是否正常。

检查消防设施维护保养记录信息是否完整，实地查看已修复故障是否符合有关要求。

（四）消防联动控制器的检查

1. 组件外观检查

联动控制盘应处于正常监控、无故障状态；操作按钮上对应被控对象的标志应清晰、完整、牢固；控制模块安装应牢固，运行指示灯应闪亮；在控制模块进线侧，模拟传输线路短路、开路，联动型火灾报警控制器应能准确显示故障位置信息；检查控制模块至被控对象间连接线接头应无松脱，保护措施应完好等。

2. 控制方式转换

用于"手动／自动"控制方式转换的钥匙应在位，预留操作密码或口令应准确；反映控制方式的状态指示灯应能正常对应显示；通过输入密码进行"手动／自动"控制方式转换的，询问当班人员是否掌握密码，现场检查其是否能通过操作实现"手动／自动"控制方式转换。

3. 系统功能检查

1）手动操作功能

在被控对象具备试验条件的情况下，将联动控制盘控制方式设置为"手动"；手动按下某一被控设备对应的"启动"按钮，检查启动命令发出、被控对象运行反馈等状态指示灯应正常显示（点亮或闪亮或变色等）；现场查看被控设备应能启动；核实操作按钮与实际动作设备的对应关系应正确。

2）联动操作功能

在被控对象具备试验条件的情况下，将联动控制盘控制方式设置为"自动"；根据联动逻辑关系，模拟产生相关启动信号，被控设备应能启动，相应状态指示灯应能正常显示并反映相关状态。

（五）其他方面

检查消防控制室是否配置了与处置初期火灾、组织应急疏散有关的个人防护装备、灭火装备、应急照明、扩音器材、通信工具等；检查配置的个人防护装备、灭火装备、应急照明、扩音器材及通信工具等是否处于完好、有效状态。

第十章 防排烟系统

建筑内发生火灾时,烟气是造成人员伤亡的最主要原因,烟气中的一氧化碳、二氧化碳、氯化氢、硫化氢多种有毒物质以及烟气本身的高温等都会直接危及人身安全和建筑结构等的安全。为了及时排除高温和有毒烟气,阻止火和烟的肆意扩散,确保建筑物内人员顺利疏散、安全避难,为火灾扑救创造有利条件,在建筑内设置火灾烟气控制系统是十分必要的。

第一节 建筑防烟系统

防烟系统可分为自然通风系统和机械加压送风系统。应根据建筑高度、使用性质等因素选择建筑防烟方式,尤其要考虑建筑高度对自然通风窗通风效果的影响,避免因建筑高度过高,受自然环境中风向、风压的影响较大,而造成自然通风失效的情况。

一、防烟系统设置原则

防烟系统主要设置在需保证人员疏散与避难安全的区域,下列部位应采取防烟措施:
(1)封闭楼梯间;
(2)防烟楼梯间及其前室;
(3)消防电梯的前室或合用前室;
(4)避难层、避难间;
(5)避难走道的前室,地铁工程中的避难走道。

二、自然通风系统

自然通风防烟是指在需要防烟的部位开设外窗或通风口,利用外部风力作用将烟气从外窗或通风口驱散,防止火灾烟气在这些部位积聚的防烟方式。除开设外窗(通风口)外,还可以利用在建筑内设置的敞开阳台、凹廊等空间,防止烟气聚集,保证楼梯间具备较好的疏散和救援条件。

(一)自然通风防烟原理

自然通风防烟能够实现的基本原理主要是依靠风压作用和热压作用的共同作用。风压作用是指由于风的静压力作用在窗孔(口)内外形成压力差而引起的空气的对流运动。热压作用是指由于室内外的温度差和窗孔(口)之间的高度差而引起的空气的对流运动。其中,风压作用是影响自然通风防烟效果的主要因素,如图10-1所示。考虑到风压作用的影响,为保证建筑高度小于或等于50 m的公共建筑、工业建筑和建筑高度小于或等于100 m

的住宅建筑的防烟效果,当独立前室、共用前室、合用前室及楼梯间具备自然通风条件时可采用自然通风防烟方式。

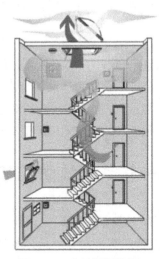

图 10-1　自然通风防烟

(二)设置要求

为了达到良好的防烟效果,必须有足够的可开启外窗面积保证自然对流排烟的效果,在进行自然通风设计时应满足以下要求。

(1)采用自然通风方式的封闭楼梯间、防烟楼梯间,应在最高部位设置面积不小于 1.0 m² 的可开启外窗或开口;当建筑高度大于 10 m 时,尚应在楼梯间的外墙上每 5 层内设置总面积不小于 2.0 m² 的可开启外窗或开口,且布置间隔不大于 3 层。

(2)前室采用自然通风方式时,独立前室、消防电梯前室可开启外窗或开口的面积应不小于 2.0 m²,共用前室、合用前室的面积应不小于 3.0 m²。

(3)为了保证通风效果和满足避难人员的新风需求,应同时满足开窗面积和空气对流的要求,防止火灾烟气在避难层(间)等空间内积聚。避难层(间)采用自然通风方式时应设有不同朝向的可开启外窗,其有效面积不应小于该避难层(间)地面面积的 2%,且每个朝向的面积应不小于 2.0 m²。

(三)自然通风窗的开启

采用自然通风方式时,可开启外窗应方便直接开启,设置在高处不便于直接开启的可开启外窗应在距地面高度为 1.3~1.5 m 的位置设置手动开启装置,如图 10-2 所示。

三、机械加压送风系统

机械加压送风防烟是指在楼梯间、前室、避难层(间)、避难走道及前室等疏散通道或避难空间等需要防烟的部位利用送风风机送入足够的新鲜空气,使其维持高于建筑物其他部位的压力,从而把着火区域所产生的烟气堵截于防烟部位之外的防烟方式。

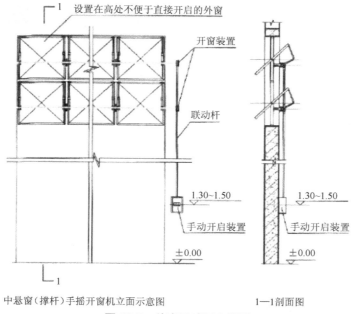

中悬窗(撑杆)手摇开窗机立面示意图　　　　1—1剖面图

图 10-2　外窗手动开启装置

(一)机械加压送风防烟原理

机械加压送风防烟主要有两种原理:一种是使用送风机在防烟分隔物的两侧造成压力差从而抑制烟气;另一种是直接利用空气流来阻挡烟气,如图 10-3 所示。机械加压送风防烟需要满足以下两个安全性指标:

(1)防火门关闭时,楼梯间、前室等部位的压力要能够维持高于走廊部位的压力,即保持疏散通道内有一定的正压值,通常前室、封闭避难层(间)与走道之间的压差应为 25~30 Pa,楼梯间与走道之间的压差应为 40~50 Pa;

(2)防火门开启时,楼梯间、前室等部位的防火门门洞处能够形成一股与烟气运动方向相反的空气流,即开启着火层疏散通道的防火门时要相对保持该门洞处的风速。

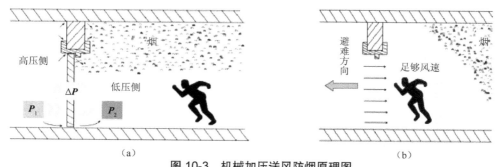

(a)　　　　　　　　　　　　　　　(b)

图 10-3　机械加压送风防烟原理图

(a)压力差抑制烟气(防火门关闭)　(b)空气流阻挡烟气(防火门开启)

由于机械加压送风防烟系统的防烟效果稳定,对于建筑高度大于 50 m 的公共建筑、工业建筑和建筑高度大于 100 m 的住宅建筑,其防烟楼梯间、独立前室、共用前室、合用前室及消防电梯前室应采用机械加压送风系统。对于建筑高度小于或等于 50 m 的公共建筑、工业建筑和建筑高度小于或等于 100 m 的住宅建筑,当其防烟楼梯间、独立前室、共用前室、合用前室(除共用前室与消防电梯前室合用外)及消防电梯前室应采用自然通风系统;当不能设置自然通风系统时,应采用机械加压送风系统。

（二）系统组成

机械加压送风系统主要由送风口、防大阀、送风机、送风管道、余压阀、风阀和防烟部位以及电气控制设备组成,如图 10-4 所示。

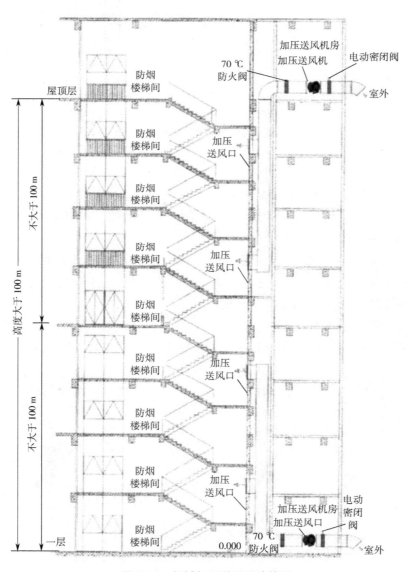

图 10-4　机械加压送风系统简图

1. 送风口

机械加压送风口有常闭式多叶送风口和常开式自垂百叶送风口,如图 10-5 所示。通常前室、合用前室、消防电梯间前室以及共用前室使用常闭式多叶送风口,发生火灾时打开着火楼层以及与之相邻的上下两层前室的送风口。楼梯间使用常开式自垂百叶送风口,发生火灾时,风机启动通过送风管道向整个服务梯段送风。

（a） （b）

图 10-5 机械加压送风口

（a）常闭式多叶送风口 （b）常开式自垂百叶送风口

2. 防火阀

机械加压风机前端管道内以及加压送风口处通常需要设置 70 ℃关闭的防火阀(送风阀)。该阀门主要起到防止高温火灾烟气倒流的作用,平时呈开启状态,若发生火灾,当送风管道内温度达到 70 ℃时阀门关闭,联动送风机关闭,起到切断作用。防火阀的阀体内设有易熔合金片作为感温器件,当管道内气体温度达到 70 ℃时,易熔合金片熔断,阀门在扭簧力作用下自动关闭,起到隔烟阻火的作用,同时输出关闭信号。

3. 送风机

机械加压送风机宜采用轴流风机或中、低压离心风机,如图 10-6 所示。

（a） （b）

图 10-6 送风机

（a）离心式风机 （b）轴流式风机

设置送风机时,其进风口应直通室外,且应采取防止烟气被吸入的措施。送风机的进风口宜设在机械加压送风系统的下部,且不应与排烟风机的出风口设在同一面上。当确有困难时,送风机的进风口与排烟风机的出风口应分开布置,竖向布置时送风机的进风口应设置在排烟风机的出口的下方,其两者边缘最小垂直距离不应小于 6.0 m;水平布置时,两者边缘最小水平距离不应小于 20.0 m。

4. 送风管道

机械加压送风管道主要用于从建筑外引入新鲜空气送至建筑内,送风管道有时也需要经过其他房间或区域。

为保证送风的风量、风压,送风管道内壁应光滑,且在送风过程中不会出现漏风、变形。送风管道应采用不燃材料制作,且具有一定的耐火性能,竖向设置的送风管道应独立设置在管道井内,当确有困难时,未设置在管道井内或与其他管道合用管道井的送风管道,其耐火极限不应低于 1.0 h。水平设置的送风管道,当设置在吊顶内时,其耐火极限不低于 0.5 h;当未设置在吊顶内时,其耐火极限不低于 1.0 h。机械加压送风系统的管道井应采用耐火极限不低于 1.0 h 的隔墙与相邻部位分隔,当墙上必须设置检修门时应采用乙级防火门。送风管道的厚度应符合现行国家标准《通风与空调工程施工质量验收规范》(GB 50243—2016)的规定。

5. 余压阀

余压阀是为了维持一定的室内静压,实现压力调节的设备,如图 10-7 所示。发生火灾时,为了防止加压送风区域局部超压影响人员疏散,通常安装余压阀调节分压来维持室内与室外的正压差。

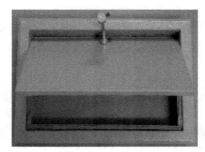

图 10-7　余压阀

在防烟楼梯间及走道间安装的余压阀,发生火灾时防烟楼梯间正压风机开启,此时楼梯间里面与相邻走道的空气自然就形成一定压差,当压差达到余压阀的设定值时,余压阀就会开启,用来保持两侧的压力差平衡。

四、系统的启动控制

(一)现场手动启动

现场手动启动就是利用加压送风机附近的风机控制箱上的启动开关直接开启风机,加压送风机控制箱控制按钮如图 10-8 所示。现场启动时,需先将风机控制装置设定在手动控制位,按下启动按钮即可启动风机。

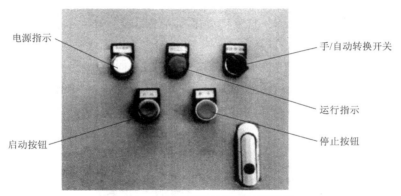

图 10-8　加压送风机控制箱控制按钮

（二）火灾自动报警系统联动自动启动

防烟系统设备与火灾自动报警系统联动，其联动触发信号应采用两个独立的报警触发装置报警信号的"与"逻辑组合。正压送风口开启和加压送风机启动的触发信号，应由加压送风口所在防火分区内的两只独立的火灾探测器或一只火灾探测器和一只手动火灾报警按钮的报警信号按照"与"逻辑组合，并应由消防联动控制器联动控制相关层前室等需要加压送风场所的加压送风口开启和加压送风机启动。

（三）消防控制室远程手动启动

消防控制室远程手动启动就是通过手动直接控制消防控制室内火灾报警控制器（联动型）或消防联动控制器的手动控制盘实现风机的启动。考虑到消防联动控制器可能出现联动控制时序失效等极端情况，要求冗余采用直接手动控制方式启动风机。多线控制盘的操作按钮与防烟风机的控制柜控制按钮直接用控制线或控制电缆连接，实现对现场设备的手动控制，如图 10-9 所示。

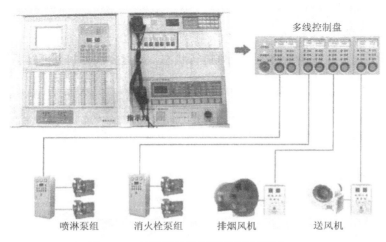

图 10-9　消防联动控制器的手动控制

（四）手动启动

当系统中任一常闭加压送风口开启时，相应的加压风机均应能联动启动。因此，手动启动就是指在防烟楼梯间或前室内手动开启加压送风口，从而联动开启防烟系统。

加压送风口的手动启动是打开常闭加压送风口的上盖，拉动执行器上的拉环即可开启送风口，当火灾处置结束后，可以按下执行器上的复位键，然后拉动复位手柄将送风口复位关闭，如图 10-10 所示。

图 10-10　送风口开启及复位执行机构

第二节　建筑排烟系统

排烟系统是指采用自然排烟或机械排烟方式，将房间、走道等空间内的火灾烟气排至建筑物外的系统。排烟方式的选择应根据建筑的使用性质、平面布局等因素确定，优先选择自然排烟系统。排烟系统的设计应结合建筑内防火分区、防烟分区的划分进行设置。

一、排烟系统设置原则

排烟系统主要设置在面积较大、人员密集的建筑空间，发生火灾时烟气不易排出的地下车库、隧道，以及发生火灾时会产生大量浓烟的丙类仓库和丙类厂房，可以利用自然排烟或机械排烟的方式将着火空间内的烟气和热量排走。除不适合设置排烟设施的场所、火灾发展缓慢的场所可不设置排烟设施外，工业与民用建筑的下列场所或部位应采取排烟等烟气控制措施：

（1）建筑面积大于 300 m²，且经常有人停留或可燃物较多的地上丙类生产场所，丙类厂房内建筑面积大于 300 m²，且经常有人停留或可燃物较多的地上房间；

（2）建筑面积大于 100 m² 的地下或半地下丙类生产场所；

（3）除高温生产工艺的丁类厂房外，其他建筑面积大于 5 000 m² 的地上丁类生产场所；

（4）建筑面积大于 1 000 m² 的地下或半地下丁类生产场所；

（5）建筑面积大于 300 m² 的地上丙类库房；

（6）设置在地下或半地下、地上第四层及以上楼层的歌舞娱乐放映游艺场所，设置在其他楼层且房间总建筑面积大于 100 m² 的歌舞娱乐放映游艺场所；

（7）公共建筑内建筑面积大于 100 m² 且经常有人停留的房间；

（8）公共建筑内建筑面积大于 300 m² 且可燃物较多的房间；

（9）中庭；

（10）建筑高度大于 32 m 的厂房或仓库内长度大于 20 m 的疏散走道，其他厂房或仓库内长度大于 40 m 的疏散走道，民用建筑内长度大于 20 m 的疏散走道；

（11）除敞开式汽车库、地下一层中建筑面积小于 1 000 m² 的汽车库、地下一层中建筑面积小于 1 000 m² 的修车库外的其他汽车库、修车库应设置排烟设施；

（12）通行机动车的一、二、三类城市交通隧道内应设置排烟设施；

（13）建筑中下列经常有人停留或可燃物较多，且无可开启外窗的房间或区域中，建筑面积大于 50 m² 的房间，房间的建筑面积不大于 50 m² 且总建筑面积大于 200 m² 的区域。

二、防烟分区

防烟分区是在排烟场所的顶棚下采用挡烟垂壁分隔而成，用于蓄积烟气的区域。划分防烟分区旨在提高排烟效率，使排烟系统设置更加合理，避免烟气蔓延和影响范围扩大且防烟分区应在防火分区内划分，如图 10-11 所示。

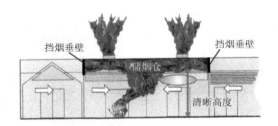

图 10-11　防烟分区划分示意图

（一）设置要求

防烟分区的大小应满足相应场所有效蓄烟和防止烟气扩散至防烟分区外的要求。防烟分区的最大面积及长边长度需综合考虑顶棚高度、火源大小、储烟仓形状等具体情况确定，其大小既要考虑烟气水平蔓延时不会因卷吸大量冷空气发生沉降而降低排烟效率，也要考虑不会因储烟仓的储烟能力不足而导致烟气逸出到相邻防烟分区。公共建筑、工业建筑划分防烟分区的最大允许面积及其长边最大允许长度见表 10-1。当工业建筑采用自然排烟系统时，其防烟分区的长边长度尚应不大于建筑内空间净高的 8 倍。

表 10-1　公共建筑、工业建筑防烟分区的最大允许面积及其长边最大允许长度

空间净高 H（m）	最大允许面积（m²）	长边最大允许长度（m）
$H \leqslant 3.0$	500	24
$3.0 < H \leqslant 6.0$	1 000	36
$H > 6.0$	2 000	60 m；具有自然对流条件时，不应大于 75 m

公共建筑、工业建筑中的走道宽度不大于 2.5 m 时，其防烟分区的长边长度应不大于 60 m；当空间净高大于 9 m 时，防烟分区之间可不设置挡烟设施。

（二）划分构件

设置排烟系统的场所或部位应采用挡烟垂壁、结构梁及挡烟隔墙等划分防烟分区。挡烟垂壁等挡烟设施的深度应不小于储烟仓厚度，当采用自然排烟方式时，储烟仓的厚度应不小于空间净高的 20%，且不应小于 500 mm；当采用机械排烟方式时，储烟仓的厚度应不小于空间净高的 10%，且不应小于 500 mm。储烟仓底部距地面的高度应大于疏散安全所需的最小清晰高度。

1. 挡烟垂壁

挡烟垂壁（垂帘）是划分防烟分区的主要构件。挡烟垂壁用不燃材料制成，垂直安装在建筑顶棚、横梁或吊顶下，能在发生火灾时形成一定的蓄烟空间的挡烟分隔设施，如图 10-12 所示。

（a）　　　　　　　　　　　　　　　　　　　　（b）

图 10-12　挡烟垂壁

（a）固定式　（b）活动式

2. 挡烟隔墙

从挡烟效果来看，挡烟隔墙比挡烟垂壁的效果好。因此，在安全区域宜采用挡烟隔墙，建筑内的挡烟隔墙应砌至梁板底部，且不宜留有缝隙。

3. 结构梁

有条件的建筑物，可利用钢筋混凝土梁或钢梁进行挡烟。挡烟梁作为顶棚构造的组成部分，其高度应超过挡烟垂壁的有效高度，如图 10-13（a）所示。若挡烟梁的下垂高度小于

500 mm,可以在梁底增加适当高度的挡烟垂壁,以加强挡烟效果,如图 10-13(b)所示。

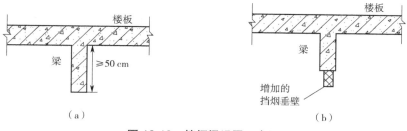

图 10-13　挡烟梁设置示意图
(a)形式一　(b)形式二

三、自然排烟系统

自然排烟是指利用热烟气流的浮力和外部风压作用,通过建筑开窗(口)将建筑内的烟气直接排至室外的排烟方式。

(一)自然排烟原理

火场中,由于温差的存在,冷空气和热烟气的对流会形成热压作用,热压作用是烟气流动和自然排烟的根本动力。

当室外气流遇到建筑物时将发生绕流,使建筑物四周气流的压力分布发生变化,在迎风面,气流受阻,动压降低,静压升高,出现正压,而在侧风面或背风面,产生局部旋涡,静压降低,出现负压。建筑物周围室外气流静压的升降称为风压作用,当建筑物的迎风面和背风面都开设有窗孔时,即使没有热压作用,室外空气也将从迎风面的窗孔流进室内,而室内的气体将从背风面或侧风面的窗孔排出室外。实际上,在火灾过程中,热压作用始终是存在的,那么无论是在建筑物的迎风面、侧风面或背风面,位置较高的孔口或窗孔的上部都会因热压作用而向外排烟。但是,由于风压作用的共同影响,建筑物迎风面、侧风面或背风面的排烟情况将发生变化。位于建筑物背风面或侧风面的窗孔,排烟是顺风的,排烟状况比单纯热压作用下更有利;相反,位于建筑物迎风面的窗孔,排烟是逆风的,排烟状况比单纯热压作用下更不利。

(二)自然排烟窗(口)及设置要求

自然排烟窗(口)是指具有排烟作用的可开启外窗或开口。可开启外窗的形式有上悬窗、中悬窗、下悬窗、平推窗、平开窗和推拉窗等,如图 10-14 所示。为达到高效的排烟效果,在设计时自然排烟窗应设置在储烟仓内。

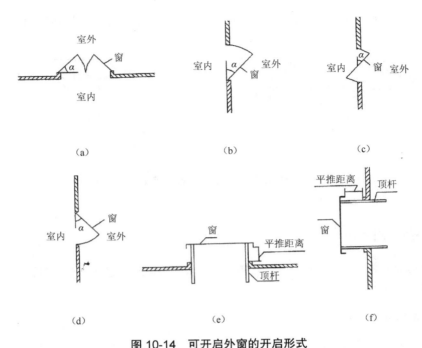

图 10-14　可开启外窗的开启形式

（a）平开窗　（b）下悬窗（剖视图）　（c）中悬窗（剖视图）　（d）上悬窗（剖视图）
（e）平推窗（剖视）　（f）平推窗（剖视图）

　　根据烟流扩散特点，排烟窗（口）距离如果过远，烟流在防烟分区内迅速沉降，而不能被及时排出，将严重影响人员安全疏散。防烟分区内任一点与最近的自然排烟窗（口）之间的水平距离不应大于 30 m。排烟窗（口）设置在排烟区域的顶部或外墙的储烟仓高度内，并应符合下列要求：

　　（1）当设置在外墙上时，自然排烟窗（口）应在储烟仓以内，但走道、室内空间净高不大于 3 m 的区域的自然排烟窗（口）设置在室内净高度的 1/2 上；

　　（2）自然排烟窗（口）的开启形式应有利于火灾烟气的排出；

　　（3）当房间面积不大于 200 m² 时，自然排烟窗（口）的开启方向可不限；

　　（4）自然排烟窗（口）宜分散均匀布置且每组的长度不宜大于 3.0 m；

　　（5）设置在防火墙两侧的自然排烟窗（口）最近边缘的水平距离应不小于 2.0 m；

　　（6）对防火墙两侧自然排烟窗（口）之间水平距离提出最小距离要求是为了防止火灾对邻近防火分区的影响和蔓延。

（三）自然排烟窗（口）的开启

　　根据自然排烟窗的开启是否需要人为干预可分为手动排烟窗和自动排烟窗两种。手动排烟窗只能通过人为手动开启，包括人可以直接触及手动操纵的排烟窗和人不能直接触及需要而通过手动按钮或装置操纵的排烟窗。自动排烟窗是在发生火灾后无须人为干预，可以自行开启的排烟窗，如通过火灾自动报警系统联动开启的排烟窗。手动排烟窗和自动排烟窗的开启动力源可以是机械联动、电动或气动。

自然排烟窗（口）应设置手动开启装置。设置在高位不便于直接开启的自然排烟窗（口），应设置距地面高度为 1.3~1.5 m 的手动开启装置,如图 10-15 所示。净空高度大于 9 m 的中庭以及建筑面积大于 2 000 m² 营业厅、展览厅、多功能厅等场所,尚应设置集中手动开启装置和自动开启设施。

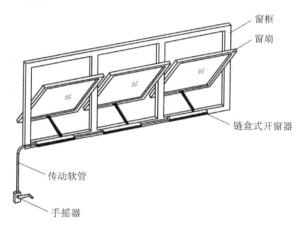

图 10-15　自然排烟窗手动开启装置

四、机械排烟系统

（一）机械排烟原理

机械排烟系统是按照通风气流组织的理论,借助机械排烟机抽吸着火区域中所产生的高温烟气,并通过排烟管道、排烟口等部件强迫排至室外的排烟方式。一个设计优良的机械排烟系统在火灾中能排出 80% 的热量,使火灾温度大大降低,对人员安全疏散和灭火起到重要作用。

（二）系统组成

机械排烟系统主要由排烟风机、排烟管道、排烟口、排烟防火阀和电气控制设备五部分组成,如图 10-16 所示。

图 10-16　机械排烟系统

机械排烟系统应根据建筑的使用性质、平面布局等因素进行设计。对于建筑排烟设计,当采用水平方向布置机械排烟方式时,每个防火分区的机械排烟系统应独立设置,如图

10-17 所示；当采用竖直方向集中布置机械排烟方式时，应根据系统服务高度分段布置，如图 10-18 所示。

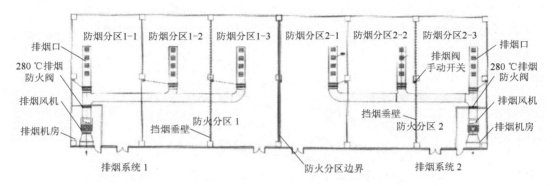

图 10-17 机械排烟系统水平方向布置

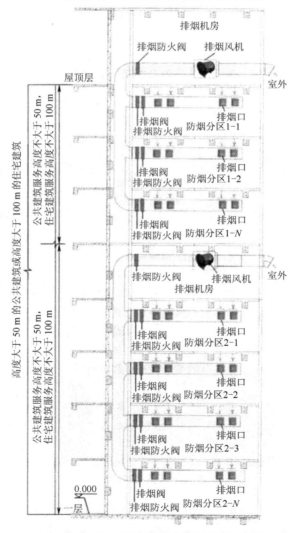

图 10-18 机械排烟系统竖向分段布置

1. 排烟风机

由于火灾排烟排出的是高温烟气,因此排烟风机应有一定的耐温要求,应满足 280 ℃时可连续工作 30 min 的要求。排烟风机应与风机入口处的排烟防火阀连锁,当该阀关闭时,排烟风机应能停止运转。排烟风机宜设置在排烟系统的最高处,烟气出口宜朝上,并应高于加压送风机和补风机的进风口,两者垂直距离或水平距离应满足:送风机的进风口与排烟风机的出风口应分开布置,且竖向布置时,送风机的进风口应设置在排烟风机的出风口的下方,其两者边缘最小垂直距离应不小于 6.0 m;水平布置时,两者边缘最小水平距离应不小于20.0 m。

2. 机械排烟管道

排烟管道应采用不燃材料制作且内壁应光滑,并满足一定的耐火极限要求。排烟管道的设置和耐火极限应符合下列规定:

(1)排烟管道及其连接部件应能在 280 ℃时连续 30 min 保证其结构完整性;

(2)竖向设置的排烟管道应设置在独立的管道井内,排烟管道的耐火极限应不低于0.50 h;

(3)水平设置的排烟管道应设置在吊顶内,其耐火极限应不低于 0.50 h,当确有困难时,可直接设置在室内,但管道的耐火极限应不小于 1.00 h;

(4)设置在走道部位吊顶内的排烟管道,以及穿越防火分区的排烟管道,其管道的耐火极限应不小于 1.00 h,但设备用房和汽车库的排烟管道耐火极限可不低于 0.50 h。

当吊顶内有可燃物时,为了防止排烟管道本身的高温引燃吊顶中的可燃物,吊顶内的排烟管道应采用不燃材料进行隔热,并应与可燃物保持不小于 150 mm 的距离。设置排烟管道的管道井应采用耐火极限不小于 1.00 h 的隔墙与相邻区域分隔;当墙上必须设置检修门时,应采用乙级防火门。

3. 排烟口

排烟口是机械排烟系统中烟气的入口,根据排烟口形式可分为板式排烟口和多叶排烟口,如图 10-19 所示。

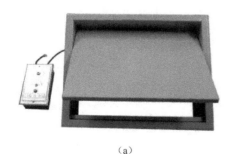

（a）　　　　　　　　　　　　　　（b）

图 10-19　排烟口

（a）板式排烟口　（b）多叶排烟口

排烟口设置在储烟仓内或高位,能将起火区域产生的烟气有效、快速地排出;如设置位置不合理,则可能严重影响排烟效果,造成烟气组织混乱。防烟分区内任一点与最近的排烟口之间的水平距离应不大于 30 m。排烟口的设置还应符合下列规定:

(1)排烟口宜设置在顶棚或靠近顶棚的墙面上;

(2)排烟口应设在储烟仓内,但走道、室内空间净高不大于 3 m 的区域,其排烟口可设置在其净空高度的 1/2 以上;

(3)当排烟口设置在侧墙时,吊顶与其最近边缘的距离应不大于 0.5 m。

4. 排烟防火阀

排烟防火阀是指安装在机械排烟系统的管道上,平时呈开启状态,发生火灾时当排烟管道内烟气温度达到 280 ℃时关闭,并在一定时间内能满足漏烟量和耐火完整性要求,起隔烟阻火作用的阀门。排烟防大阀一般由阀体、叶片、执行机构和温感器等部件组成。

为防止火灾烟气通过排烟管道蔓延扩散,应在垂直风管与每层水平风管交接处的水平管段上,一个排烟系统负担多个防烟分区的排烟支管上,排烟风机入口处以及穿越防火分区处等部位应设置排烟防火阀,如图 10-20 所示。

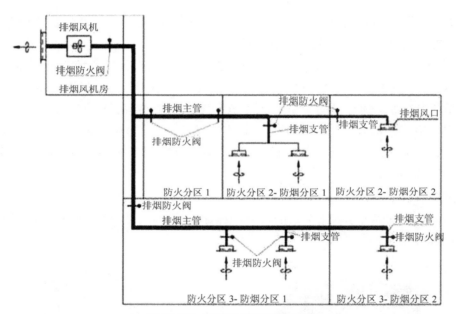

图 10-20 排烟防火阀安装位置

五、系统的启动控制

排烟系统的启动控制方式与防烟系统相同,也需同时具备自动和手动启动功能,以保证系统在不同状态下可靠启动。

防排烟系统联动控制如图 10-21 所示。排烟系统设备与火灾自动报警系统联动,其联动触发信号应采用两个独立的报警触发装置报警信号的"与"逻辑组合。应由同一防烟分区内的两只独立的火灾探测器的报警信号作为排烟口、排烟窗或排烟阀开启的联动触发信号,并应由消防联动控制器联动控制排烟口、排烟窗或排烟阀的开启,同时停止该防烟分区的空气调节系统。同时,由排烟口、排烟窗或排烟阀开启的动作信号作为排烟风机启动的联动触发信号,并应由消防联动控制器联动控制排烟风机的启动。

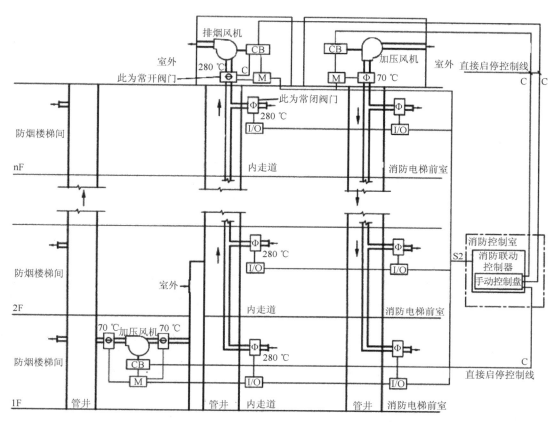

图 10-21 防排烟系统联动控制示意图

防排烟系统的手动启动可利用排烟机附近的风机控制箱上的启动开关可直接开启风机,利用消防控制室内火灾报警控制器(联动型)或消防联动控制器的手动控制盘实现风机的远程手动启动,以及通过手动开启排烟口联动开启排烟风机。手动开启排烟口时,可拨动排烟口附近的手动开启装置上的启动按钮。当火灾处置结束后,可以使用特殊扳手搬动执行器上的两个复位键依次复位,将排烟口复位关闭,如图 10-22 所示。

图 10-22 板式排烟口及其执行机构

第十一章 简易灭火器材

第一节 灭火器

一、概述

灭火器是由人操作的能在其自身内部压力作用下,将所充装的灭火剂喷出实施灭火的器具。在火灾的初起阶段,在消防队到达前,且固定灭火系统尚未启动时,火灾现场人员可使用灭火器及时有效地扑灭建筑初起火灾,防止火灾蔓延形成大火,降低火灾损失,同时还可减轻消防队的负担,节省灭火系统启动的耗费。

(一)灭火器的类型

1. 按操作使用方法分类

(1)手提式灭火器:灭火剂充装量一般小于 20 kg,可手提移动灭火。这类灭火器的应用较为广泛,绝大多数建筑物配置该类型灭火器。

(2)推车式灭火器:灭火器装有轮子,可由一人推(或拉)至着火点附近实施灭火。这类灭火器总装量较大,灭火剂充装量一般在 20 kg 以上,其操作一般需两人协同进行,且灭火能力较大,适应于火灾危险性较大的场所使用。

2. 按充装的灭火剂分类

(1)水基型灭火器:主要充装水作为灭火剂,另加少量添加剂,如湿润剂、增稠剂、阻燃剂或发泡剂等。其又可分为水型灭火器和泡沫型灭火器。

(2)干粉灭火器:充装干粉灭火剂,利用二氧化碳或氮气携带干粉喷出实施灭火,其是目前使用的主要灭火器类型。其又可分为碳酸氢钠(BC 类)干粉灭火器、钾盐干粉灭火器、氨基干粉灭火器和磷酸铵盐(ABC 类)干粉灭火器、D 类火专用干粉灭火器等。

(3)二氧化碳灭火器:充装的灭火剂是加压液化的二氧化碳,具有对保护对象无污损的特点,但灭火能力较差,使用时要注意避免对操作者的冻伤危害。

(4)洁净气体灭火器:现在应用的洁净气体灭火器充装的是六氟丙烷灭火剂,可用于扑救可燃固体的表面火灾、可熔固体火灾、可燃液体及灭火前能切断气源的可燃气体火灾,还可扑救带电设备火灾。

3. 按驱动压力形式分类

(1)储压式灭火器:其中的灭火剂是由与其同储于一个容器内的压缩气体或灭火剂蒸气的压力所驱动喷射的。

（2）储气瓶式灭火器：其中的灭火剂是由一个专门的内装或外装压缩气体储气瓶释放气体加压驱动的，因其安全性不如储压式灭火器，已逐步被取代。

4. 简易式灭火器

简易式灭火器是指可移动的、灭火剂充装量小于 1 000 mL（或 g），由一只手开启，不可重复充装使用的一次性储压式灭火器。手抛式灭火器就是一种简易式灭火器。

（二）灭火器的结构

灭火器的结构虽有差别，但基本组成和外形大体相同，手提储压式灭火器如图 11-1 所示。有些部件要适应喷射灭火剂的需要，如气体灭火器的虹吸管较细，而干粉灭火器的虹吸管较粗；二氧化碳灭火器的开启机构多为手轮式，泡沫灭火器的喷射器具为喷嘴处有空气吸口的泡沫喷枪。推车式灭火器增加了推车架和行走机构。

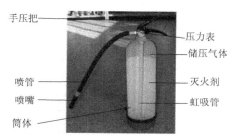

手压把　　压力表　储压气体　喷管　喷嘴　筒体　灭火剂　虹吸管

图 11-1　手提储压式灭火器剖开图

灭火器本体为一柱状球头圆筒，由钢板卷筒焊接或拉伸成圆筒焊接而成（二氧化碳灭火器本体由无缝钢管闷头制成），用以盛装灭火剂（或驱动气体）。器头是灭火器操作机构，其性能直接影响灭火器的使用效能，主要含下列部件。

（1）保险装置，包括保险销或保险卡，作为启动机构的限位器，防止误动作。

（2）启动装置，起释放灭火剂（或释放驱动气体）的开关作用。

（3）安全装置，为安全膜片或安全阀，在灭火器超压时启动，防止灭火器超压爆裂伤人。

（4）压力反映装置，可以是显示灭火器内部压力的压力表，也可以是压力检测仪的连接器，用以显示灭火器内部压力。

（5）密封装置，为一密封膜或密封垫，起密封作用，防止灭火剂或驱动气体的泄漏。

（6）喷射装置，为灭火剂输送通道，包括接头、喷射软管、喷射口、防尘（防潮）堵塞（灭火剂喷射时可自动脱落或碎裂），在水型或泡沫灭火器喷射通道的最小截面前，还需加滤网。凡是充装灭火剂质量大于 3 kg（3 L）的灭火器必须安装喷射软管，其长度应不小于 400 mm（不包括接头和喷嘴长度）。

（7）卸压装置，应用于水、泡沫、干粉灭火器，以使灭火器能安全拆卸。

（8）间歇喷射装置，应用于灭火剂量大于或等于 4 kg 的干粉、卤代烷、二氧化碳灭火器。

（三）灭火器的型号代码

灭火器的型号编制方法如图 11-2 所示，灭火剂代号和特征代号见表 11-1。例如，型号

MPTZ/AR45 含义为 45 L 推车储压式抗溶性泡沫灭火器。

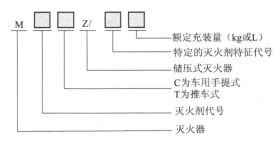

图 11-2 灭火器型号编制方法

表 11-1 灭火剂代号和特征代号

分类	灭火剂代号	灭火剂代号含义	特征代号	特征代号含义
水基型灭火器	S	清水或带添加剂的水	AR（不具有此性能不写）	具有扑灭水溶性液体燃料火灾的能力
	P	泡沫灭火剂（P、FP、AR、AFFF、FFFP）	AR（不具有此性能不写）	具有扑灭水溶性液体燃料火灾的能力
干粉灭火器	F	干粉灭火剂（BC 型、ABC 型）	ABC（BC 干粉灭火剂不写）	具有扑救 A 类火灾的能力
二氧化碳灭火器	T	二氧化碳灭火剂	—	
洁净气体灭火器	J	卤代烷气体、惰性气体和混合气体	—	

（四）灭火器的主要性能

1. 灭火器的喷射性能

（1）有效喷射时间：灭火器保持在最大开启状态下,自灭火剂从喷嘴喷出至喷射流的气态点出现的这段时间。为保证灭火效果,各类灭火器均规定了最小有效喷射时间。

（2）喷射滞后时间：灭火器的控制阀开启或达到相应的开启状态时起至灭火剂从喷嘴开始喷出的时间。在灭火器使用温度范围内,要求喷射滞后时间不大于 5 s,间歇喷射的滞后时间不大于 3 s。

（3）喷射距离：灭火器喷射 50% 的灭火剂量时,喷射流的最远点至灭火器喷嘴之间的距离。灭火器在 20 ℃时的最小有效喷射距离应符合要求。

（4）喷射剩余率：额定充装的灭火器在喷射至内部压力与外界环境压力相等时,内部剩余的灭火剂量相对于喷射前灭火剂充装量的质量百分比,手提式灭火器不大于 15%,推车式灭火器不大于 10%。

2. 灭火器的灭火性能

灭火器的灭火性能反映灭火器扑灭火灾的能力,用灭火级别表示。灭火级别由数字和字母组成,数字表示灭火级别的大小,字母表示灭火级别的单位和适于扑救的火灾种类。灭火器的灭火能力通过试验测定,一般体现为灭火剂充装量,如 ABC 类干粉,充装 3~4 kg 灭火剂时,灭火级别对 A 类为 2 A,对 B 类火灾为 34B、55B。

(五)灭火器的设置要求

灭火器的设置要求不仅与灭火器本身的放置有关,而且关系到灭火器的使用及相关的疏散等安全问题。因此,灭火器的位置一旦设定后,不得随意改变。如果场所发生变化,需要改变灭火器位置,应重新进行设计确定。

1. 设置位置

灭火器应设置在位置明显和便于取用的地点,且不得影响安全疏散。对有视线障碍的灭火器设置点,应设置指示其位置的发光标志。通常,在建筑场所(室)内,应沿经常有人路过的通道、楼梯间、电梯间和出入口等设置灭火器,不应有遮挡物。灭火器箱的箱门及灭火器的挂钩、托架操作空间不应占据疏散通道。灭火器箱的箱体正面和灭火器筒体/铭牌应粘贴发光标志。

2. 放置方式

手提式灭火器应放置在挂钩上、托架上或灭火器箱内,并应稳固摆放,其铭牌(包括操作方式、扑救的火灾种类、警告标记等内容)应朝外且可见,灭火器箱不得上锁。推车式灭火器放在室外时,应采取遮阳挡雨的措施。

3. 设置高度

手提式灭火器的顶部离地面高度一般为 1~1.5 m,不应大于 1.50 m;底部离地面高度不宜小于 0.08 m。对于环境条件较好的场所,如洁净室、专用电子计算机房等,可以直接放置在干燥、洁净的地面上。

4. 设置环境

设置环境对灭火器的使用和保存有很大的影响。在实际应用中,多数推车式灭火器和部分手提式灭火器设置在室外,其设置环境应满足要求。

(1)防潮湿,潮湿的地点一般不宜设置灭火器,灭火器如果长期设置在潮湿的地点,会因锈蚀而严重影响灭火器的使用性能和安全性能。

(2)防腐蚀,灭火器不宜放置在腐蚀性强的空气中或可能被腐蚀性液体浸泡的地方。

(3)环境温度,灭火器不得设置在超出其使用温度范围的地点。

二、灭火器的选用

灭火器配置场所可以是建筑物内的一个房间,如办公室、资料室、配电室、厨房、餐厅、歌舞厅、厂房、库房、观众厅、舞台以及计算机房和网吧等,也可以是构筑物所占用的一个区域,如可燃物露天堆场、油罐区等。

(一)灭火器配置场所火灾种类和危险等级

1. 灭火器配置场所火灾种类

(1)A 类火灾场所:固体物质如木材、棉、毛、麻、纸张及其制品等燃烧的场所。

（2）B类火灾场所：液体或可熔化固体物质如汽油、甲醇、石蜡等燃烧的场所。

（3）C类火灾场所：气体如煤气、天然气、甲烷、乙烷、丙烷、氢气等燃烧的场所。

（4）D类火灾场所：金属如钾、钠、镁、钛、锆、锂、铝镁合金等燃烧的场所。

（5）E类（带电）火灾场所：燃烧时仍带电的物体如发电机、变压器、配电盘、开关箱、仪器仪表、电子计算机等带电物体燃烧的场所。但对于那些仅有常规照明线路和普通照明灯具，而且没有上述电气设备的普通建筑场所，可不按E类火灾场所考虑。

2. 灭火器配置场所危险等级

为了使灭火器配置更趋合理、科学，将灭火器配置场所的危险等级划分为严重危险级、中危险级、轻危险级三类。

1）工业建筑

工业建筑灭火器配置场所的危险等级，根据其生产、使用、储存物品的火灾危险性、可燃物数量、火灾蔓延速度、扑救难易程度等因素划分。

（1）严重危险级：火灾危险性大，可燃物多，起火后蔓延迅速，扑救困难，容易造成重大财产损失的场所，一般对应甲、乙类物品生产和储存场所。

（2）中危险级：火灾危险性较大，可燃物较多，起火后蔓延较迅速，扑救较难的场所。一般对应丙类物品生产和储存场所。

（3）轻危险级：火灾危险性较小，可燃物较少，起火后蔓延较缓慢，扑救较易的场所。一般对应丁、戊类物品生产和储存场所。

2）民用建筑

民用建筑灭火器配置场所的危险等级，根据其使用性质、人员密集程度、用电用火情况、可燃物数量、火灾蔓延速度、扑救难易程度等因素划分。

（1）严重危险级：使用性质重要，人员密集，用电用火多，可燃物多，起火后蔓延迅速，扑救困难，容易造成重大财产损失或人员群死群伤的场所。

（2）中危险级：使用性质较重要，人员较密集，用电用火较多，可燃物较多，起火后蔓延较迅速，扑救较难的场所。

（3）轻危险级：使用性质一般，人员不密集，用电用火较少，可燃物较少，起火后蔓延较缓慢，扑救较易的场所。

（二）灭火器选用

（1）扑救A类火灾应选用水型、泡沫型、磷酸铵盐干粉型和洁净气体型灭火器。

（2）扑救B类火灾应选用干粉、泡沫、洁净气体和二氧化碳型灭火器。

（3）扑救C类火灾应选用干粉、洁净气体和二氧化碳型灭火器。

（4）扑救带电设备火灾应选用洁净气体、二氧化碳和干粉型灭火器。

（5）扑救可能发生A、B、C、E类火灾应选用磷酸铵盐干粉和洁净气体型灭火器。

（6）扑救D类火灾应选用专用干粉灭火器。

（三）灭火器选用时注意事项

（1）在同一配置场所，当选用同一类型灭火器时，宜选用相同操作方法的灭火器。这样可以为培训灭火器使用人员提供方便，为灭火器使用人员熟悉操作和积累灭火经验提供方便，也便于灭火器的维护保养。

（2）根据不同种类火灾，选择相适应的灭火器。每一类灭火器都有其特定的扑救火灾类别，如普通水型灭火器不能灭 B 类火灾，碳酸氢钠干粉灭火器对扑救 A 类火灾无效等。

（3）配置灭火器时，宜在手提式或推车式灭火器中选用。因为这两类灭火器有完善的设计计算方法。其他类型的灭火器可作为辅助灭火器使用，如某些类型的微型灭火器作为家庭使用效果也很好。

（4）考虑灭火器的灭火效能和通用性。适用于扑救同一种类火灾的不同灭火器，在灭火剂用量和灭火速度上有较大的差异，如一具 7 kg 二氧化碳灭火器的灭火能力不如一具 2 kg 干粉灭火器的灭火能力。另外，在同一配置场所，当选用两种或两种以上类型的灭火器时，应选用灭火剂相容的灭火器，以便充分发挥各自灭火器的作用。灭火剂不相容性见表 11-2。

表 11-2　灭火剂不相容性

类型	相互间不相容灭火剂	
干粉与干粉	磷酸铵盐	碳酸氢钠
	磷酸铵盐	碳酸氢钾
干粉和泡沫	碳酸氢钠	蛋白泡沫、化学泡沫
	碳酸氢钾	蛋白泡沫、化学泡沫

5. 灭火器的使用温度应符合环境温度的要求。灭火器设置点的环境温度对灭火器的喷射性能和安全性能均有影响。各类灭火器的使用温度范围见表 11-3。

表 11-3　各类灭火器的使用温度范围

灭火器类型		使用温度范围 /℃
水型灭火器	不加防冻剂	+5~+55
	添加防冻剂	-10~+55
泡沫型灭火器	不加防冻剂	+5~+55
	添加防冻剂	-10~+55
干粉型灭火器	二氧化碳驱动	-10~+55
	氮气驱动	-20~+55
洁净气体灭火器		-20~+55
二氧化碳灭火器		-10~+55

（6）考虑灭火剂对保护物品的污损程度。不同种类的灭火剂在灭火时不可避免地要对被保护的物品产生不同程度的污渍,泡沫、水和干粉灭火器较为严重,而气体灭火器则非常轻微。

（7）考虑使用灭火器人员的体能情况。在选择灭火器时还应该考虑配置场所内工作人员的年龄、性别、职业等情况,以适应他们的体能要求。如在民用建筑场所内,中、小规格的手提式灭火器应用较广;在工业建筑场所的车间及古建筑的大殿内,则可考虑选用大、中规格的手提式或推车式灭火器。

三、灭火器的配置

科学配置灭火器,正确使用、维护灭火器,是扑灭建筑初起火灾、降低火灾损失、减少人员伤亡的有效措施。建筑灭火器配置设计与计算应按计算单元进行,每个设置点配置的灭火器的类型、规格原则上要求相同。在设计与计算过程中,灭火器最小需配灭火级别和最少需配数量的计算值应进位取整,这是为了保证扑灭初起火灾的最低灭火能力。另外,为了保证扑灭初起火灾的最低灭火能力,要求经过建筑灭火器配置设计与计算后,每个灭火器设置点实配的各具灭火器的灭火级别合计值和灭火器的配置数量不得小于计算得出的最小需配灭火级别和最少需配数量。

（一）灭火器配置基准

灭火器配置基准是以单位灭火级别（1A 或 1B）的最大保护面积为定额,以此计算出配置场所需要的灭火级别的折合值。其主要包括单位灭火级别最大保护面积,配置的单具灭火器的最小灭火级别,灭火器的增配与减配系数,以及计算单元、设置点和住宅楼公共部位这些特殊场合的配置数量等相关内容。

A 类火灾场所的单位灭火级别最大保护面积和每具灭火器的最小灭火级别应符合表11-4 的规定。

表 11-4　A 类火灾场所灭火器最低配置基准

危险等级	严重危险级	中危险级	轻危险级
单具灭火器最小配置灭火级别	3A	2A	1A
单位灭火级别最大保护面积（m²/A）	50	75	100

B、C 类火灾场所的单位灭火级别最大保护面积和每具灭火器的最小灭火级别应符合表 11-5 的规定。

表 11-5　B、C 类火灾场所灭火器最低配置基准

危险等级	严重危险级	中危险级	轻危险级
单具灭火器最小配置灭火级别	89B	55B	21B
单位灭火级别最大保护面积（m²/B）	0.5	1.0	1.5

目前,世界各国也包括中国,通过灭火试验的方法,仅就灭火器对 A 类火灾和 B 类火灾的灭火效能确定灭火级别,并规定灭火器的配置基准,而对于 C 类火灾以及 D 类火灾、E 类火灾,世界各国和国际标准均无灭火级别确认值,也没有相应的配置基准规定。因此,灭火器的配置基准值实际上是以 A 类和 B 类灭火级别值为依据而制定的。当然,这也符合大多数火灾是 A 类火灾和 B 类火灾的客观事实。由于 C 类火灾的特性与 B 类火灾比较接近,故按照世界各国的惯例,规定 C 类火灾场所灭火器的配置基准可按照 B 类火灾场所的配置基准执行。

D 类火灾场所灭火器的配置基准,应根据金属的种类、物态及其特性等因素,经研究确定。

由于 E 类火灾通常总是伴随 A 类或 B 类火灾而同时发生,所以 E 类火灾场所灭火器的配置基准可按 A 类或 B 类火灾场所灭火器的配置基准执行。

(二)计算单元

1. 计算单元的划分

建筑灭火器配置的设计与计算应按计算单元进行。计算单元是灭火器配置设计的计算区域,可按照以下四个原则划分:

(1)当一个楼层或一个水平防火分区内各场所的危险等级和火灾种类相同时,可将其作为一个计算单元;

(2)当一个楼层或一个水平防火分区内各场所的危险等级和火灾种类不相同时,应将其分别作为不同的计算单元;

(3)同一计算单元不得跨越防火分区和楼层;

(4)住宅楼宜以每层的公共部位作为一个计算单元。

对于住宅楼,如果有条件在公用部位设置灭火器而又能进行有效管理,则可将每个楼层的公用部位,包括走廊、通道、楼梯间、电梯间等,作为一个计算单元。如果灭火器要求设置在住房内,则可将每户作为一个计算单元。

在一个计算单元中,只包含一个灭火器配置场所时,则可称之为独立计算单元。例如,上述办公楼内某楼层中有一间专用的计算机房和其他若干间办公室,计算机房就是一个灭火器配置场所,由于其危险等级和火灾种类与其他若干间办公室不相同,所以灭火器的配置基准也不同。此时,计算机房这个计算单元就是一个独立计算单元。

在一个计算单元中,包含两个及两个以上灭火器配置场所时,则可称之为组合计算单元。例如,上述的若干间办公室,每间办公室都是一个灭火器配置场所,由于其相邻,且危险等级和火灾种类均相同,所以灭火器配置基准也相同,因此可将这些场所组合起来作为一个计算单元来考虑配置灭火器。此时,若干间办公室这个计算单元就是组合计算单元。

2. 计算单元的保护面积

建筑物应以其建筑面积作为灭火器的保护面积。可燃物露天堆场,甲、乙、丙类液体储罐区及可燃气体储罐区,应按堆垛、储罐的占地面积确定其灭火器保护面积。

（三）计算单元需配灭火级别的计算

计算单元的最小需配灭火级别应按下式计算：

$$Q = K\frac{S}{U} \qquad\qquad (11\text{-}1)$$

式中　　Q——计算单元的最小需配灭火级别，A 或 B；

　　　　S——计算单位的保护面积，m^2；

　　　　U——A 类或 B 类火灾场所单位灭火器级别最大保护面积，m^2/A 或 m^2/B；

　　　　K——修正系数，又称减配系数。

在设有灭火设施的建筑场所，仍需配置灭火器，但可进行适当减配，其减配系数应符合表 11-6 的规定。

表 11-6　灭火器的修正系数表

计算单元	修正系数 K
未设室内消火栓系统和灭火系统	1.0
设有室内消火栓系统	0.9
设有灭火系统（不包括水幕系统）	0.7
同时有消火栓和灭火系统	0.5
可燃物露天堆场，甲、乙、丙类液体储罐区，可燃气体储罐区	0.3

注：灭火系统包括自喷系统、水喷雾、气体灭火系统等，但不包括水幕系统。

歌舞娱乐放映游艺场所、网吧、商场、寺庙以及地下场所等的计算单元的最小需配灭火级别应按下式计算：

$$Q = 1.3K\frac{S}{U} \qquad\qquad (11\text{-}2)$$

计算单元中每个灭火器设置点的最小需配灭火级别应按下式计算：

$$Q_e = Q/N \qquad\qquad (11\text{-}3)$$

式中　　Q_e——计算单元中每个灭火器设置点的最小需配灭火级别，A 或 B；

　　　　N——计算单元中的灭火器设置点数，个。

【例 11-1】一个中危险等级的 A 类火灾配置场所，其保护面积为 $360\ m^2$，拟配置灭火器。分别按以下三种情况计算配置场所所需的灭火级别：

（1）该场所无消火栓和灭火系统；

（2）该场所设有消火栓；

（3）该场所设有消火栓和灭火系统。

解：该场所的相关参数 $S=360\ m^2$，$U=75\ m^2/A$。

（1）无消火栓和灭火系统，则 $K=1.0$，该配置场所所需的灭火级别为

$$Q = K\frac{S}{U} = 1.0 \times \frac{360}{75} = 4.8A$$

（2）设有消火栓，则 $K=0.9$，该配置场所所需的灭火级别为

$$Q = K \frac{S}{U} = 0.9 \times \frac{360}{75} = 4.3A$$

（3）设有消火栓和灭火系统，则 $K=0.5$，该配置场所所需的灭火级别为

$$Q = K \frac{S}{U} = 0.5 \times \frac{360}{75} = 2.4A$$

（四）灭火器的设置要求与配置规定

1. 灭火器的最大保护距离

灭火器的最大保护距离是指在灭火器配置场所内，灭火器设置点到最不利点的直线行走距离，其与场所火灾种类、危险等级和灭火器选型有关。独立计算单元中灭火器的保护距离是指由灭火器设置点到最不利点（距灭火器设置点最远的地点）的直线行走距离，可忽略该计算单元（如一个房间、一个灭火器配置场所）内桌椅、冰箱等小型家具或家电的影响。

组合计算单元中灭火器的保护距离，在有隔墙阻挡的情况下，可按从灭火器设置点出发，通过房门中点到达最不利点的直线行走路线的各段折线长度之和计算。

1）A 类火灾场所

设置在 A 类火灾场所的灭火器，其最大保护距离应符合表 11-7 的规定。

表 11-7　A 类火灾场所的灭火器最大保护距离

危险等级	手提式	推车式
严重危险级	15	30
中危险级	20	40
轻危险级	25	50

2）B、C 类火灾场所

设置在 B 类、C 类火灾场所的灭火器，其最大保护距离应符合表 11-8 的规定。

表 11-8　B、C 类火灾场所的灭火器最大保护距离

危险等级	手提式	推车式
严重危险级	9	18
中危险级	12	24
轻危险级	15	30

3）D 类火灾场所

由于目前世界各国标准和国际标准对适用于扑救该类火灾的灭火器均尚未规定其火试模型和灭火级别，而且我国至今尚无此类灭火器的定型产品，因此配置在 D 类火灾场所的灭火器，规定其最大保护距离应根据具体情况研究确定。

4）E 类火灾场所

因为 E 类火灾通常伴随着 A 类或 B 类火灾而同时存在，所以设置在 E 类火灾场所的灭

火器,其最大保护距离可按照与之同时存在的 A 类或 B 类火灾的规定执行。

2. 灭火器配置数量的基本规定

(1)在一个计算单元内配置的灭火器数量不得少于 2 具。

(2)每个灭火器设置点的灭火器配置数量不宜多于 5 具。

(3)当住宅楼每层的公共部位建筑面积超过 100 m² 时,应配置 1 具 1A 的手提式灭火器;每增加 100 m² 时,增配 1 具 1A 的手提式灭火器。

3. 灭火器设置点数的确定与设计

灭火器设置点的位置和数量应根据灭火器的设置要求、灭火器的最大保护距离和灭火器配置数量的规定综合确定,并应保证最不利点至少有 1 具灭火器。

1)灭火器设置点数的确定原则

在选择、定位灭火器设置点时,需遵循以下几项基本原则。

(1)灭火器设置点应均衡布置,既不得过于集中,也不宜过于分散。

(2)在通常情况下,灭火器设置点应避开门窗、风管和工艺设备,而选设在房间的内边墙或走廊的墙壁上;必要时,设置点可选择定位在车间中央或墙角处。

(3)如果房间面积较小,在房中或内边墙处,仅选一个设置点即可使房间内所有部位都在该点灭火器的保护范围之内,则允许设置点数为 1 个。由于每个计算单元至少应配置 2 具灭火器,故该类设置点应设置 2 具灭火器。

(4)对于独立计算单元,如由一个房间组成,设置点应定位于室内,即灭火器要设置在室内,而且设置点上的灭火器的最大保护距离仅在该单元所辖的房间范围内有效;对于组合计算单元,其设置点可定位于走廊、楼梯间或(和)某些房间内,设置点上的灭火器的最大保护距离在该组合单元所辖的所有房间、走廊和楼梯间等范围内均有效。

2)灭火器设置点数的设计方法

确定灭火器设置点数的设计方法主要有保护圆设计法和折线测量设计法两种。在可能有的多种选定设置点的方案中,通常应采用设置点数比较少的设计方案。通常,设计时先用保护圆设计法,仅当碰到门、墙等阻隔而使保护圆设计法不适用时,再采用折线测量设计法。在实际设计中,往往是将这两种设计方法结合起来使用。

保护圆是指以灭火器设置点为圆心,以灭火器的最大保护距离为半径,所形成的保护范围。在采用保护圆设计法时,若保护圆不能将配置单元或场所完全包括进去,需增加设置点数。如图 11-3 所示是灭火器设置点保护范围示意图。

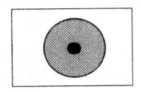  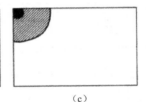

　　　　　(a)　　　　　　　　　　　(b)　　　　　　　　　　(c)

图 11-3　灭火器设置点保护范围示意图

(a)中心设置　(b)墙边设置　(c)墙角设置

折线测量设计法中,在设计平面图上或建筑物内用尺测量任一点(通常取若干个最远点)与最近灭火器设置点的距离,确定其是否在最大保护距离之内;如果不在,则需调整或增设灭火器设置点。

四、灭火器检查与操作使用方法

(一)灭火器的日常巡查与检查

灭火器的日常巡查和检查要求见表 11-9。

表 11-9　灭火器日常巡查和检查频次及要求

项目	技术要求
灭火器日常巡查	巡查内容:配置点状况,灭火器数量、外观、维修标示以及灭火器压力指示器等。 巡查周期:重点单位每天至少巡查 1 次,其他单位每周至少巡查 1 次。 巡查要求: (1)灭火器配置点符合安装配置图表要求,配置点及其灭火器箱上有符合规定要求的发光指示标识; (2)灭火器数量符合配置安装要求,灭火器压力指示器指向绿区; (3)灭火器外观无明显损伤和缺陷,保险装置的铅封(塑料带、线封)完好无损; (4)经维修的灭火器,维修标识符合规定
灭火器检查	灭火器的配置、外观等全面检查每月进行一次。 候车(机、船)室、歌舞娱乐放映游艺等人员密集的公共场所以及堆场、罐区、石油化工装置区、加油站、锅炉房、地下室等场所配置的灭火器每半月检查一次

(二)灭火器的操作使用方法

灭火器的操作使用应把握开启时距燃烧物的距离、开启时的具体操作、灭火剂喷射位置、使用注意事项等内容。

1. 手提式灭火器操作使用

手提式灭火器由单人操作,使用时将灭火器提至距着火点 5~6 m 的上风方向处,拔出保险销,一只手紧握喷射软管前的喷嘴并对准燃烧物,另一只手握住提把并用力压下压把,灭火剂即可从喷嘴中喷出。充装不同灭火剂的手提式灭火器,使用时还需注意以下问题。

1)手提式清水灭火器使用方法

使用手提式清水灭火器灭火时,随着有效喷射距离的缩短,使用者应逐步向燃烧区靠近,使水流始终喷射在燃烧物处,直至将火扑灭。清水灭火器在使用过程中,切忌将灭火器颠倒或横卧,否则不能喷射。

2)手提式泡沫灭火器使用方法

在扑救可燃液体火灾时,如燃烧物已呈流淌状燃烧,则将泡沫由近而远喷射,使泡沫完全覆盖在燃烧液面上。如在容器内燃烧,应将泡沫射向容器的内壁,使泡沫沿着内壁流淌,逐步覆盖着火液面,切忌直接对准液面喷射。在扑救固体物质火灾时,应将射流对准燃烧最猛烈处。灭火时,随着有效喷射距离的缩短,使用者应逐步向燃烧区靠近,并始终将泡沫喷射在燃烧物上,直至将火扑灭。

使用时,泡沫灭火器应当是直立状态,不可颠倒或横卧使用,也不能松开开启压把,否则会中断喷射。

3)手提式干粉灭火器使用方法

使用前先把干粉灭火器上下颠倒几次,使筒内干粉松动(新灭火器则不需要),且在喷射过程中应始终保持灭火器处于直立状态,否则不能喷粉。

干粉灭火器扑救可燃、易燃液体火灾时,应对准火焰根部扫射。如果被扑救的液体火灾呈流淌燃烧,应对准火焰根部由近而远,并左右扫射,直至把火焰全部扑灭。在扑救容器内可燃液体火灾时,应注意不能将喷嘴直接对准液面喷射,防止射流的冲击力使可燃液体溅出而扩大火势,从而造成灭火困难。扑救固体可燃物火灾时,应对准燃烧最猛烈处喷射,并上下、左右扫射。如果条件许可,操作者可提着灭火器沿着燃烧物的四周边走边喷,使干粉灭火剂均匀地喷在燃烧物的表面上,直至将火焰全部扑灭。

4)手提式二氧化碳灭火器使用方法

在室外大风条件下使用时,喷射的二氧化碳气体会被吹散,因此灭火效果很差。应该注意二氧化碳是窒息性气体,对人体有害,因此在空气不流通的火场或狭小的室内空间使用二氧化碳灭火器后,必须及时通风,必要时灭火后操作者应迅速撤离。

在灭火时,要连续喷射,防止余烬复燃,且不可颠倒使用;使用中要戴上手套,动作要迅速,以防止冻伤。

2. 推车式灭火器操作使用

推车式灭火器一般由两人操作,使用时应将灭火器迅速拉到或推到火场,在离起火点10 m左右处停下,将灭火器放稳;然后一人操作喷枪(或喇叭筒)对准燃烧物,另一人开启灭火器,灭火剂即喷出。具体的灭火技法与手提式灭火器一致。

五、灭火器的维护管理

(一)灭火器送修

存在机械损伤、明显锈蚀、灭火剂泄漏、被开启使用过或符合其他维修条件的灭火器应及时进行维修。灭火器的维修期限见表11-10。

表 11-10 灭火器维修期限表

灭火器种类	维修期限
手提式、推车式水基型灭火器	出厂期满3年,首次维修以后每满1年
手提式、推车式干粉灭火器、洁净气体灭火器、二氧化碳灭火器	出厂期满5年,首次维修以后每满2年

送修灭火器时,一次送修数量不得超过配置计算单元所配置的灭火器总数量的1/4。超出时,需要选择相同类型、相同操作方法的灭火器替代,且其灭火级别不得小于原配置灭火器的灭火级别。

维修机构需要对维修的灭火器逐具编号,按照编号记录维修信息,以确保维修后灭火器的可追溯性。维修记录主要包括维修编号、灭火器规格型号、筒体或者气瓶的生产连续序号、更换的零部件名称、灭火剂充装量、维修后灭火器总质量、维修出厂检验项目、检验记录和判定结果以及维修人员、检验人员和项目负责人的签署、维修日期等内容,如图 11-4 所示;再充装采用回收再利用的灭火剂时,维修记录还要增加回收再利用的灭火剂再充装的记录。

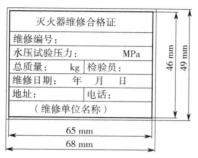

图 11-4　灭火器维修记录

（二）灭火器报废与回收处置

1.报废条件

灭火器的报废条件见表 11-11。

表 11-11　灭火器报废条件

灭火器报废	报废条件
列入国家颁布的淘汰目录的灭火器	（1）酸碱型灭火器; （2）化学泡沫型灭火器; （3）倒置使用型灭火器; （4）氯溴甲烷、四氯化碳灭火器; （5）1211 灭火器、1301 灭火器; （6）国家政策明令淘汰的其他类型灭火器
达到报废年限的灭火器	（1）水基型灭火器出厂期满 6 年; （2）干粉灭火器、洁净气体灭火器出厂期满 10 年; （3）二氧化碳灭火器出厂期满 12 年
存在严重损伤、重大缺陷的灭火器	（1）永久性标志模糊,无法识别; （2）筒体或者气瓶被火烧过; （3）筒体或者气瓶有严重变形; （4）筒体或者气瓶外部涂层脱落面积大于筒体或者气瓶总面积的三分之一; （5）筒体或者气瓶外表面、连接部位、底座有腐蚀的凹坑; （6）筒体或者气瓶有锡焊、铜焊或补缀等修补痕迹; （7）筒体或者气瓶内部有锈屑或内表面有腐蚀的凹坑; （8）水基型灭火器筒体内部的防腐层失效; （9）筒体或者气瓶的连接螺纹有损伤; （10）筒体或者气瓶水压试验不符合维修程序水压试验的要求; （11）灭火器产品不符合消防产品市场准入制度; （12）灭火器由不合法的维修机构维修; （13）法律或法规明令禁止的事项

2. 回收处置

报废灭火器的回收处置按照规定要求由维修机构向社会提供回收服务,并做好报废处置记录。

报废气瓶不得采用钻孔或者破坏瓶口螺纹的方式进行报废处置。对灭火剂按照灭火剂回收处理的要求进行处理。其余固体废物按照相关的环保要求进行回收利用处置。

3. 报废记录

灭火器报废处置后,维修单位要对处置过程及相关信息进行记录。

(三)灭火器的维护管理

1. 灭火器的维护

为在一定长的时期内保持灭火器的有效性和使用安全性,必须在配置期间对其进行正确的维护和保养,因此必须做到以下几点:

(1)灭火器安放位置应保持清洁、干燥、通风,附近应无酸、碱等腐蚀物及污染物,并避免日光暴晒及强辐射热;

(2)灭火器的存放环境温度应符合要求,避免接近热源和火源等;

(3)灭火器应进行日常检查和定期检查,检查应由经过训练的专人进行;

(4)灭火器一经开启喷射,必须进行再充装,且再充装应由专业部门进行,不得随意更换灭火剂品种、质量和驱动气体种类及压力;

(5)灭火器应定期(一般为5年)进行水压试验,合格者方可继续使用,不准用焊接等方法修复使用;

(6)修复的灭火器,应有消防监督部门认可标记,注明维修单位的名称和维修日期;

(7)灭火器在搬运过程中应轻拿轻放,防止撞击。

2. 灭火器的检查

1)灭火器设置点的环境检查

检查灭火器设置点环境温度,是否通风、干燥,是否受化学腐蚀品的影响,是否明显、安全,灭火器是否易取,以及保护区从设置点至保护对象之间是否有畅通无阻的通道。

2)灭火器的外观检查:

观察灭火器可见零部件是否完整,器壁有无损坏、变形,装配是否合理,防腐层是否完好、有无脱落,器壁有无裂纹。轻度脱落的应及时修补,脱落面可见金属壁有严重腐蚀或发现器壁有裂纹时,应送消防专修部门做耐压试验。开启机构设有铅封的灭火器,应检查铅封是否完好。灭火器喷嘴有无堵塞,喷射管是否完好无破损。灭火器开启机构的保险机构,当保险机构严重锈蚀,解开很费力时,应及时予以更换。灭火器压力表指针是否指在绿色区域。若指针指在红区或压力表示数低于说明上表明的工作压力,则说明灭火器不能正常使用。检查推车式灭火器车架和行走机构是否完好,长时间未使用的推车式灭火器要防止车轮的转动部分生锈,应定期给车轴加注润滑油。

第二节　简易灭火工具

简易灭火工具种类很多、用途很广，而且能因地制宜、就地取材、取用方便，在火灾初起阶段值得推广使用。

一、概述

常用的简易灭火工具主要有黄沙、泥土、水泥粉、炉渣、石灰粉、铁板、锅盖、湿棉被、湿麻袋以及盛装水的简易容器，如水桶、水壶、水盆、水缸等。对于初起阶段的火灾，往往随手用黄沙、泥土和浸湿的棉被、麻袋，就能使火熄灭，如生活中厨房油锅起火，可迅速用锅盖盖住油锅，即可实现灭火。用黄沙、泥土、湿棉被、湿麻袋甚至滑石粉等覆盖着火的燃烧物，并将燃烧的东西全部盖住，以及采用锅盖覆盖油锅，都可以将可燃物与空气隔开，从而实现窒息灭火。

目前市面上售卖的灭火毯、简易灭火器、手投式灭火弹，以及森林灭火用的一号、二号和三号工具等，均属于简易灭火工具。此外，生活中的物品（扫帚、拖把、衣服、拖鞋、手套等）在着火时也能参与灭火。因此，在初起火灾发生时，凡是能够用于扑灭火灾的工具都可称为简易灭火工具。

二、常用简易灭火工具

（一）沙土类

沙土类主要有黄沙、泥土、水泥粉、炉渣、石灰粉等。其中，建筑使用的黄沙属于消防领域的专用沙，也称为消防沙或防火沙，主要用于扑灭油制品、易燃化学品之类的火灾。消防沙应保持干燥，以不黏手为标准，同时应配备铲或铁锹以及沙桶。消防沙池应设置在易发生火灾的现场附近，以方便及时用于灭火。

（二）盖板类

盖板类主要是铁板、锅盖，以及具有类似功能的湿棉被、湿麻袋以及灭火毯等。铁板或锅盖可以针对容器内火灾通过盖上盖板或锅盖实现密封灭火。湿棉被、湿麻袋或灭火毯可针对容器内火灾，以及不规则固体火灾等实现覆盖控火和灭火。

（三）盛水容器

水是最主要的灭火剂，通过水桶、水壶等盛水容器进行取水灭火是最早的灭火方式。

（四）森林灭火工具

一号工具，在森林火灾现场，扑灭人员就地取材，把树条子捆成扫把进行灭火。二号工具是指由手柄和橡胶条组成的灭火工具，它是从树枝灭火的原理演化而来，是扑打地面火、树冠火的有效工具，在林区广泛使用。三号工具是指由手柄和钢丝组成的灭火工具，类似二号工具可扑打地表火、树冠火等，钢丝拍头拍打沉重有力，可翻起地表的枯枝烂叶，在一定程度上防止地下火阴燃。

三、常用简易灭火工具的使用

由于燃烧对象的复杂性,简易灭火工具在使用上有其局限性。各企事业单位或居民家庭可以根据灭火对象的具体情况和简易灭火工具的适用范围,备好灭火器材,特别是专用灭火器缺少的单位、家庭或临时施工现场,备有一定的简易灭火工具是非常需要和十分必要的,以便发生火灾时在最短的时间内将火灾扑灭。

(1)一般易燃固体物质(如木材、纸张、布片等)初起火灾用水、湿棉被、湿麻袋、黄沙、水泥粉、炉渣、石灰粉等均可以扑救。

(2)易燃、可燃液体(如汽油、酒精、苯、沥青、食油等)初起火灾扑救,要根据其燃烧时的状态确定所采用的简易灭火工具。液体燃烧时局限在容器内,如油锅、油桶、油盘着火,可用锅盖、铁板、湿棉被、湿麻袋等灭火,不宜用黄沙、水泥粉、炉渣等扑救,以免燃烧液体溢出造成流淌火灾。流淌液体火灾,可用黄沙、泥土、炉渣、水泥粉、石灰粉筑堤并覆盖灭火。

(3)可燃气体(如液化石油气、煤气、乙炔气等)火灾,在切断气源或明显降低燃气压力(小于 0.5 个大气压)的情况下,方可用湿麻袋、湿棉被等灭火。但灭火后必须立即切断气源,如不能切断气源,应在严密防护的情况下维持稳定燃烧。

(4)活泼金属(如金属铒、铀等)遇湿燃烧物品火灾,由于此类物品遇水能强烈反应,置换水中的氢,生成氢气并产生大量的热,能引起着火爆炸,因此只能用干燥的砂土、泥土、水泥粉、炉渣、石灰粉等扑救,但灭火后必须及时回收,按要求盛装在密闭容器内。

(5)自燃物品(如黄磷、硝化纤维、赛璐珞、油脂等)着火,由于其在空气中或遇潮湿空气能自行氧化燃烧,因此用砂土、水泥粉、泥土、炉渣、石灰粉等灭火后应及时回收,按规定存放,防止复燃。

参考文献

[1] 张学魁,闫胜利.建筑灭火设施[M].北京:中国人民公安大学出版社,2014.

[2] 张学魁.建筑灭火设施[M].北京:中国人民公安大学出版社,2004.

[3] 中国消防协会.消防安全技术实务[M].北京:中国人事出版社,2018.

[4] 中华人民共和国住房和城乡建设部.建筑防火通用规范:GB 55037—2022[S].北京:中国计划出版社,2022.

[5] 中华人民共和国住房和城乡建设部.消防设施通用规范:GB 55036—2022[S].北京:中国计划出版社,2022.

[6] 规范编制组.《消防设施通用规范》GB 55036—2022 实施指南[M].北京:中国计划出版社,2023.

[7] 规范编制组.《建筑防火通用规范》GB 55037—2022 实施指南[M].北京:中国计划出版社,2023.

[8] 崔长起,任放.建筑消防设施·消防给水及消火栓系统工程设计规范解读[M].北京:中国建筑工业出版社,2016.

[9] 中国建筑标准设计研究院.《消防给水及消火栓系统技术规范》图示:15S909[S].北京:中国计划出版社,2015.

[10] 中国建筑设计研究院有限公司.建筑给水排水设计手册[M].3 版.北京:中国建筑工业出版社,2018.

[11] 谭立国,莫慧,苗健.自动喷水灭火系统设计规范工程解读[M].北京:中国建筑工业出版社,2019.

[12] 中华人民共和国住房和城乡建设部.建筑设计防火规范(2018 年版):GB 50016—2014[S].北京:中国计划出版社,2018.

[13] 中华人民共和国住房和城乡建设部.建筑防烟排烟系统技术标准:GB 51251—2017[S].北京:中国计划出版社,2018.

[14] 中华人民共和国住房和城乡建设部.消防给水及消火栓系统技术规范:GB 50974—2014[S].北京:中国计划出版社,2014.

[15] 中华人民共和国住房和城乡建设部.自动喷水灭火系统设计规范:GB 50084—2017[S].北京:中国计划出版社,2018.

[16] 中华人民共和国住房和城乡建设部.水喷雾灭火系统技术规范:GB 50219—2014[S].北京:中国计划出版社,2015.

[17] 中华人民共和国住房和城乡建设部.细水雾灭火系统技术规范:GB 50898—2013[S].北京:中国计划出版社,2013.

[18] 中华人民共和国住房和城乡建设部. 泡沫灭火系统设计规范: GB 50151—2021[S]. 北京: 中国计划出版社, 2021.

[19] 中华人民共和国住房和城乡建设部. 气体灭火系统设计规范: GB 50370—2005[S]. 北京: 中国标准出版社, 2006.

[20] 中华人民共和国住房和城乡建设部. 二氧化碳灭火系统设计规范（2010 年版）GB 50193—1993[S]. 北京: 中国计划出版社, 2010.

[21] 中华人民共和国住房和城乡建设部. 干粉灭火系统设计规范: GB 50347—2004[S]. 北京: 中国标准出版社, 2004.

[22] 中华人民共和国住房和城乡建设部. 建筑灭火器配置设计规范: GB 50140—2005[S]. 北京: 中国计划出版社, 2005.

[23] 中国建筑标准设计研究院.《火灾自动报警系统设计规范》图示: 14X505-1[S]. 北京: 中国计划出版社, 2014.

[24] 中华人民共和国住房和城乡建设部. 消防应急照明和疏散指示系统技术标准: GB 51309—2018[S]. 北京: 中国计划出版社, 2019.

[25] 中华人民共和国建设部. 固定消防炮灭火系统设计规范: GB 50338—2003[S]. 北京: 中国计划出版社, 2003.

[26] 中华人民共和国住房和城乡建设部. 自动跟踪定位射流灭火系统技术标准: GB 51427—2021[S]. 北京: 中国计划出版社, 2021.